続 農家の法律相談

よくあるトラブル Q&A

Akio MANAGI
馬奈木昭雄

農文協

はじめに

雑誌『現代農業』の誌上で、32年の長きにわたって、全国の農家、農村の読者から届く法律上のさまざまなトラブルや悩みごとにお答えしてきました。２００９年にその連載をまとめ『農家の法律相談　よくあるトラブルＱ＆Ａ』というタイトルで出版し、幸いにも多くの皆さまに購入していただきました。今回、その後の連載分もまとめてほしいという要望に応える形で、続編を出すことになりました。時代の変化にともない、今まで問題にされなかった新しい課題も生じています。それらの問題も多く取り上げられています。

本書で私は、前作と同様、寄せられたご質問にまずは法律に即してわかりやすく丁寧にお答えするよう心掛けています。しかし日本の社会、とりわけ地域のつき合いが濃密な農村社会では、なんでもかんでも法律一本やりで解決するのはふさわしくない場合もある、とも考えています。調停や裁判にはお金も気力も必要ですし、関係の修復も難しくなってしまいます。事前に話し合いトラブルを回避する。万が一トラブルになっても相手の言い分をよく聞き、自分の気持ちもよくわかってもらうのが大事だと思うのです。本書ではその点にも留意し、なるべく裁判沙汰などにならなくて済むヒントも述べさせていただきました。

私自身、農家のせがれとして生まれ、農村で育ちました。農業を営むうえで、また住民として気持ちよく過ごすには、家族・親戚、隣近所、集落、組合などの人間関係がとても大切だと痛感しています。

本書はなにかあった時に開いていただくだけでなく、大事に至る前にも参考にしていただければと思います。法律やその精神を知っていれば、事前に防げるトラブルもたくさんあるからです。前作同様に、本書が農家や集落役員、役場、農協、土地改良組合など、農業・農村に関わるすべての皆さんのお役に立てば幸いです。

出版に際し、法律条文の語句の点検などを福岡県弁護士会所属吉田星一弁護士にお願いしました。丁寧に確認していただいたことに大変感謝しており、お礼を申し上げます。ご協力いただいた関係者の皆さまに、心からお礼を申し上げます。

２０２４年2月

馬奈木　昭雄

目次

第2章 農地以外の土地に関するQ&A

第3章 作物や資材、生育環境をめぐるQ&A

第4章 施設や設備、農機など農作業をめぐるQ&A

第5章　食品、資材の製造・販売などに関するQ&A

第6章　隣近所に関するQ&A

第7章 集落や組合、法人に関するQ&A

第8章　相続・贈与に関するQ&A

第9章　契約事や金銭に関するQ&A

第1章

農地に関するQ&A

Q 借りた畑に植えてあった果樹の実は誰のもの？

20年ほど前に荒れた畑を借りました。背丈くらいに伸びた雑草を刈って整地して、現在もきれいに管理しているので、野菜もよく育つすばらしい畑になりました。

この畑には、借りた時からハッサクの木が1本とカキの木が1本植わっていました。ほったらかしにされていたこの果樹も、私が施肥やせん定などの管理をし、収量は年々増加しています。そして、収穫物は地主さんにも持っていって差し上げています。

ところが地主さんは、収穫物はそもそも自分のものだといいます。確かに土地も地主さんのものですし、果樹を植えたのも地主さんですが、丁寧に管理している私の権利はないのでしょうか。どうか、教えてください。

A 畑を借りた人のもの

果樹は借りた土地と一体のもの

大切に育ててきた果樹の収穫物が地主のものだと主張されて、納得がいかないというお気持ちは大変よくわかります。

まず、問題点を整理してみます。

例えば、樹木を商品として販売するために山林で育てている立木や、特別に高価な庭木の場合、それは土地とは独立した別個の不動産と考えられます。土地の上に建てられた家が、土地とは別の独立した不動産とされているのと同じことだと思います。

しかし、庭などで普通に育てている木は違います。その木そのものが価値を持って高価であるなどの特別な理由がない限り、原則としては土地と一体となっています（付合している）。したがって、土地とは別に独立しているとは考えないと思います。

この相談のハッサクとカキの木の場合は、質問者がこの土地を借りた時点ですでに植えられていたのですから、確かに地主の所有物であることは当然のことだと思います。そして、この木が土地に付合して、一体となっていることは明らかです。

収穫物は土地を借りた人のもの

そこで、地主がこのハッサクとカキの果実を商品として販売したり、自らが積極的に収穫して利用していたなどの特別の事情があれば、この木は土地とは独立した不動産だと認められる余地はあると思います。

ただしその場合は、地主はこの土地を質問者に貸す際に、果樹は土地とは別で質問者には貸さないこと、地主自身が管理すること（すなわち収穫物は地主が取得すること）をきちんと説明し、質問者との賃貸借契約の条件として確認しておくべきだったと考えます。

しかし本件の果樹は、地主が収穫して販売するような利用がされていたわけではなく、荒れた畑と同様、この木もとくに独立して管理されていたわけではないと考えられます。もちろん、質問者が畑を借りて管理を始めた時点でも、地主が収穫物についてその所有権をとりたてて主張した事実はないようです。

そうであれば、質問者は土地に定着している（付合している）このハッサクとカキの木も、土地と一体として地主から賃借したのだと考えるのが普通の考え方だと思います。

したがって当然のこととして、この木の果実も質問者が収穫できるのだと考えます。

ぜひ、地主によく説明してください。

Q 所有者不明の土地を耕作したい

所有者がわからなくなっている土地の総面積が、九州よりも広い、約410万haに達したというニュースがありました。相続上の手続きが行なわれていなかったり、所有者と連絡がつかなかったりするケースがあるようです。

私の地域にも、所有者不明となっている土地がありまます。地主が亡くなり、その相続人もだいぶ前に都会に越してしまい、すでに連絡がつかなくなっているのです。

その田畑が荒れたまま放置されているのですが、水利条件や日当たりは悪くありません。そこで、私の農地に隣接している畑だけでも、可能ならば耕作したいと考えています。田畑を荒らしておくのはもったいないし、イノシシなど害獣の棲み家になってしまうと困ります。

所有者と連絡がつかない土地を借りて耕作するようなことはできるのでしょうか。ぜひ教えてください。

A 借りるには二つの方法がある

新しい管理人を立てる

同様の事例が各地で増えてきて、よく相談がありますす。私が考えている方法は二つあります。

第一の方法は、民法第25条の規定に基づいて、不在者の財産の管理を行なうことです。民法第25条は次の通り規定しています。

第25条　従来の住所または居所を去った者がその財産の管理人を置かなかった時は、家庭裁判所は、利害関係人または検察官の請求により、その財産の管理について必要な処分を命ずることができる。本人の不在中に管理人の権限が消滅した時も、同様とする。

2　前項の規定による命令後、本人が管理人を置いた時は、家庭裁判所は、その管理人、利害関係人または検察官の請求により、その命令を取り消さなければならない。

そこで質問者は、隣の田畑が放置され荒れていることによって被害を受ける「利害関係人」として、不在者の財産管理人を選任するよう申し立てることができます。

普通この管理人は、弁護士が選任されることが多いと思います。どなたか引き受けてくれる弁護士にあらかじめ相談しておいて、申し立てるといいでしょう。そして質問者は、裁判所から選任された管理人からこの田畑を借りて、耕作をするよう認めてもらえばよいのです。

もちろん費用は掛かりますが、質問者がこの田畑を耕作することによって、一定の収入を得ることが可能であれば、その収入を費用に充てることができると思います。

地域住民の同意を得て耕作する

次に第二の方法として、民法第697条の規定による「事務管理」として、質問者がこの田畑を耕作することです。民法第697条は次の通りです。

第697条　義務なく他人のために事務の管理を始めた者は、その事務の性質に従い、もっとも本人の利益に適合する方法によって、その事務の管理をしなければならない。

2　管理者は、本人の意思を知っている時、またはこれを推知することができる時は、その意思に従って事務管理をしなければならない。

また、第698条の次の規定もあります。

第698条　管理者は、本人の身体、名誉または財産に対する急迫の危害を免れさせるために事務管理をした時は、悪意または重大な過失があるのでなければ、これによって生じた損害を賠償する責任を負わない。

このまま放置すれば、隣の田畑が荒れて、その財産的価値を失ってしまう恐れがあるので、被害防止のため、所在不明の所有者のために質問者が耕作する、ということです。

ただし、第一の方法が裁判所の判断に従って厳格な管理が行なわれるのに対し、この第二の事務管理の場合は、いわば本人の同意を得ずに勝手に行なう行為です。それだけ、きちんとした管理を行なうことが必要です。

そこで、この方法を考える場合は、地元の農業委員や地域の周辺住民の皆さんも、この田畑が荒れることによって生じる害獣などの被害を防止するよう強く要望している、ということを明確にしておくことがよいのではないかと考えます。地域の皆さんの要望によって、質問者が耕作するのだということをはっきりしておきたい、ということです。ぜひ、周辺の住民の皆さんと、よくご相談になってください。

Q 口約束で借りた畑を、突然返してくれといわれた

A 賃貸権があり、応じる必要はない

自宅の隣に借りている畑を、突然、返してほしいといわれて困っています。約40ａのその畑は、現在の地主の祖父の代から、もう20年くらい私が耕作しています。継ぐ人がおらず、農地が荒れるのが忍びないということだったので引き受けました。私は有機農業をしているので、長い年月をかけて土をつくってきたつもりです。

とくに賃貸契約の書類などは作っていませんが、毎年暮れに3万円の地代も払っています。また、地主が代わった際には、もしも土地を売るようなことがあれば、事前に相談してほしいとお願いしてありました。

それなのに、急に返してほしいといわれたのです。つい先日ダイコンのタネを播いたばかりで、せめて収穫できる春まで待ってほしいと伝えたのですが、すでに売り先が決まっているようで、どう判断されるかわかりません。

播いたダイコンが収穫できなければ大損害です。こうした場合、返却を拒否することなどできないのでしょうか？また、せっかく土が肥えてきた畑なので、可能であればわが家で買い取りたいと考えています。耕作者が借りた農地を優先的に買い取る権利などないのでしょうか？　教えてください。

農地の賃借権を時効取得している

長年借りて耕作してきた農地を、地主から突然返すように請求されれば困ってしまいます。このような場合、どう考えたらよいのか整理してみます。

耕作している農民の権利を守り、保護することを目的として、農地法が制定されています。この農地法の規定によって、第一に他人の農地を借りて耕作する（賃貸借する）場合には、農業委員会（場合によっては県知事）の許可が必要です（法第3条）。したがって許可を得ずに当事者間の合意のみで賃貸借を行なっている場合には、農地法によって保護される賃貸借契約としては認め

られない、という結論になります。

しかし、ご質問の通り、もう20年もの間この農地を肥やすように努力して耕作し、地代もきちんと払い続けているという、これまでの経過もまた大事に考えられるべきです。これまでの裁判例では、このような（許可を得ていない）農地賃借権の時効による権利取得についても、農地ではない土地の場合と同じ要件で認められると判断されています。例えば、次の判決（高松高裁、１９７７年5月16日）があります。

「農地法第3条の規定する許可は任意取引に基づく賃借権等の権利の移動を統制する趣旨であって、時効による権利の取得を禁止したものとは解せられない。また、実質的にも、その後の経済的、社会的事情の変遷、同法の改正経過等に照らしても、平穏公然に用益を継続した者の事実支配を保護するべき時効制度による賃借権の取得も、知事の許可のない限り認め得ない程、強い公益的要請があるものとは解し難いところである」

したがって、この判決の通り、質問者は地主の同意の下、すでに20年にわたって平穏、公然に耕作を続けており、地代も毎年払っているのだから、この農地の賃借権を時効取得していると認められると考えます。もちろん賃借権契約の成立には、文書の作成など必要ありません。

賃貸借契約は一方的に解約できない

その場合、現在成立している農地の賃貸借契約を解約することは、貸し主の一方的な意思や都合だけでは、とうてい認められないことになるのです。農地の賃貸借契約の解約について規定しているのは農地法18条です。農地の賃貸者は、知事の許可を受けなければ賃貸借の解約はできません（法第18条1項本文）。また県知事が賃貸借の解約を許可するためには、一定の条件が必要です（法第18条2項）。

結論として、地主が農地を返してほしいと一方的にいっても、それに応じる必要はありません。もし地主がどうしてもこの農地の賃貸借契約を解約したいと希望するのであれば、農地法第18条の規定に従って、賃貸借契約の解約を認める県知事の許可を得なければならないのです。これは決して、簡単には認められません。

また、ご質問にあるような、耕作者が借りた農地を優先的に買い取る権利が認められているわけではありませんが、賃借権を勝手に解約できないという制約によって、地主は第三者へ売買することが困難となるので、耕作者の買い取りが事実上有利になっていると考えられると思います。ぜひ、地主とよく相談してみてください。

Q 貸し農園にするために農地を返せといわれた

A 一方的な解約はできない

都市近郊で土地を借り、5年前に新規就農しました。少量多品目の野菜を、個人のお客さんに直接届けています。

ところが最近、近くの農地に民間企業による貸し農園がオープンしました。家庭菜園ブームもあって大人気だそうですが、その地主への地代の高さが思わぬ問題となっています。

地域の地代の相場は反当たり年間2万円ほどです。ところが貸し農園の賃料は、坪当たりで年間1万円です。仲介企業が手数料等をとるにしても、貸し農園の地主は、相場の地代に比べて100倍以上の賃料を得られます。

そこで、私も含め、地域で土地を借りている農家は、地主から土地を返すよう打診され始めました。農地の貸しはがしです。せっかく販路ができて軌道に乗ってきたところだというのに、土地が借りられなくなれば、また土地探しから始めなくてはなりません。

そこで少し調べてみたところ、貸し農園を設置する根拠となる「特定農地貸付に関する農地法等の特例に関する法律」のなかに、農地の効率的な活用を確保するうえで、当該農地が適切な位置にあることが求められていました。私たちが農業を営んでいる地区は農振農用地区に当たり、上記の要件を満たしているようには思えません。

土地持ち非農家が専業農家から土地を取り上げるようでは、貸し農園は農業振興と矛盾しているように思います。同法に照らして、新たな貸し農園の設置を適切に止める方法はありませんでしょうか。ぜひ教えてください。

本来の農業経営存続が優先

このような形で農地法の精神を潜脱した企業の金儲けが行なわれることに、怒りさえ覚えます。日本の農業を守るために、このような貸し農園が認められてよいはずがない、と私も考えます。

まずご質問の「特定農地貸付に関する農地法等の特例に関する法律」について考えてみます。

この法律が作られた目的は、都市などに居住する農家ではない人たちが、趣味として（営利を目的としない）農作物の栽培をする目的で、農地を借りて耕作できるようにすることです。

そのため、通常は農地の貸付について厳しい条件が定められている農地法の例外として定められています。普通の市民も気軽に農地を借りて耕作できるようにしよう、ということです。ですから、あくまで農地法の例外的措置である「特定農地貸付」によって、周辺で行なわれている本来の農業経営の存続が危機にさらされることなどがあってはならないことは自明です。

そうであるからこそ、ご指摘の通り「周辺の地域における農用地の農業上の効率的かつ総合的な利用を確保する見地からみて、当該農地が適切な位置にあり、かつ妥当な規模を超えないものであること」という要件が規定されているのです（法第3条3項1号）。

この要件に違反しているかどうかの判断は、農業委員会が行なうことになります（法第3条、農業委員会の承認）。その前提として、農地所有者（農家）が実施主体である場合は、その農家が市町村と貸付協定を結ぶ必要があります（法第2条2項5号イ）。このことによって、市町村も一定のチェックをすることが求められていると考えます。

農地の貸しはがしはできない

そこでご質問について検討してみます。まずなによりも、質問者と地主との間で現在約束されている農地の賃貸借契約を、地主が一方的に解約すること（貸しはがし）などできません。農地法上、賃貸借契約を解約するためには、厳しい要件を満たす必要があります。したがって原則的には、質問者は地主からの土地の返却要求に対し、応じられないことをきちんと回答し、適切な対応をすることが重要です。

また、周辺で農地を借りている農家にも、質問者と同様に困っている方が多数いると思います。できるだけ多数の方と相談して、市町村と農業委員会に対し、現在の貸し農園の承認が法律違反となっているということを指摘し、必要な対策をとるように、よく相談してみてはいかがでしょうか。

もしまじめな応対をしてもらえない場合は、市町村や農業委員会との交渉や必要な法的措置について、適切な弁護士に相談されることも必要ではないかと考えます。

Q 竹やぶを苦労して開墾した畑を返せといわれた

約5年前、自宅の隣に200坪の農地を借りました。農地といっても、私たちがここに越してきた28年前より以前から耕作されていない畑で、借りる時点では竹やぶでした。そこに私が重機を入れて竹の根や石を取り除き畑として使わせてもらっていました。

借りる時に使用期間や使用料などの契約書は交わしていません。好きなように使っていいとのことでしたので、収穫したものや珍しいものをおすそ分けする程度のお礼をしていました。

5年間、そこで野菜をつくり、日々耕作を楽しんでいましたが、先日突然、今植えている作物の収穫が終わる3月には畑を返してほしいと一方的にいわれました。

もちろん人様の土地ですから、いずれは返さなければならないと思っていました。しかし、竹やぶだったところをミミズもいるふかふかの畑にまでし、もう少し家庭菜園を楽しみたいと考えていたところだったので大変残念です。

放置されていた竹やぶを開墾して畑にしたのに、という思いもあり、このまま返すのは口惜しいのです。なにかよい方法がありましたら教えてください。

A 気持ちはわかるが、返還しなければならない

開墾は畑を使用する対価にはならない

大変残念な思いをされていることはよくわかりますが、法律的にはお気持ち通りになることは難しいと思います。

まず、地主と質問者の法律関係は、無償で土地を使用させてもらっていることになると思います。「収穫したものや珍しいものをおすそ分け」という形での支払いは、「土地利用の対価」という意味での「賃料の支払い」とはならないと思います。

また、使用を開始するに当たって重機を入れ、「竹の根や石などを取り除いて畑として利用できるようにし

た」という事情も、質問者のお気持ちとしてはよくわかりますが、それも無償で使用させてもらうために必要な作業であり、使用の対価と考えることではないと思います。

法律は、有償で不動産を使用させてもらう場合（使用の対価を支払う場合）を賃貸借契約といっています。小作も賃貸借契約の一つです。この有償の場合は、当然のことですが借り主の権利が手厚く保護されており、貸し主が一方的に契約を打ち切って返還を要求することなどできません。原則として、借り主が返還に同意しない限り使用し続けることができます。

無償で借りていた土地は返還要求に応じなければならない

それに対し、借り主が無償で「使用させてもらってい る」場合を「使用貸借契約」といっています。この場合は、あくまで「使用させてもらっている」のであって、期間を定めていた場合や使用目的によって一定の期間の使用が当然に予定されているなどの場合には、その期間、使用を続けることができますが、それ以外では原則として貸し主から返還を求められれば、それに応じて返還しなければなりません。

ご質問で「今、植えている作物の収穫が終わる3月には畑を返してほしい」と地主が求めているのは、当然に使用が予定されていると考える場合の一つの場面ということになると思います。今、栽培中の作物がある間は返してほしいとはいわない、ということでしょう。

したがって法律的にいえば、地主の請求には応じなければならない、と考えます。そのことを前提に、質問者のお気持ちも地主によく説明して、借り続ける余地が少しでもないか、話し合いをしてみてはどうでしょうか。

Q

A

使途不明な出作費の支払いを拒否したい

農事調停で明らかになるはず

一部の耕作地が住んでいる地域とは別の地域にあり、その地域の農業生産組合に、毎年反当3000円の出作費を支払っています。

これは借地料とは別の支払いとなり、比較的大きな面積をつくっている私にとっては大きな負担となっています。

また、支払い先の生産組合に使途を尋ねても明確な答えを得ることができず、会計報告もできないといわれました。これまでは慣習として払っていた出作費ですが、使途不明ならばと支払いを拒否したところ督促状が届きました。

そこには「生産組合では農業用水路の河川清掃を行なっており、その出不足金として、また用水路の維持管理費として徴収している」とありましたが、河川の清掃や維持管理には市町村からの補助金もあるはずで、それに全額使われているとは考えられません。

なにに使われているのかもわからないお金を、これまでのように支払い続けるのは納得がいきません。支払いを拒否していてもいいものでしょうか。

生産組合からの返答は不親切

納得のいかないお金の支払いを求められる、ということで困っていらっしゃるお気持ちはよくわかります。やはりお金を出費するのだから、よく理解したうえで納得のいく形で支払いをしたいと考えるのは当たり前のことだと思います。

その意味では、質問者の納得できない、という疑問に対する生産組合からの回答は、私も不親切だと思います。この回答だけではよく理解できないと思いますし、過去の支出についてももう少し丁寧に金額を示して説明すべきだと思います。

ご質問の「出作費」というお金が、どのような内容なのかはよくわかりませんが、私が知っている身近な事例に次のようなものがあります。

この集落では、農業用水を使用している農家の方が、古くから水の神の座と呼ばれる地域の集団をつくっていて、みんなで農業用水の管理・ため池・水路の維持管理・清掃など必要な作業を行なっています。そのため全員で出席して作業をしますが、どうしてもその作業に出席できない場合は、代わりに夫役金と呼ばれるお金を支払って、みんなの作業の御苦労へのお礼の気持ちとしています。当然そのお金は集団みんなのために使われます。

このような事例からの想像となりますが、生産組合からの返答にあった河川清掃の出不足金とは、清掃作業に欠席した者から、出席して作業する代わりのお礼のお金として支払ってほしいという意味ではないのかな、と私には思えます。

農事調停の申し立てをするという手も

いずれにしても、どういう用途で徴収されているお金なのかは明確にしたいので、改めてよく説明を求めるべきです。もちろん、今後もこの地区で農作業を続けていく以上、地区の人たちと仲良く協力していく関係が必要だと思います。

しかし、どうしても話し合いもできないし、これまで程度の回答しかもらえないということでしたら、仕方がありません。例えば、近くの簡易裁判所で、農事調停の申し立てをすることも一つの方法だと思います。

出作費の合理性も明らかになるはず

当然、その調停のなかで、これまでの歴史的な経過や、お金の使用方法などの説明を求めていくことになります。また、この出作費の支払いが、社会的にみて合理性があるのか、社会的に相当な方法かどうかということについて、調停員や裁判官の意見も聞くことができると思います。

ご質問では、これまで数十年にわたって行なわれてきた方法のようですから、当然それなりの支払いを求める理由があるのだと思いますし、支払いを求めるのならば、地区の役員はお金の使用の状況を十分説明したうえで、その支払いをお願いするのが当然のことだと思います。

Q 売却予定の畑の賃料はもらえないのか

約10 haの農地を反当たり1万円で人に貸して、合計で約100万円の賃料をいただいています。先方から農地を買い取りたいという要望が以前よりあって、悩んだ結果、去年、私も販売する心づもりを伝えたところでした。

しかし、去年は私の母が体調を崩したりして、契約の話を前に進めることができませんでした。お互い売り買いする意思は確認済みですが、その値段や時期については、未定だったのです。

そのうちに年が明けてしまいました。土地はまだ私のものですから、例年通り去年分の賃料の請求を出したところ、自分の土地になることがすでに決まっているのだから、賃料は払わないといわれました。農業委員に相談したところ、相手のいい分が正しいといわれ、やはり賃料はもらえないとのこと。

確かにそのつもりはありますが、まだ土地を売ったわけではありません。売買契約が遅れたのは私の事情ですが、どうにも納得がいきません。こうした場合、どうしたらいいでしょうか？

A 売却契約前であればもらえる

売買契約は結ばれていない

賃貸借契約を結んで畑を耕作してもらっている方とのトラブルは大変気が重く、お困りのことだと思います。

本件でまず問題となるのは、お互いの間で耕作している農地について、すでに売買契約が成立しているのか、ということです。売買契約について民法第555条は次の通り定めています。

「売買は当事者の一方がある財産権を相手方に移転することを約し、相手方がこれに対してその代金を支払うことを約することによってその効力を生ずる」。つまり本件で耕作している農地の売買契約が成立しているためには、売買の目的物（本件では耕作している農地の所有権）の特定と、その代金額（または金額の決定方法の合意）の二つの要件の合意が必要だということになります。ここで注意するのは、必要とされるのは「合意」であり、契約書の作成など書面は要求されていないということです。

本件では、売買の対象である耕作農地の特定はできていると思いますが、もう一つの要件である売買代金については未定だということです。そうであれば、本件耕作農地の売買契約はまだ成立していない、という質問者の主張が正しいと考えます。

賃料の支払いを請求できる

もちろん売買契約の成立が遅れたのが質問者側の事情だという相手の主張はわかりますが、しかしまだ売買契約そのものが成立していないのですから、その実行が遅れたということについて、質問者がその責任を問われるべき特別の事情（例えば相手が急いでこの農地の所有権を取得しなければならない特別の事情があり、質問者もその事情をよく知っていたなど）がない限り、質問者には責任を負うべきなんの問題もないと考えます。そこで、本年分の賃料請求は当然できると思います。

質問者と相手方との双方が、現時点でも売買契約を成立させたいと希望しているのであれば、いずれにしろ売買代金について相談し、合意しなければなりません。実際の解決方法としては、その代金額の相談のなかで、本年度の賃料についても額の決定の一つの要素として考慮されることになるのだと思います。その売買合意が成立しなければ、本件の農地については、今後も賃貸借契約が続くことになります。したがって賃料が支払われなければ、最終的には賃貸借契約の解約ということもあり得るのだと思います。

以上のような事情を相手方にも理解していただいて、よい解決ができるよう相談することが必要だと考えます。

Q 交換して耕作中の畑を時効取得したい

A 時効取得はできないが、利害の調整はできる

農家3軒で畑を交換して、ちょうど20年になります。面積はそれぞれほぼ同じ。作業効率向上のための交換で、おかげで飛び地が解消して、お互い移動時間の大幅な短縮になっています。

交換に際しては、畑の保全義務を負う、費用負担を請求しない、といった合意書を作り、書名、捺印して保管しています。権利の移動はないと明記しており、所有権の移転が生じた場合は権利者に即返還するとも書いてあります。あくまで合理化のため一時的に交換するという内容です。

交換した畑はすっかりわが家の畑となっているのですが、一昨年、畑を交換した農家の一人が亡くなり、サラリーマンの息子さんは、田畑をすべて手放そうとしています。そのため、交換の合意を解消し、該当の畑を買い取らないかと持ち掛けてきました。

しかし私も高齢となり、後継ぎもいないため、今さら畑を買おうとは思いません。交換した畑を元に戻されるのも、とても困ります。自分勝手な希望というのは重々承知していますが、交換した畑を時効取得するということはできないものでしょうか。もう1軒の農家も同じ意見です。

時効取得はできない

経営者が亡くなられた後、営農を希望しない相続人が直面するいろいろな問題をどう解決するのか、私たちが真剣に考え取り組む必要があると痛感します。ご質問の内容の解決については、いろいろな考え方があると思いますが、とりあえず論点を整理してみます。

まず、ご質問の「時効取得できるのか」ということです。法律論からいえば答えは明確で、時効取得はない、ということだと私は思います。

なぜなら、現在営農している農地について、最初の合意内容から判断すると、時効取得の根拠となる「所有の

意思」が最初からないからです。

つまり、時効取得が成立するためには、現在耕作している農地が、たとえ本当は他人の所有地であったとしても、耕作者が自分の所有地だと考えていた、という条件が前提とされるのです。

本件では、耕作者それぞれが「自分の所有農地に変更する」と考えたわけではなく、あくまで他人の農地なのだが、作業効率のために互いの土地を利用しあうということが明確に合意されています。時効取得の要件には、そもそも合致していないのです。

権利も含めて交換すればいい

それでは、解決をするためにどういう考え方があるのでしょうか。

私がまず疑問に思ったのは、新しい相続人の方が農地を売却したいと考えた場合、なにが問題になるのか、ということです。耕作地を交換してまとまった農地として利用している現況のままで売却したほうが、より高額で売却しやすいのではないかと思います。わざわざ交換前の状況に戻して売却する合理性、必然性が本当にあるのだろうか、ということです。

そこで私は、関係している当事者全員がそれぞれの立場を率直に意見交換して、全員の利害の調整をするよう努力してみることが必要なのではないかと思います。

仮に交換前の状況に戻したほうが高額になる、あるいは売却しやすい、というのであれば、例えば現況のままで売却できるように、質問者も協力して買い手を探したり、仮に売却値がより低額になった場合はその差額を質問者も負担するなど、解決するための条件を検討しあうのも必要に思えます。

ぜひ皆さんで知恵を出し合って、互いに納得できる解決方法を相談していただきたいと思います。

Q 相続放棄された農地を代わりに管理したい

A 財産管理人を選任してもらえば、購入も可能

近隣の方が負債を残したまま急死し、相続人の娘さんは残された農地を放棄する手続きをしているようです。亡くなられた方は生前、自己破産していて、その田畑は競売に出されたのですが、畑地のみ売れて、数筆ある水田や雑地は売れずに残っていたのです。誰も管理できないため荒れて、病害虫や獣の棲み家になっています。現在は行政がなんら対処しておらず、近隣の農家はみんな迷惑しています。私もその一人というわけです。

このままにしておくわけにはいかないので、希望者にこの土地を購入してもらい、耕作を任せたいのですが、その場合はどのような手続きが必要でしょうか。

また、希望者がいない場合は私が耕作してもいいのですが、新たに水田や雑地を購入するのはためらわれます。できれば無料で借りる形で管理できればと思うのですが、そのようなことは可能でしょうか。どうぞ、教えてください。

財産管理人の選任を求める

最近各地でこのような問題が生じて困っています。私もどうしたらよいのか、適切な回答を考えることができず頭を抱えています。そこで、必ずしもこの方法がよいですよ、という答えではないのかもしれませんが、考え方について検討してみたいと思います。

まず前提事実として、現時点で戸籍上判明している相続人はいない（相続人である娘さんが相続放棄をしているため）ということです。仮に他の相続人がいたとして

も、負債が多額であれば当然、相続放棄の手続きをして相続をしないと考えられます。

そこで、戸籍上では誰も相続人がいない場合、どう考えるかということになります。その意味では、まず相続人がいるのかどうか明らかではないので、相続人を探す手続きを取ることとして、その相続財産の管理人の選任を求めることを検討してはどうでしょうか。民法第951条、第952条の適用です。

民法第951条では「相続人のあることが明らかでない時は、相続財産は、法人とする」。民法第952条1項では「前条の場合には、家庭裁判所は、利害関係人または検察官の請求によって、相続財産の管理人を選任しなければならない」と規定しています。

例えば、戸籍上では相続人はいないとしても、本当にいないと確定的にはいえないわけですから（いわゆる隠し子はその典型例です）、相続人がいるかいないか不明と考えられるのだと思います。そこで、質問者は「利害関係人」として相続財産の管理人の選任が請求できることになります。

質問者が「利害関係人」であることは、例えば「病害虫の発生や獣の棲み家」ということによって、質問者の営農にも被害が及んでいるのでその損害賠償請求債権を持っている、ということでもいいのではないでしょうか。

売却してもらうことも可能

裁判所が申し立てを認めて財産管理人を選任すれば、水田や雑地の処分方法をその管理人と相談すればよいことになります。そこで質問者の希望条件についても、よく相談してみるということになります。売却してもらうことは当然可能だと思います。

ただこの申し立てについては当然一定の費用がかかります。また管理人の候補者についても、申し立て人が事前にあらかじめ相談して、引き受けてもらえる方を確認しておくのがよいと考えます。普通は弁護士が考えられます。迷惑を受けている近所の皆さんとよく相談して、一定の費用負担を検討してみることも必要になると考えます。

Q 購入した農地に産業廃棄物が埋められていた

10年前に競売で購入した農地の一部に、産業廃棄物が埋められていることがわかりました。土を掘ると、地下3m深くまでヘドロのようなものが埋められており、表土はその上に数十cmあるだけです。この農地ではレタスなどをつくっていますが、ろくなものはとれず、今後つくろうと考えていたイモ類などは、とうてい作付け不可能です。農地への産業廃棄物の埋め立ては違法だと思いますが、元の所有者は破産しているため交渉相手になりません。埋めた業者も今となってはわからず、行政には相手にされませんでした。

地下水汚染も心配され、このままにするのは不安です。かといって、産業廃棄物を掘り出すとなれば大工事です。いったいどこに責任があり、損害は誰に賠償を請求すればいいのでしょうか。どうか、教えてください。

A 損害賠償の請求は、残念ながら難しい

元の所有者や産廃業者の責任追及は難しい

大変困った問題です。高度成長による不動産取引のバブル状態のなかで、このような問題が多く発生しているように思えます。

まず、責任を問う相手として最初に考えられるのは元の所有者ですが、その元所有者が破産しているということなので、責任を取らせることは事実上不可能ということにならざるを得ません。もちろん、十分に資産があるのであれば、損害の請求は可能です。

さらに、当然のこととして産廃を埋めた業者、及びその産廃を排出した業者にも、それぞれの責任を問える可能性がありますが、しかしその業者も不明ということであれば、これもまた責任を追及することは事実上不可能ということになってしまいます。

裁判所の責任を問えるか

次に考えられるのは、このような瑕疵《かし》（欠点）のある

不動産を競売した裁判所の責任を追及するということです。

競売するに際しては、裁判所から選任された執行官がこの不動産の権利関係や占有支配の実態について調査を行ない、さらに鑑定人が適正な落札価格を調査鑑定し、その結果に基づいて最低競売価格を算定しているはずです。当然、調査した執行官や鑑定人はこの不動産について、適正に調査すべき義務を負っています。

そこで、この不動産に産業廃棄物が埋められているという事実をきちんと調査して発見すべきだったのに、それを見落とした過失があるのではないか、という疑問が生じます。質問者のお気持ちとしても、競売に際して、産業廃棄物が埋められている事実を裁判所が明らかにしてさえいれば落札することもなかったし、そもそも競売に参加することもなかった、ということではないかと思います。

しかし、この主張もなかなか認められないのです。競売に際し裁判所（調査を行なう執行官や鑑定人）がどの程度まで事実調査すべきなのかという点については、これまでの裁判例では競落者（購入者）に対して極めて厳しい考え方を示しています。

基本的には、調査に際して明らかに疑わしい状態があり、極めて容易に発見できる事情を見落としたなどという特別の事情がなければ、競売の責任を問うことはできないという判決例です。

せめて、通常の売買において、取引に入った仲介業者に認められている調査、説明義務の内容ぐらいは認められるべきだという主張に対し、これまでの判決例は正面から否定しています。

その判断根拠として、競売は本質的に一定の問題があるかもしれない危険を内包しており、だからこそ落札価格も通常の取引価格より低額になっている、つまり、一定の危険の存在を前提として競売が行なわれているのだということのようです。

損害賠償請求は難しい

私はこのような考え方はおかしいと考え、落札時に判明していなかった瑕疵が後に発見された事例について裁判しましたが、判決ではすでに説明した理由で認められず、敗訴しました。

したがって結論としては、具体的に損害賠償を請求することは、残念ですが難しい、ということにならざるを得ないと考えます。

Q 産廃を埋めた農地を売ったら処分代を請求された

A 売り主がその責任を問われることはない

長く酪農を営んできましたが、エサ代が高騰したために、一昨年、牛と牛舎を手放すことになりました。

農地（草地）を売ってほしいという農家が訪ねてきましたが、私はいったんこの話を断りました。数年前、世話になった産廃業者に頼まれて、農地の一部に産廃を埋めていたためです。しかし、それを伝えたにもかかわらず、先方は半ば強引に話を進め、私は結局農地を売ることになりました。

ところが去年、産廃を処分するための代金として、150万円を支払うよう、先方から突然請求されたのです。こちらは、産廃が埋まっていることを事前に伝え、先方はそれでも構わないと購入したはずなのに、驚きました。ただし、産廃が埋まっていること、それを先方が容認したことは口頭での約束で、書面での確認はしていません。それで結局、要求されるがままに処分代金を支払ってしまいました。

しかし、どうしても納得がいきません。わが家は牛も牛舎も農地も手放しています。なんとか支払った処分代金を取り戻すことはできないでしょうか。

請求は道理に反していて理不尽

大変理不尽な話だと思います。

まず、この土地に産廃を埋めたのは質問者で、質問者はその撤去義務を負っています。そこで例えば、土地を買った次の所有者が新しい土地利用をし、産廃によって他の第三者に被害が生じた場合は、その第三者はその時の土地の所有者（購入者）だけではなく、質問者にも賠償請求をすることができる、と考えられます。産廃を埋めたことを購入者が承諾していたという事実は、第三者に対するいい訳にはなりません。

しかし、本件はそうではありません。産廃のことを承諾したうえで土地を購入した購入者が、質問者に処分代金を直接請求するというのは、土地購入の際のお互いの合意に従わないということです。道理に反していると思います。

書面での確認がなくても問題ない

購入者は、埋められている産廃が今後の土地利用にどのような影響を及ぼすのか十分検討したうえで（必要なら産廃の質や量などを調査し）、妥当な購入金額を判断し、決定するべきだと考えられます。その調査、判断をしていないとすれば、それは購入者の過失であって、売り主（質問者）がその責任を問われることはないと考えられます。

質問者が責任を負うべき場面というのは、購入者に産廃が埋めてある事実をいわなかった（隠していた）場合や、売買当事者ではない第三者に被害が生じて賠償を請求された場合などに限定されると思います。

したがって、産廃が埋めてあることを購入者が承諾したという書面がなくても、質問者が口頭で説明したという事実を証明できればそれでよいと思います。

処分代金を取り戻せるよう話し合う

しかし質問者が、請求された処分代金を支払ってしまったという場合、その返還を請求できるか、という問題になると答えが難しくなります。

たとえ強く請求されたとはいえ、本来ならば支払う必要がなかったはずの処分代を支払ったという事実は、産廃が埋まっているということを購入者が事前に承諾していたという合意内容に疑問を生じさせてしまいます。もしくは、元々承諾してはいたのだが、新しい状況下で、質問者が一定の処分代を支払う約束が新たに成立したのだ、というういい分も考えられます。

しかし、元々は支払いを請求すること自体が理不尽な話だと考えられるので、ぜひ質問者の立場を強く主張して、話し合いを要求してみてください。

Q 賦課金のことを知らずに農地を買ってしまった

A 過去の未払い分は返さなくていい

約20年前に友人から紹介され、Aさんから約1000万円で畑を購入しました。その農地について、去年突然、土地改良区から賦課金を払いなさいといわれ、非常に驚いています。なんでも、これまでの20年間はAさんと、Aさんが亡くなってからは息子さんが払ってきたそうで、今後の支払いはもちろん、過去の支払い分80万円もAさん側に返せというのです。

調べてみると、その農地の周辺は約40年前に灌漑用水を整備したため、莫大な賦課金を課せられているようでした。私が買った農地も、その用水から水を引いています。

しかし、私が土地を購入する際、Aさんは賦課金について一言も触れませんでした。知っていれば当然そんな土地は買いませんでしたし、そう思ったからこそ、Aさんも亡くなるまで黙っていたのだろうと思います。Aさんの息子さんも、よくわからずに、求められるがままに賦課金を払い続けていたのではないでしょうか。

今さら、土地の売買をなかったことにはできませんが、約束になかった賦課金です。どうしたらいいでしょうか。

賦課金の内容を説明してもらう

賦課金の問題はよく質問されます。土地改良区の役員はぜひ、組合員の皆さんに賦課金の具体的な内容と、必要性について、できるだけわかりやすい説明をしてほしいと願っています。きちんと説明すれば、疑問のほとんどは納得してもらえるだろうと思います。

今回の質問は、賦課金の支払いだけでなく、さらに農地が売買された時の説明の有無が加わって、問題がより複雑に見えるようです。そこで本件の問題を解決するための前提として、そもそも今回支払いを求められている賦課金の具体的な内容がなんなのか、土地改良区の役員に説明を求めることが必要だと思います。

具体的な内容と、その支払いを負担する計算的根拠（分担する金額の具体的な内容）を正確に理解したうえで、土地改良区の役員の方に参加していただき、Aさんの息子さんとその解決方法を相談するのがよいと思います。

賦課金は農地に課されている

一般論では、農業用水を使用する以上、その整備や維持管理に要する費用が合理的で妥当であるならば、使用するみんなでそれを負担する（賦課金として支払う）ことは当然だと考えます。そこで賦課金支払いについては一般に、農地の所有者（場合によっては例外的に耕作者）が支払うと思います。その意味で賦課金は、「農地」に課されているといってもいいと思います。

質問者は、「賦課金の件を知っていれば、そもそもこの土地を買わなかった」という主張ですが、その場合、例えば水の使用の権利関係や、水路の維持管理の費用負担について、質問者はどう考えていたのでしょうか。一切の負担なしに、タダで使用できると信じていたのだろうかという疑問も浮かびます。

もちろんAさんとその息子さんが20年にわたって賦課金の支払いを負担し、質問者にその負担を求めなかったということも、その理由がよくわかりません。ぜひ話し合いのなかで、はっきりさせていただきたいと思います。

過去の支払い分は返さない

息子さんとしては、過去20年の支払い分を質問者に返してほしいというお気持ちのようです。しかし逆に、そもそも売買の時に賦課金の説明をしなかった（ある意味では隠していた）ということも問題にせざるを得ません。その場合、Aさんと息子さんが売買後も支払っていたという事実は、質問者にとって有利な事情となり、売買契約そのものの有効性判断に影響してくると考えます。

しかし、20年後の今になってこの農地売買が無効であったというのも困難だと考えます。だからといって、賦課金を全額返すということも、質問者はとうてい応じられないと思います。しかし、今後も支払わないとすれば、土地改良区が用水の使用を認めない、という措置を取ることもあり得ると思います。

以上のような状況を考えて、どのように解決するか土地改良区の役員にも同席していただいて、それぞれの考えを率直に述べあって、合意できる内容をよく話し合うことが必要だと考えます。私の考えでは、これまでの支払い分はAさん側の負担とし、未払い分と今後の支払いは質問者がするというのがよいのではないかと思います。

Q 農地解放されなかった田んぼを時効取得したい

A 安値で買い取る交渉はできる

私は同じ集落の大地主の農地を借りて小作をしています。全部で約2反の中山間地の田んぼです。約90年前に叔父が借り、父もその田んぼで米をつくってきました。私も長年そこで米づくりを続けてきましたが、90歳を目前にし、今年は続けられるか。たぶん無理だろうと思い、土地を返すかどうかということを考えていたところ、友人から、それはもうお前の田んぼじゃないか、といわれました。なんでも、そもそも戦後の農地改革（農地解放）で、本来であれば小作人に分け与えられるべき土地であったというわけです。

また、これだけ長いこと借りていれば、農地の「時効取得」が成り立つはずだといいます。私も、長年地代を払い続け、毎年肥料や土壌改良剤を入れて育ててきた土地を、農業をしていない地主にタダで返さなければならないのは残念です。90年間真面目に土地を守ってきたわが家の権利を少しでも認めてほしいと考えるのは欲深いことでしょうか。

農地解放時の違法性は問えない

ご質問のお気持ちはよくわかります。しかし法律的には容易ではないので、いろいろ考えてみることにします。

第一に、この土地は本来、農地解放の時点で、当時小作者だった質問者の叔父が取得できたはずだった、という点についてです。確かにその通りではないかと考えられます。しかしその間の事情は不明ですが、結論として小作者が所有権を取得するための手続きがされず、それ以後も小作者として耕作を続けたということなので、現時点でその手続きの違法性について問題にすることは不可能だと考えます。

時効取得も難しい

第二に、「時効取得」が成立しているのではないか、ということについてです。時効取得をするために必要な要件としてもっとも重要なことは、質問者が「所有の意思を持って土地を支配していること」です。簡単にいえば、「この土地は自分のものだ」と考えているということを周りの人（とりわけ地主とされている人）に対してわかるような行動をとることだといっていいと思います。

しかし質問者は、地主に対して「長年地代を払い続け」てきました。自分の所有する土地の地代を、たとえ元々の地主だとしても、現時点では所有者ではないはずの（すなわち元所有者だと考えている）地主に対して払うことは通常ありません。

したがって、質問者が地代を払い続けたという行為は、この土地が自分の所有地ではなく、地主から借りている土地だ、と認め続けてきた（すなわち所有の意思は持っていない）ということになるのです。時効取得の要件が満たされていない、ということになります。

安く買い取るという手も

そこで第三に、質問者が現在この土地に持っている権利について考えてみます。農地法では、地主に対し現在農地を現実に耕作している小作者の「耕作する権利」を手厚く保護しています。とくに小作者が自ら耕作をやめる意思を示さない限り、地主側から小作契約を解除することには厳重な制限があり、極めて困難です（法第18条）。

また、各地域によって慣習が異なるとは思いますが、一般的に地主が小作地を転売したり（小作契約の解約には小作者の同意が必要）、公共事業により収用されたりする場合、土地の代金の4割ないし5割は耕作の権利の代償として小作者が取得する、ということが行なわれています。小作者の権利はそれだけ強いと理解されているわけです。

そこで逆に地主の立場から考えてみると、この土地は今後もずっと貸し続けないといけないので、現在質問者が支払っている地代を毎年受け取る以上の意味はないということになります。

そこで質問者としては、この土地についての強い権利を持つ耕作者として、通常の売買価格よりも安い値段で買い取る交渉をしてみるということも考えられると思います。地主としては、質問者の同意がない限り小作契約を解約して売却することは不可能なので、もし地主が売却を考えられるのであれば一つの解決方法だと思います。

ぜひ地主と質問者双方にとってもっともよい解決方法を相談してみることが必要だと考えます。

元地主が農地の境界線を認めてくれない

Q

耕作し続けた面積は自分の土地と認められる

A

農地改革の時に得た土地があり、その境界線をめぐって、元の地主さんとトラブルになっています。その土地は私の祖父が開拓して、境界にはマツを植えてありました。しかし枯れてしまったため、その跡に、父が目印を打っていたのです。ところが、元の地主さんに境界を改めて定めたいと願い出たところ、その目印を認めてくれず、現状の登記簿面積より少なくなるような境界の位置を主張してきました。その主張を認めれば、今現在耕している面積よりも、畑が小さくなってしまいます。

地主さんの主張の根拠はあいまいで、わが家は現状の面積でもう半世紀近く耕作し続けています。家や土地には「時効取得」という制度があるそうですが、農地には適用されないのでしょうか。

私は70歳を過ぎて、このいざこざを子孫には残したくありません。ぜひ、いい解決方法を教えてください。

耕作面積が所有面積

土地の境界をめぐってはいろいろな問題が起きています。なかでも農地の境界については、他の用地と比べて耕作している範囲が比較的わかりやすい一方で、俗に「畔《あぜ》せせり」といわれているような数cm単位の争いや、斜面の所有権をめぐる争いなどが絶えないように思えます。

土地の境界を確認する場合、まず前提となるのは、双方の土地の所有者が現在、実際に支配、管理している範囲とその境です。とりあえずは現実に支配、管理している範囲までが、その人の所有権の範囲だと推認されます。

本件の質問でいえば、質問者が現在実際に耕作している境までが、質問者の所有する土地だと推認できます。その境界線と、父が打ったという目印が一致していれば、問題はまったくないことになります。

元の地主さんが、質問者が耕作している範囲より内側の地点が境界だと主張するのであれば、その根拠を具体的な資料で示すことが必要となります。根拠を示すことができず、ただ一方的に主張されるだけであれば、それは認められず、質問者の主張する境界線が認められると考えます。

根拠として認められる図面

この場合の具体的な資料としては、例えば、元地主の主張通りの測量図面があればもっとも有力な根拠となります。ただし、この図面がいわゆる「字図《あざず》」など、測量図面ではない昔の図面であれば、正確な面積が表示されているとは認められません。お互いの土地の位置関係が図示されているに過ぎないと考えられています。

さらに根拠として考えられるのは、境界を表示した（目印とした）と考えられるものです。例えば、塀の土台が残っているとか、測量のために打たれたと思われる目印とか、境界に植えてあった木の切り株など、いろいろ考えられます。それら根拠と主張されるものがどれだけ認められるかは、個別の事情によって判断が異なってくると思います。

いずれにしても、質問者が現在耕作している範囲については、相手の元地主が具体的な資料を示して主張しない限り、認められることはないと考えます。当然に、質問者の所有する土地として認められるということです。

仮に元地主がなんらかの認められる根拠を示して境界線を示した場合には、やむを得ないので時効取得を主張するという判断が必要となります。時効取得は農地でももちろん認められます。

質問者が現実に支配、管理（耕作）してきた期間が20年以上になるということが証明できれば、当然に、時効取得が認められます。

質問者が現在の範囲で実際に耕作してきたということがすべての判断の前提となるので、その事実を元地主によく理解していただき、納得を得ることが大切だと思います。

Q 自分の土地の一部が他人名義になっている

A 所有移転登記手続き請求を前提に話し合う

祖父が買った土地で農業を営んでいます。息子が就農するに当たって加工施設などを建てたいのですが、土地の一部が他人名義になっており、地目変更なども行なえない状況です。名義人のA氏に相談したところ、法外な土地代を提示され、非常に困っています。

発端は、昭和40年代に行なわれた自作農創設措置法による農地解放のようです。祖父が買った土地のなかに、A氏名義の新しい土地（地番A）が生まれていたのです。名義人はそのことをこちらに知らせず、昭和50年代の国土調査で改める機会も逃しました。

現在、それぞれの土地の境界はあいまいで、地番Aの税金はA氏が払い続けています。なんとか、適正な手続きで地番Aの権利を譲ってもらい、測量をし直すなど、不安材料を取り除いたうえで息子に農業を引き継ぎたいのです。どうしたらいいでしょうか。

A氏の手続きは適法なのか

事実関係を整理してみます。土地の元の所有者であるA氏が、質問者側に通知せずに、自作農創設措置法に基づいて、売った土地の一部に新しい地番を設定し、A氏名義の所有権登記が行なわれている、ということです。

土地の境界もあいまいということですが、A氏所有名義部分の新地番の土地と、祖父所有名義部分の境界線が明確ではない、という前提で考えてみます。

まず、A氏が質問者の祖父に売った土地の一部を、勝手に自分名義の土地にすることが、たとえ自作農創設措置法に基づくものだとしても、手続き的に適法で可能なのか、という問題があると思います。その手続きについて、現時点できちんと確認する必要があると思います。

しかし、仮にその点の正当性がどうであろうとも、その手続きによって所有権登記が行なわれた昭和40年代からもうすでに50年以上が経過しています。今さらその手続きを問題にするよりも、その後の経過を考えて判断したほうが、現実に即しているという考え方もあると思います。次に、その立場に立って検討してみます。

土地を占有し続けて時効が成立

第一に強調されるべき事実は、A氏が自分所有名義にしたとしても、質問者側が土地をA氏から購入して以後、現在まで継続して占有し耕作し続けているということです。A氏所有名義の登記が行なわれた以前も以後もまったく変わっていません。A氏やその関係者がこの土地を占有耕作したことは一度もないということです。

一方、質問者の祖父や質問者は、本件の土地全体を買い受けて、もちろん自分の所有する土地だという確信の元に占有、耕作を続けてきました。それは、A氏が所有権名義の登記を行なった後も、その事実が知らされていなかったのですから、自分の所有する土地だという確信はまったく変わらなかった、ということだと思います。

そうであれば、A氏所有名義の土地について、仮にA氏の所有権取得の手続きが法的に正当で有効に行なわれたとしても、A氏の所有権登記が行なわれた昭和40年代から20年が経過したことによって、質問者の時効取得が成立していると判断できます。この場合、A氏が税金を払っていても、時効取得を否定する事実にはなりません。

A氏の所有を認めない

問題は、A氏が所有権名義の登記を行なった事実を知った後の、質問者側の対応です。A氏の所有する土地だと認めた行動になっているのではないか、そのことによって質問者は時効利益の放棄を行なったと判断されるのではないか、という疑問が生じます。例えば、この土地の権利を譲ってもらうように相談したことなどです。

しかしこの対応も、A氏が正当な所有者であると承認したわけでは決してなく、紛争を円満に解決する方法について相談したに過ぎないと考えるのが正しく、時効取得を否定する理由にはならないと思います。

そうであれば、A氏名義の土地と質問者の土地の境界が不明であることは、特別に問題にはなりません。質問者の考える境界線でよいのだと思います。

そこで結論として、時効取得を原因とする、A氏に対する所有移転登記手続き請求の裁判を行なうことを前提に、まずA氏と話し合ってみて、A氏が同意されないようでしたら、訴訟をすることもやむを得ないのではないかと考えます。

Q

A

「生産緑地」なのに宅地並み課税されていた

指定は行政のミスだが、課税自体は正しい

市街化区域農地の生産緑地に対する課税について、ご相談させていただきます。

わが家の農地は生産緑地の指定を受けています。10年前、農地の一部を宅地への通路として使うために分筆。その際、生産緑地指定を外したほうがいいと考えて役場に相談に行くものの、「とりあえず分筆せよ」といわれただけで、他に指示はありませんでした。

その後、通路とした土地は宅地並み課税となりましたが、昨年、生産緑地指定からちょうど30年がたち、改めて調べてみると、途中で分筆した農地も含めて、最初に指定された土地はすべて生産緑地となっていました。地目も「田」のままでした。

生産緑地指定された土地なのに、宅地並み課税されていたわけです。そこで、税務課に申し出たところ「間違いがあった」「分筆時に指定を外す必要があった」と認めたものの、これまでの課税を改めることはないといわれました。「現況課税」とのことですが、どうも納得がいきません。

通路として使っていたのは事実ですが、こちらが申告に行ったにもかかわらず、生産緑地指定したままにしていたのは役場なのですから、そこに宅地並み課税していいものでしょうか。役所の手続きが正当であったか、先生のご意見をお聞かせください。

課税自体は正しい

税金の行政手続きは法律の規定自体が複雑で、弁護士であっても税金の問題を専門に取り扱う方でなければ、簡単には理解できないことがしばしばです。税金の制度自体が本質的に持っている難しさはもちろんあると思いますが、それにしても、もう少しわかりやすい言葉で理解しやすい条文にならないのだろうかと疑問に感じます。

本件ではそれに加えて、質問者の立場からみると、行

政によって納得しがたい結論が示されていることになり、質問者にとってますます理解しにくい状況になっているように思えます。そこで、少し問題点を整理しながら考えてみたいと思います。

質問者の立場からみて最初に問題となるのは、行政（税務課）が、「間違いがあった。分筆時に指定を外す必要があった」と認めた、という事実です。

そうであれば、行政の間違った行ないによって指定を外していないのだから、生産緑地指定は従来通り続いており、課税はできないのではないか、という疑問が生じることになります。

しかし、さらに考えてみると、本来の手続きをとっていれば、当然に現状通り課税が行なわれたことになると考えられます。つまり、行政の手続きは誤っていたが、実際に生じている課税という結果自体は正しいということになるのだと考えられます。

行政の誤りではあるものの、非課税とは認められにくい

例えば仮にですが、分筆手続きをした直後、生産緑地指定が外されていないとわかった時点で、速やかにその手続きが行なわれていればよかったわけです。

通常の正しい手続きさえ取られていれば、実際は通路として使用しているのだから、生産緑地として非課税という優遇措置は取り消されるのが当然、ということになるのだと思います。

行政がその手続きを怠ったために、現実には生産緑地ではないのに、生産緑地指定は残されたままになっている。だから非課税のままにすべきだ、という主張は、行政へのペナルティとして、その誤った行為に基づいて非課税を認めよ、ということになるのだと考えます。

しかし現状からいえば、課税自体は正しく、手続き上においてだけ生産緑地と認められているわけです。残念ながら、非課税とすべきだという主張はなかなか認められにくい、ということになるのではないでしょうか。

Q 自分の土地に他人が植えたスギがある

そろそろ長男に土地を相続しようと思っていたところ、困った問題が起きました。私の土地である畑の法面に、他人が植えたスギがあるのです。

畑は、私の父親が地域の地主より買ったものです。しかし、その地主の死後、地主の息子が事情を知らずに植林してしまったのです。その際にひとこと注意すればよかったのですが、地主には祖父の代より世話になったこともあり、当時はなにもいえませんでした。

法務局で確認したところ、確かに土地は私の名義となっていましたが、そこに植えられたスギは誰のものとなるのでしょうか。

もしもスギが元地主の息子のものであるとするならば、どのように清算するのがよいでしょうか。スギはまだ収穫時期を迎えていませんが、できれば、きれいに清算したうえで土地を長男に譲りたいと考えています。

A スギは植えた人のもの。土地の所有者権が移っている可能性もある

勝手な植林は違法

土地の所有権と、その土地に植えられている樹木の所有権とは別の権利で、それぞれに違う権利者がいることがあり得る、と考えられると思います。

したがって本件の場合では、一般論として、土地の所有権者は質問者ですが、スギの所有権者は、元地主の息子だと考えられます。しかし一方で、土地の所有権者ではない者が勝手に植林することは許されません。このスギは違法に植えられていることになります。

そこで、所有権者（質問者）はこの違法に植えられているスギを土地から撤去するよう請求することができる

と考えます。

時効取得が成立している可能性も

しかし、例えばこのスギを植林してから10年ないし20年以上がすでに経過しており、その間に元地主の息子が間伐や枝切りなどの植木の管理を行なっていたという場合、その事実経過によって取得時効が成立している可能性があります。そうなると、その息子にも一定の権利が生じていることがあり得ると思います。

民法は、所有権や所有権以外の財産権（本件でいえば地上権、借地権など）の時効取得について、善意無過失（知らずに行なったこと）であれば10年、そうでない場合は20年間にわたってその土地を占有、行使すれば、その権利を時効取得できると定めています。

本件では、その息子が自分の土地ではないことを知っていなかったとしても、その点が過失であることは明らかですから、時効取得に必要な期間は20年ということになると思います。

植栽後の年数、管理の有無が問題

もしすでに20年経過していれば、スギが植林されている範囲の土地の所有権を息子が時効取得している、ということもあり得ます。その場合は、単純にスギを撤去してほしいということではなく、土地を含めてどう解決するか話し合うことが必要となります。

もちろん、20年の期間が経過していない場合であっても、スギ自体には息子の所有権があるということで、その撤去を求めるか、一定の価格で質問者が買い取るか、という話し合いが必要だと思います。

さらに、息子がスギを植林した後、まったく放置してなんの管理もせずに10年ないし20年が経過していた場合は、消滅時効の成立によって、逆に息子のスギ所有権は消滅していると考えられると思います。

以上のようなそれぞれの場合を参考に、撤去を求めるか、あるいは一定の価格で買い取るか、よく話し合うことが大切だと思います。

Q 土地改良区の工事で取り外された給水栓を復旧してほしい

A 当時の役員に相談し、弁護士の力も借りたい

かつて私の畑には給水栓（水口）がありました。25年前に土地改良区の工事があり、資材置き場として畑を提供したところ、邪魔になるという理由で、給水栓は一時的に取り外されました。

工事は長期にわたり、10年前にようやく終わりましたが、一時的に取り外されたはずの給水栓が、元に戻っていませんでした。土地改良区に、元に戻してほしいとお願いしましたが、工事は業者に頼んでおり、給水栓に関する業者と私との契約書もないため、復旧できないと断られてしまいました。元に戻す場合は、全額個人負担だというのです。

そこで私は、せめて賦課金を免除してほしいとお願いしました。給水栓が使えない以上、その畑は「受益地」に当たらないからです。しかしその要望についても、近くの圃場の給水栓を仲間内で共有できたはず、という理由で却下されました。

確かに、乾燥が続いた年は、仲間に頼んで給水栓を利用させてもらったこともあります。しかし、あくまで一時的な利用であって、自分の畑の給水栓のように、自由に使えるわけではありません。また、給水栓がないため、その畑ではキュウリやサトイモなど水をほしがる作物をつくるのは諦めてきました。

長い年月がたち、当時の業者はすでに解散してしまったようです。工事の主体であった土地改良区には、給水栓の

復旧と、賦課金の免除を求め続けています。大変悔しい思いで、このままでは死ねません。どうにかなりませんでしょうか。

当時を知る関係者はいないか

残念な思いは大変よくわかります。土地改良区の事業に気持ちよく協力したのですから、本来ならば感謝されることはあっても、逆に被害を受けるなど考えられもしないことだと思います。質問者の請求は、極めて当然な、当たり前のことだと私には思えます。

なぜ土地改良区の役員の皆さんが、ある意味ではむしろかたくなとさえ思えるほど、強い拒否の態度を取り続けられるのか、その理由はどこにあるのか、私も知りたいという気持ちになります。

そこでまずはっきりすべきなのは、質問者が工事に協力して給水栓を取り外した状況です。

もちろん工事の業者からも事情を聞きたいのですが、それ以上に当時の土地改良区の役員で、工事に関係された方の話を聞く必要があるように思います。工事の資材置き場に畑を使わせてほしいと相談に来られた役員や、事業担当の職員の方に、事情をはっきり説明していただくようにぜひ一度相談してみてはいかがでしょうか。

弁護士の力も借りたい

なによりも、土地改良区が質問者に協力をお願いしたのだということを、現在の役員の方によく理解してもらう必要があります。改良区には当然、工事内容の資料なども残っていると思うので、その調査も必要だと思います。

どうしても自分の力だけでは難しいということでしたら、ぜひ弁護士に相談してみてください。弁護士であれば、当時の事情を明らかにするために必要な一定の調査は可能ではないかと思います。その結果を示して、質問者の希望を認めてもらえるよう話し合うことができると考えます。

弁護士に相談する方法や費用などがわからない場合は、県庁所在地に弁護士会があるので、まずはそこに問い合わせてみてください。

Q 基盤整備で田んぼに瓦礫を埋められた

A 瓦礫の撤去や損害賠償を請求できる

昭和後期に基盤整備をした田んぼから、アスファルトの瓦礫が出てきました。地下30～40㎝近くに埋められていて、これまでの稲作作業では気付きませんでした。今年、転作で野菜をつくるために弾丸暗渠を入れようとしたところ、次から次へとアスファルトの塊が出てきて、基盤整備の際に意図的に埋められたものだとわかりました。その畑では以前から大きなアスファルト片が出ることがあって、ネギの栽培中、土寄せする際に管理機を壊してしまったこともありました。

県の担当者に抗議したところ、県には責任がないといいます。また、責任があったとしても時効だといいます。工事を担当した業者もわかっていますが、その業者が瓦礫を埋めたという証拠もありません。圃場を復旧して、壊れた管理機などの補償をしてもらいたいのですが、いったいどうすればいいのか途方に暮れています。

田んぼの価値が損なわれている

基盤整備事業の後で、田からアスファルトの瓦礫が出てきたのでは困ってしまいます。この問題を検討する前提として、まず、例えば今、この田を第三者に売却しようとした場合にどういうことが起きるのか、ということを考えてみたいと思います。

アスファルトの瓦礫は当然、産業廃棄物と考えられますから、土地の所有者は買い主に対して、アスファルトの瓦礫が埋まっていることをきちんと説明しておく義務があります。もしこの説明を怠った場合は、場合によっては契約を解除されたり、買い主から損害賠償の請求を受けたり、瓦礫の撤去を求められたりすることがあり得ます。買い主が説明を聞いて納得して購入を決めた場合でも、売買代金が相場よりも安くなることは、避けられないと思います。

つまり質問者が所有する田は、現時点ですでに、本来の価値が一定限度損なわれており、損害が発生していると考えられるのだと思います。さらに、管理機が壊れたという被害の損害賠償もあります。

もちろん、そのような被害が生じた原因は基盤整備の工事にあるのですから、事業主体である県がその責任を自ら負うのは当然だと思います。県は、責任があったとしても時効だと主張しているとのことですが、そもそも、その時効はなにについていっているのか私には疑問です。

県の責任原因についてはいくつか考えられますが、基本として、田が本来持っている機能と価値が害されているということについてです。その原因はそもそも田には存在してはならないし、もちろん工事においても、本来存在するはずもないアスファルト瓦礫が土地に埋まっているということですから、所有者である質問者は、所有権に基づく物権的請求権（妨害排除請求権）によって、田の妨害物であるアスファルト瓦礫を除去するよう、県に請求することができると思います。

継続する損害に時効はない

この請求権行使は、妨害物が存在している限りいつでも請求できると考えられるので、「時効」という問題はそもそも生じないと思います。

このアスファルト瓦礫の除去に要する費用の見積もりを、専門の業者にしてもらって、その費用を損害賠償として県に請求することも考えられます。この場合、あるいは県は、基盤整備工事によって田にアスファルト瓦礫が埋まっていることを知った時から3年で、損害賠償請求権が時効により消滅する、と主張することも考えられると思います。その場合、埋まっていることをいつ知ったのか、ということが問題になると思います。

しかしさらにいえば、質問者が受けている損害は現時点でも毎日発生し続けているのですし、除去されない限り、今後も発生し続けるのですから、その損害については時効ということはあり得ないと考えます。その点において、県の主張は根本的に誤っていると考えます。

基本的には、以上のような考え方に基づいて、県と話し合いを行なうことだと思います。県は当然、自らの事業として基盤整備工事を行なったのです。農地にアスファルト瓦礫が存在するなどあってはならないことですから、いろいろ責任逃れの口実を主張するのではなく、質問者が今後安心して農業を続けていくことが可能となるように、誠実に対応すべきだと思います。

Q 圃場整備で無農薬田んぼが他の田んぼと一緒にされてしまう

集落には小さな田んぼが多く、圃場整備事業の計画が立ち上がりました。私は水稲を30年無農薬でつくってきて、お客さんもついています。しかし、圃場整備事業では、無農薬でつくってきた私の田んぼが農薬を使っている他の人の田んぼと一緒にされてしまいます。

そこで、私の田んぼだけをまとめてもらうことはできないかと行政に相談しましたが、「あなたの田んぼだけを特別扱いできない」といいます。ならば圃場整備自体を断りたいとも考えましたが、「圃場整備は地域で一斉に行なうものだから、あなたがやらないなら、地域全体ができない」といわれました。

周りはみんな兼業で、やっておかないと田んぼを人に貸しづらくなるという事情もあって、みんな圃場整備をやりたがっています。地域の和を乱すようなことはしたくありませんが、効率一辺倒で大事な田んぼを他の田んぼと一緒にされたくはありません。どうしたらいいのでしょうか。

A 特別扱いは難しくても、希望を強く伝えたい

反対が3分の1以下なら実施が可能

大変困った問題です。無農薬で土づくりをしてきた方にとって、地域全体で一斉に行なう工事によって、農薬を使っている周囲の田と自分の田が一緒になってしまうことは、とても耐えられないことだと思います。

圃場整備事業を定めている法律は「土地改良法」です。ご相談の事業は、おそらく地域の皆さんが共同して土地改良区を設立し、圃場整備を行なおうとしている、ということだと思います（土地改良法5条）。

その場合、事業の範囲（一定の地域）を定め、その地域にある土地について資格を有する者（原則的には土地

所有者です）の3分の2以上の同意を得ることが必要です。逆にいうと、反対する人がいても、それが3分の1以下であれば、法律上は事業ができてしまうということなのです。実際には、県によって異なりますが、制度の運用規定によって9割以上の賛成を求めるなどの措置がとられているようです。

したがって行政が質問者の相談に対し答えた「圃場整備は地域で一斉に行なうものだ」という部分は正しいのですが、「あなたがやらないなら地域全体ができないよ」という部分は正しくありません。1人や2人の反対なら事業はできますよという法律の規定なのです。

そこで、事業が実施されるという前提の下で、質問者の希望を叶えてもらうことが不可能なのか、という問題になります。これも、圃場整備事業の基本が換地による土地の交換分合である以上、行政の「あなたの田んぼだけを特別扱いはできない」という回答はそれなりに正しいと思います。したがって、質問者の田んぼと周りの方の田んぼとが工事によって一緒になってしまうことは当然予定されていることになります。

機械的に決めてしまうのは間違い

しかし、原則はその通りなのですが、事業に参加する土地改良区の組合員（土地所有者）の希望も、それが合理的で必要だと認められる場合は、実現できるよう許される限り計画を検討することも大切なのだと思います。圃場整備事業は参加者みんながよくなるように、満足のいくように工事を行なうことが大切だと考えます。

したがって、私は事業計画を検討する際に、事業に参加する組合員全員に希望・要求はできる限り聞いて、可能な限り実現できるように設計すべきだと考えています。もちろん、すべての人の要求を実現することは無理だと思います。だからといってそれぞれの希望を最初から無視して、基準があるからといって役員間で一方的に機械的に事業計画を決めてしまうということも間違いだと思います。まして、一部の役員にだけ有利に扱うことなどあってはならないと考えるのです。

組合員に希望を強く伝えて

そこで、質問者の田はできる限りまとめ、自分でそのまま耕作できるよう現地換地をしてほしいという希望をみんなに強くお願いすることが必要だと思います。ぜひ、周辺の土地所有者の皆さんともよく話し合いをしていただき、それぞれの希望を、より実現できる案づくりを実行できる体制をつくることが大切だと考えます。

Q
A

風よけの土手のスギ垣を切れといわれた 理由をはっきりしたい。農事調停を申し立てる手も

農業用水の土手と市道の間の100坪ほどの水田で、ビニールハウス30坪を建て、水稲の育苗と自家用野菜をつくっています。この場所は南風が強く、大人が立って歩けないほどの風が毎年3回くらい吹くので、ハウスを建てた当時土手の上にスギを植え、ハウスの高さくらいの生垣を作りました。

先日、「農地・水・環境保全対策」の代表を兼ねている土地改良区の理事長が、突然「このスギ垣を切れ」といってきました。私が「30年も手入れをしてきた大切な農業施設だから切れない」と断わりましたら、腹を立て「代執行で切ってやる」といっています。

30年前の理事長はスギ苗を植えることを認めてくれましたが、この理事長は「昔のことは今は通用しない」というのです。

このスギ垣は川の流れを悪くしたり、他人の田を日陰にしているわけではありません。土手の上でも私の田側に寄せて植えてあるので人も通れます。

スギ垣は代執行で切られてしまうのでしょうか。

なぜ「スギ垣を切れ」といってくるのか

まずなによりも、土地改良区の理事長がこのような要求をいってくる理由が問題になります。このスギ垣が皆さんの農業用水利用にとって障害になっているのかどうか、ということが本質だと思います。

普通に考えれば、このスギ垣が作られてから長年、なんの問題もなく現在にいたっているのだと思うので、なぜ急に今になってスギ垣を切ることを要求してきたのか、疑問になります。

そこで当然のこととして、今回、理事長が要求する切らなければならない理由の説明を求めることが必要だと思います。とくに、この理事長の要求が用水利用者の多数の意思を代表しているのかどうかの確認も必要だと思

います。

もし、なんら障害が起こっているわけではないのだが、「そもそも質問者の所有地ではない堤防に植えていることがいけないのだ」という説明であれば、それは合理的理由にはならないと思います。

質問者が主張されている通り、スギを植えた当時の理事長が認めていたうえ、その後も長年スギ垣の存在を認めてきたという事実からいっても、「今すぐ切るように」などということに応じなければならない義務はないと思います。

なにか問題があるのなら対処が必要

しかしそうではなく、質問者が気のついていない具体的な障害（あるいはその恐れ）が現実にあり、その除去のために切ってほしいという理由であれば、当然その必要性についての具体的な検討が行なわれることになります。

その理由次第では、本当に障害が生じている（あるいはその恐れが大きい）という場合、切るという判断もあり得ることになります。

なぜスギ垣を切らなければならないのか、その理由について、ぜひ理事長とよく話し合ってみてください。

別に合理的理由もないのに、一方的に切るように要求しているだけということであれば、その事実を他の農業用水利用者に説明して、理解してもらえるように努力するのがよいと思います。

理事長がどうしても納得せず、いろいろな強要を続けてきて困ってしまうようであれば、例えば地元の簡易裁判所に農事調停の申し立てをしてみることも一つの方法かもしれません。調停申し立ての仕方については、簡易裁判所の窓口で相談すれば、教えてもらえると思います。

調停のなかで、合理的解決方法を協議することができるのではないかと思います。

Q 風よけのスギ垣を切り倒されてしまった
A 損害賠償請求できる

30年前、川の土手にスギの木を植えました。私のビニールハウスが建つ場所は時折強い風が吹くので、スギを高さ2mに揃えて、防風用のスギ垣として役立てていました。誰かの畑を日陰にすることもなく、なにかの邪魔になるものでもなく、当時の土地改良区の理事長の許可を得て植えたものです。

ところが、新しい理事長に代わってから、そのスギを切るように再三いわれるようになりました。その度に、許可を得たこと、他人に迷惑を掛けていないということを説明してきましたが、新しい理事長は「許可されたという書類がなければ認められない」と、とうとう業者を連れてきて、私が抗議するなか、強制的にスギを切ってしまったのです。さらに、業者を呼んだ代金6万円の支払いまで求めてきました。

私はこの代金を支払う義務があるのでしょうか。逆に、賠償を請求することはできないのでしょうか。

一方的にスギを切ることは許されない

この問題は以前にもご相談がありました。その時点では、理事長から「スギ垣を切れ」といってきている段階でのご相談でしたが、今回とうとう強制的にスギを切られてしまった、ということです。

前回の私の回答でも強調しましたが、なによりもまず、「なぜこのスギ垣を切らなくてはならないのか」、その理由が大事だと考えます。

さらに「当時の理事長が許可したという書類がなければ認められない」という、今の理事長の主張に対しては、スギを植えてから約30年間このスギが存在していることについて、誰も問題にしてこなかった、ということが答えになっていると思います。組合員の皆さんがその事実を長い年月承認してきている、ということだと考えます。

したがって、そもそもこのスギを切らなければならない合理的理由がなければ、当然スギを切ることなどしてはならないことです。

　また、仮になんらかの合理的理由があり、切ることが当然なのだという結論が正しい場合でも、このスギについては質問者の所有権があるわけですから、理事長は質問者の同意なしに、勝手に一方的にスギを切ることは許されません。

　質問者が切ることに同意しない場合、どうしても切りたいのであれば、質問者を相手方として裁判所にこのスギを切ることの許可を求める裁判を申請する必要があります。裁判所からスギを切ることを認める決定、判決を得て初めて切ることができるのです。

支払い義務はなく、損害賠償請求もできる

　結論として、理事長の行為はとうてい認められませんし、業者の代金6万円を支払う義務もないと考えます。逆に損害賠償を求めることができるか、ということですが、理論的には当然請求できるということになります。

　しかし、その金額については「なぜ切る必要があるのか」ということについての判断次第だと思います。組合員の皆さんは別に被害も受けておらず、切ることを要求などしていないにもかかわらず、理事長が個人的意見で無理やり切ったのであれば、再度植え直すことと、その費用まで請求することもできると思います。しかし逆に「切る必要性について合理的理由がある」ということであれば、損害は認められない場合もあり得ると思います。

Q 田んぼの水路を勝手に埋められてしまった

A 実力行使は認められず、回復を求めることができる

田んぼを親から引き継いで約10年になります。去年より、隣の田んぼの所有者Aさんと揉めて、少し困ったことになっています。

隣の田んぼとの間にはU字溝があるのですが、Aさんがバックホーで私の田んぼに勝手に入って、そのU字溝に土砂を入れて、水を流せないようにしてしまったのです。

自分の田んぼがゆるくなってしまったのは、U字溝の継ぎ目から水が漏れたりオーバーフローするのが原因、というのがAさんのいい分ですが、その対策を相談している最中の暴挙でした。

話があったのは11月です。翌春の田植えまでは水を入れることもなく、もう少し待つこともできたはずです。また、そもそもAさんの田んぼがぬかるむのは、U字溝が原因とはいい切れません。山間地なので、伏流水の影響でところどころにぬかるみやすい田んぼがあるのです。集落の他の方は、それぞれ盛り土をしたり暗渠を入れたり、田んぼを改良しています。Aさんは、そうした努力もせずに、U字溝を埋めてしまったのです。

いずれにせよ、このままでは春の田植えができません。どうしたらいいでしょうか。

勝手な実力行使は許されない

勝手に水路を埋められたのでは困ってしまいますね。

当然のことですが、私たちが生活している現在の社会では、いかなる正当な理由があろうとも、自分の判断で勝手に実力行使して、自分の望む状況を実現することを原

則として禁止しています。「自力救済の禁止」ということです。

その説明としてよくいわれるのは、「自分が以前に盗まれたバッグを持って歩いている人を見つけたので、その人から自力でバッグを取り戻してもよいか」という事例です。答えは「相手の同意なしに取り戻すことは許されません」ということになります。

相手が返すことに同意しないバッグを強制的に取り戻すには、返却を求める裁判をしなければなりません。おかしなルールに思えるかもしれませんが、まさに本件のような事例を考えると、決してばかばかしいルールではないと理解していただけると思います。

今回もまさに「自力救済の禁止」が適用される事例なのです。田んぼがぬかるんでいる原因が、もしAさんの主張する通り、質問者のU字溝の継ぎ目から水が漏れたりオーバーフローすることであったとしても、質問者の同意なしにAさんが自分で勝手にU字溝を埋めてしまうことは許されません。

仮処分を申し立てる

そこで今度は質問者が、自分でU字溝の土砂を除去して、水路を回復することも考えられますが、それは紛争を大きくするだけだと思えます。

そこで質問者としては、急いで裁判所に水路を回復することを求める手続き（仮処分）を申し立てることが必要だと思います。手間や費用はかかりますが、やむを得ません。

裁判所の審理手続きのなかで、当然、U字溝の水漏れやオーバーフローなど、Aさんが主張する問題の解決方法も併せて議論できますし、双方が納得できる合理的な解決策を話し合えるのだと思います。

仮処分申し立てを自分で行なうのは難しいということであれば、近くの弁護士会が法律相談をしているので、ぜひ相談してみてください。

Q 水利権を放棄した後も、ため池の水を使いたい

A 総会の場で組合員の同意を得たい

私の町内では、ため池から農業用水のくみ上げに必要な電気代を「水代」として、稲作農家から面積に応じて徴収しています。その他に、ため池の保全管理作業に参加する義務もあります。

しかし数年前、高齢で田んぼをやめた農家が、水利権を放棄する代わりに水代の支払いをやめ、共同作業にも出てこなくなりました。組合の役員は、今後こうした農家が増えることを見越して、水利権を放棄するには、10aにつき3万円を払うというルールを設けました。

町内では、すべての農家が田んぼを所有し水利権を持っていますが、一方で、同じため池の水を果樹園で使用する場合には「水代」を徴収していません。使用量が桁違いに少ないからだと思います。また、町外の方が町内で農地を借りて果樹栽培する場合も水代は発生せず、ため池の管理作業に参加する義務もありません。

私は果樹栽培がメインで、残った田んぼにもすべて苗木を植えることにしました。稲作をやめるため水利権を放棄して、ペナルティも支払います。今後は、町内で田んぼを借りて、果樹園を広げていくつもりです。

ところが、水利権を放棄した後にため池の水を使うことに、いい顔をしない人がいます。ため池の管理作業にも参加しろと文句をいわれます。使う水量が圧倒的に少ないのに、水代を払い続けるのは割に合いません。年に何度も管理作業に参加するのも大変です。そもそも、他の町の果樹農家には、水代も作業も求めないのに、おかしいと思います。どうしたらいいでしょうか。

そのルールに効力はあるか

昔から営農のためには、山と農業用水が必要不可欠であり、農業用水を確保するため、各地方では歴史的にさまざまな努力が積み重ねられてきました。「水利権」は、農民のこれまでの努力の成果として確立されているのだ

と考えられます。その権利を維持していくためには、農民一人一人の努力だけでは不可能で、やはり共通の利益のある農民たち（村落共同体）の集団の力が必要とされているのだと思います。

その維持管理の具体的な運用方法として、ペナルティや一定のルールがあるのだと考えられます。

質問では明確でありませんが、このため池の維持管理を行なっている集団（組合の役員）はなにかということがまず問題です。おそらく水利組合か土地改良区ではないかと推測しますが、いずれにしてもこの団体がどのような規則（ルール）を決めて運用しているか確認することが前提となります。

質問者は「組合の役員～ルールを設けました」と書いていますが、役員たちが自分たちだけで、組合員に相談することもなく勝手にルールを決めるということはできません。当然、組合の総会で一定の議決をして決定していると思います。もし役員だけで勝手に決めているということであれば、その「ルール」は効力がない違法な規定ということになると思います。

同じルールが適用されるはず

それが正式に議決された規則で、町内の農地所有者が「果樹園で使用する場合は水代を徴収していない」「町外の方が町内で農地を借りて果樹を栽培する場合にも水代は発生せず、ため池の管理作業に参加する義務もない」という内容であれば、質問者にも当然、同じルールが適用されなければならないということになります。

ただ、町外の方が借りている場合ですが、その農地の所有者（当然町内だと思いますが）はため池の管理作業に参加しているのだろうか、という疑問があります。貸している農地以外にも農地を所有していて、その所有農地の水利権の関係で管理作業に参加しているという場合もあるかもしれません。

もしそのような事例があれば、所有者が管理作業に参加しているということになり、質問者の事例とは必ずしも同じではない、という意見もあり得ます。質問者の場合をどうすべきなのか、組合の役員の判断ではなく、組合の総会できちんと討議して決めるべきだと考えます。

質問者は総会の場でご自分の考えをきちんと説明して他の組合員の方たちの同意を得るように努力していただきたいと思います。その結果、どうしても納得できない不合理な判断を押し付けられるのであれば、裁判所に調停を申し立てるなどの方法を弁護士とよく相談してみてください。

Q 水利権のない水路の掃除を頼まれた

A 水利権がないのであれば、維持管理の義務はない

私の畑の法尻（法面の下）に、約100mにわたって水路があります。水路を挟んだ向かいには住宅が並んでいます。田んぼだったのを、3年くらい前に宅地化したのです。

先日、以前は向かいの田んぼを管理していた農家が訪ねてきて、法面と水路の草刈りをしてほしい、水路の泥上げもやってほしいといってきました。

私は、法面の草刈りは当然やるが、水路の管理は自分の仕事ではないと断りました。というのも、畑でスイカを育てている時に、水路から水をもらおうとして、水利権がないからと断られたことがあったからです。

ところが、またその農家が来て「今、この水路に隣接しているのはあんたの農地しかない。だから管理する義務がある」といってきました。

これまで、水路の草刈りや泥上げなどの作業は、水利権がない（水路を使わない）ことを理由に免除されてきました。それを今になって、「隣接しているから」という理由で維持管理を任されるのはおかしいと思います。本当に、私がやるべきなのでしょうか？

水路の管理者は誰か

営農をやめる農家が増えてきて、ご質問のような問題が起こってきました。里山（入会地）と農業用水の維持管理は、日本の農業にとって必要不可欠だと思います。

まず、法面が質問者の所有地ということだと思いますが、法尻の水路部分は所有地ではない、という前提で検討してみます。もし水路部分も所有地だということであれば、当然一定の維持管理を行なうことが義務だと考えます。

そこで次に、そもそもこの水路を管理しているのは誰なのか、ということが問題となります。普通は農業用水

を管理する団体として、土地改良区や水利組合が存在していると思います。ご質問にある水路は、その土地改良区(あるいは水利組合)が管理しているのではないでしょうか。もしそうならば、当然この管理団体が維持管理の責任と義務を負っていることになると考えられます。

ただし、ご質問では以前に水路から水をもらおうとしたら、「水利権がない」という理由で断られたということです。土地改良区や水利組合が存在し、管理している水路であれば、質問者も農家である以上、法律によってその組合員になっているため、水利権がないなどということは考えられません。

また、これまで水路の草刈りや泥上げなどの作業は水利権がないことを理由に免除されてきた、ということです。

水利権がなければ維持義務もない

もちろん質問者が「農家ではない」(作っている畑は農地ではなく家庭菜園だ)ということであれば、水利権がないということも理解できますが、その場合は当然のことですが今後も水路の維持管理を行なう義務などないことが明らかです。

そこで、これまでこの水路を維持管理してきた(水路の草刈りや泥上げなどの作業をしてきた)その団体は誰なのか、を確認してみることが必要だと思います。質問者に管理を要求している農家の方に尋ねてみれば、はっきりするのではないでしょうか。

もしはっきりしないのであれば、自治体の担当者に尋ねてみてください。維持管理している団体が必ず存在していると思います。本来はその団体が維持管理すべき責任があると考えられるので、よく相談してみることが必要だと思います。

Q 一切使わないかんがい施設の利用料を請求された

野菜を有機無農薬で栽培しています。集落に野菜農家は私だけ。他はみんな水田主体の兼業農家です。昔から天候次第で水不足になる地域で、約20年前に補助事業でかんがい施設を造りました。

私は当初からかんがい施設の建設に反対していました。地域内にポンプアップ施設ができると、水質悪化を招くことがあるためです。結局、施設はできてしまい、以来、私も水利組合の一員として管理費を払っていました。

しかし私は15年前に自分で井戸を掘り、かんがい施設の水を一切使わないことから水利組合費の支払いもやめました。その状態がずっと続いていたのですが、去年、組合から急に「未納分を支払え」と通知が来て困っています。利用していないかんがい施設の利用費を支払う義務はあるのでしょうか？

A 組合の参加は任意か、加入に同意があったか

土地改良法による組合かどうか

現在の社会の法制度は、私たちが自由な意思に基づいて自分の行動を決定することが大前提とされています。自らの団体（水利組合）に加入（脱退）するか否かは、自分の自由な意思によって決定できるのが原則です。

しかし例外として、社会全体のために特別の必要性が認められて、特定の団体に特定の人が加入することを、その本人の意思にかかわらず、法律によって強制されることがあります。

水利の権利については、一定の地域の水の確保や防災対策などを目的として、土地区画整理組合を設立し、区画整理事業（圃場整備事業）を行なうことが、土地改良法によって認められています。その土地改良組合であれば、設立された事業区域内の農用地の所有者は、全員強制的に組合員とされます。つまり本人の意思とは無関係に加入を強制されるのです。そして必要な経費や賦課金の支払いも義務となります。

そこで本件の農業用水利が、土地改良法が適用される水利組合なのか、有志が自分の「自由な意思」に基づいて互いの合意によって設立した組合なのか、そのいずれかということによって答えが異なると考えられます。

ご質問の内容から考えると、おそらく有志によって任意に設立された組合ではないかと思います（組合の規約をみれば正しく判断できる）。そこで、現在生じている問題の具体的な解決方法について検討してみます。まず、利用していないかんがい施設の利用費をなぜ支払う義務があるのか、その法的根拠はなんなのか、という疑問ですが、それは水利組合の役員にきちんと尋ねて答えを求めるべきだと思います。

水利組合は質問者に支払いを請求する以上、当然その法律上の根拠を説明しなければなりません。その根拠はすでに述べた通り、法によって支払うよう定められているか、あるいは質問者が自ら組合加入することによってその支払いに同意している、という答えのいずれかになると思います。

そこで後者の答えだった（任意組合だった）場合、本当に質問者は同意していたのか、という具体的事実の問題となります。加入当時、同意書の提出を求められた人もいるが、質問者は提出していないという事情もあるようです。もちろんこの利用費の算定やその決定の手続きが、組合員の総意を正しく反映しているのか、ということも検討されるべきです。その具体的な事実関係や手続きを検討することによって、過去の未納分をすべて支払わなければならないのか否か、さらに組合を脱退できるのかどうかの答えも出てくるのだと考えます。

組合役員ときちんと話し合う

しかしなによりも重大なことは、質問者と組合役員との間できちんと話し合いがなされていないということだと思います。質問者は15年前に自分で井戸を掘り、施設の水を一切使わないことから水利組合費の支払いをやめたということですが、この時点で組合役員との話し合いはあったのでしょうか。

もしこの時点で組合もそれを了承していれば、今さらなんの問題も生じることはないと思います。もちろん組合役員としても、組合費が支払われない状況に対し、その時点で、すぐに質問者に相談があるべきだと思います。

今からでも、ぜひ話し合いを尽くしてほしいと思いますが、地元の簡易裁判所による調停も検討してみてはいかがでしょうか。法的検討も含めて、第三者の判断も聞くことができ、参考になるのではないかと考えます。

Q 用水と土石が畑に流入、水利組合に補償してもらいたい

私の住む地域では、稲作のかんがい用水にため池を利用しています。田んぼに水が必要な春から夏の間は用水路に流れる水量を堰板で調節しますが、その役割は村の水利組合に任されています。

ところが、この5年ほど、毎年のように大雨が降り、そのたびに用水路から土砂や流木があふれ出し、野菜や果樹をつくっている私たちの畑に流れ込んでしまいます。土石はそのまま残り、被災した畑の復旧工事には100万円近くかかります。

水利組合に復旧を依頼したところ、工事費用は畑の所有者が負担するようにいわれました。自然災害の場合は国や県、市が大部分を負担してくれるらしいのですが、残りは畑の所有者が払うというのです。しかし、私にはなんの落ち度もありません。毎年のようにあふれてしまう用水路をそのままにしている水利組合に全額補償してもらうのは難しいのでしょうか。

A 水利組合は損害賠償の義務を負う

水利組合が損害賠償すべき

大変お困りのことと思います。

稲作を行なうためには、当然水を必要とします。ため池を利用して必要な農業用水を確保するためには、ため池そのものの維持管理と、必要な用水をそれぞれの田畑まできちんと届けるため、用水路の維持管理が行なわれなければなりません。その用地を確保し、維持管理を適切に行なう役割を果たすのが水利組合です。

したがって、当然のことですが、用水路が壊れて用水

が流出したり、詰まって用水が流れなくなったりしないように、水利組合はきちんと管理しなければなりません。もちろん、たとえ大雨があっても、毎年のように用水が周辺の田畑にあふれ出すなどは、とうてい許されない、あってはならないことだと思います。まして、土砂や流木を用水路外の農地に流れ込ませているのは、民法第709条が規定する不法行為として、当然、損害賠償の義務を負うことになるのだと考えます。

質問者がおっしゃる通り、なんの落ち度もない畑の所有者が、復旧工事の費用を負担しなければならない、という水利組合の主張はまったく正当性、合理性を欠いていると思います。

抜本的な対策を強く求めていく

以上の前提のうえで、水利組合の立場から考えてみます。水利組合が畑の所有者に負担を求めるのは、おそらく被害補償をする金銭的な手当てができない、その余裕がないという事情があるからではないかと思えます。

しかし、金銭的な余裕がなく、用水路に対策工事を施すことすらできないということであれば、その状態を放置しておくことは、水利組合としてはますます、とうてい許されないことになるのだと思います。

組合役員は、組合員の皆さんときちんと相談する必要があります。そして、組合だけでは解決できないという結論になるのであれば、さらに市町村や県とも相談することによって、被災した畑の復旧と今後の被害発生を防止する用水路工事ができるよう、取り組む義務があるのだと思います。

被害を受けているのは質問者だけではないと思うので、ぜひその方々ともよく話し合い、抜本的な対策を行なうよう、一緒になって水利組合や市町村、県の担当者などにも強く求めていくことが必要ではないかと思います。

Q
水路の補修工事の費用はどこが負担すべきか

私の所有している田んぼ沿いに150mほどの水路があります。この水路は長さ60㎝のU字溝をつなぎ合わせていますが、その目地部分から水が漏れるようになってしまいました。

原因は老朽化です。水が漏れるようになったことで、アゼ内部の土も流されてしまい、空洞化してしまいました。このままではアゼが崩れ、田んぼの水位調節ができなくなってしまいます。

この水路の所有者は市なのですが、管理者は当水利組合です。最初、市の担当者に修理を求めましたが、水利組合に相談するようにいわれました。ところが水利組合としては、修復費用は市で負担すべきだと考えています。どちらが負担すべきなのでしょうか。

A
修理は水利組合、費用は組合と市が協議すべき

水利組合と市のどちらに請求するか

大変困った問題です。所有者と管理者が互いに責任を押し付けあうことによって、耕作者が被害を受けることなどあってはならないと思います。

まず、質問者には被害が現実に発生し、その被害が今後拡大する危険性があるわけです。そこで当然のこととして、その被害の発生や拡大の原因を除去し、被害を防止する対策を行なうように請求することができます。もちろん、現実に発生している被害の損害賠償も併せて請求することができます。その場合、その請求は管理者、所有者どちらに対して行なうことになるのか、考え方を整理してみます。

どちらにも請求できる

まず、この水路はなによりも農業のための水路であ

り、そのために水利組合が管理しているのだと考えられます。その水路が傷んで水漏れし、水路沿いの田にまで被害が及んでいるということです。そこでまず、水路を維持管理する義務を本来的に負っている水利組合が、修理する義務を負っていることは自明だと考えます。水利組合は速やかに修理を行なうべきだと思います。

一方、民法第216条は次のように規定しています。

「第216条　他の土地に貯水、排水または引水のために設けられた工作物の破壊、または閉塞により、自己の土地に損害が及び、または及ぶ恐れがある場合には、その土地の所有者は、当該他の土地の所有者に、工作物の修繕もしくは障害の除去をさせ、または必要がある時は予防工事をさせることができる」

この条文に基づき、質問者は水路の所有者である市に対しても、直接修理工事を行なうよう請求することができる、と考えます。つまり、質問者は水利組合と市のどちらに対しても、水路の修理を行なうよう請求できるのだと考えられます。費用は両方ともが、それぞれ負担すべきだということです。

まずは水利組合が修理、費用は組合と市が協議すべき

私は、まず管理者たる水利組合が自ら修理を行ない、そのうえで費用負担については、水利組合と市が協議して負担割合を話し合うのがよいと考えています。なによりも、急いで修理を行なうことが求められています。市と水利組合が費用負担の話し合いで合意するまで修理が行なわれないことは許されないと考えます。

もしどうしても、市も水利組合も互いに責任を押し付けあって修理をしてもらえないようでしたら、水利組合と市の両方に対し修理を行なうよう求める仮処分の申請も考えられます。

しかし、このようなことは本来あってはならないことです。裁判などをするまでもなく、水利組合と市に対し解決するための話し合いを強く要求することだと考えます。

Q 水路の水門がいつも半分閉まっていて心配

A 土地改良区の役員に改めて強く要望したい

私が所属する土地改良区では、田んぼに水を出し入れしやすくするため、水路に何基か水門を設置しています。設置当時の約束事として、水をせき止める時のみ水門を下げ、水入れが終われば一番上まで上げておくと決めました。

しかし最近、いくつかの水門では、常に水路の深さ半分くらいまでしか水門を上げていません。頻繁に一番上まで上げるのが面倒だからです。

その水門の周囲は住宅街です。水門を一番上まで上げなければ、大雨の時に水路から水があふれて、住宅が冠水する危険性もあると思います。近年実際に、夏のゲリラ豪雨で水路が溢れてヒヤッとしたこともあります。

土地改良区の理事に危険性を指摘し、改善を求めていますが、担当者がサボっていて、状況は変わりません。

住宅の冠水ともなれば、その被害額はとても大きくなるはずです。そうなれば、その損害賠償請求は、水門の管理担当者のみならず、土地改良区全体に及ぶのではないかと心配です。たった一人の担当者が責任を果たさないことで、組合員全員が責任を問われるようなことはあるのでしょうか。市役所の下水管理課に相談すれば、強制力を持って指導してくれるのでしょうか。

賠償の影響は組合員全員に及ぶ

大変困ったことだと思います。

まず住宅が冠水した場合、その原因が水門の操作ミスによるものだということであれば、住宅が受けた損害の賠償責任を問われることがあり得ると考えます。しかしその責任は、土地改良区として負うべき責任であって、組合員一人一人が個人として責任を負うものではありません。

したがって、ご質問の「組合員全員が責任を問われる」

ことはありません。しかし、土地改良区が損害賠償金を支払うとしても、そのお金は当然組合員全員の資産です。その意味では、組合員個人が責任を問われることはないとしても、結果的には、組合員全員として賠償金の支払いを行なったことになるのだと思います。

理事の監督責任が問われる

そのため、ご質問のように管理担当者がその仕事をきちんとしないということであれば、当然それを改めるように土地改良区役員が監督すべきだと思います。これまで理事に対して危険性を指摘し、改善を求めてきたということですが、理事はそれに対しどういう対応をしてきたのでしょうか。

その対応が不十分なために、なされるべき改善がなされないまま放置されている。そういうことであれば、組合員に対して、理事たちの賠償責任も生じることがあり得ると思います。

ぜひ、周辺の水路を使用している組合員の方々とも相談して、役員に対して再度、強く対策を要望されたらいかがでしょうか。

周辺住民も巻き込んで市に要望

市役所に、強制力を持って指導する権限があるかどうかということについては、難しいのではないかと考えます。しかし、周辺の住宅の方たちと一緒に必要な対策を取るように市に要望し、市と土地改良区とで協議をしてもらうよう働きかけることも、一つの解決方法として試してみるとよいのではないかと思います。

Q 貸し農園の借り主が用水路を堰き止めてしまう

A 水利組合の役員、農園の貸し主と協議すべき

水利組合が管理している用水路を組合員以外の者が無断で使用していることについてお尋ねいたします。

私の田んぼの川下には貸し農園があります。そこの借り主の誰かが、水を汲み上げやすいように無断で用水路に鉄棒を固定し、ブロックや、板で水を堰き止めて利用しているのです。水やりを頻繁にする夏には、板をはめ殺しにして水を止めていることもあります。普段はとくに問題ないのですが、台風や豪雨の時にはこの堰が原因で水が速やかに流れず、大量の水が私の田んぼに逆流し、入り水口・落ち水口周辺を荒らしてしまいます。ブロックや板を取り外しても、固定された鉄の棒に枯れ枝や落ち葉、黒マルチの切れ端などが重なって引っ掛かり、水が堰き止められて逆流したこともあります。

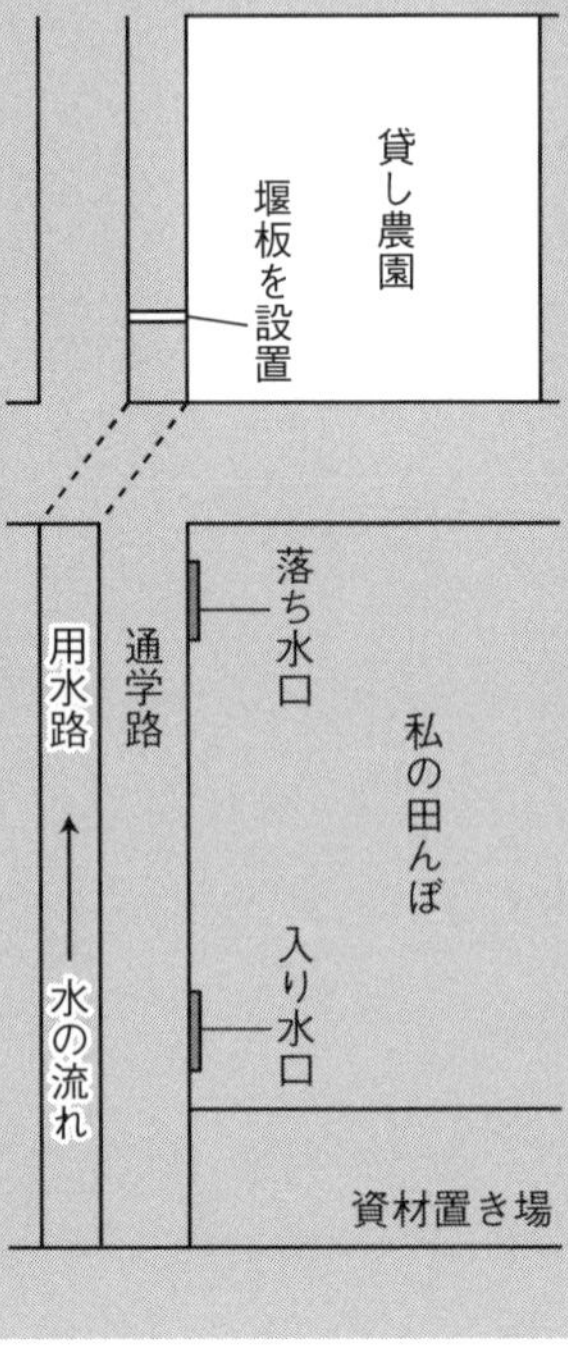

誰が作ったのかわからないため、注意すべき相手もわかりません。勝手に壊したり、切断したりすると後で揉め事になるだろうと思われるので二の足を踏んでいます。どう対応するのがいいでしょうか。

まずは水利組合の役員に相談すべき

まず、農業用水をめぐって、水利用の権利について考えてみたいと思います。農地を耕作していく以上、農業用水は当然に必要です。したがって、農業に必要な用水を確保するために、これまで長い年月みんなで力を合わ

せて努力してきました。農村集落（共同体）は、農業に必要な入会地や用水について、維持管理をするために形成された人々の集まりだといえると思います。

その用水を維持管理するための人々の共同体が、水利組合（土地改良区）です。そこで水利組合の組合員に、組合の管理する農業用水の利用に関して問題が生じた場合には、まず水利組合がその問題を解決するよう努力することが必要だと思います。

ご質問では、現在生じている問題について、水利組合の役員がどのように対応しているのか（そもそも質問者が水利組合役員に相談しているのかどうか）、まったく触れられていないのが気にかかります。

ご質問では、問題が生じている貸し農園の借り主たちは組合員ではないということなので、組合員以外の方の用水の無断使用に対応することは組合の維持管理の業務内容です。ぜひ質問者は組合の役員に相談して、組合としての対応をお願いすることが必要だと思います。

農園貸し主と解決法を話し合う

貸し農園の貸し主（地主）は、当然水利組合の組合員だと思います。そこで、組合の役員に間に入ってもらって、農園の貸し主と質問者とがどう解決したらいいか、まずその話し合いをすることがいいのではないか、と考えます。

解決の方法として、水路に固定された鉄棒の撤去などが必要なのかどうか、日常の農園の借り主の用水使用をどの程度認めるのか、その取水方法をどうするのか、大雨など非常時の具体的対応策など、協議すべき議題はいろいろありそうです。組合としての対応策に合意できるようでしたら、その案を農園の借り主の皆さんに納得していただく作業を誰が（組合の役員なのか、貸し主なのか、など）どのような方法で実行するのかも、具体的に決めておく必要があると思います。

もし、組合の役員やあるいは貸し主の方がそのような話し合いを拒否して、話し合いがスムーズにできないようであれば、やむを得ないので、裁判所に調停の申し立てをすることも検討してみる必要があります。

その場合の調停申し立ての相手方としては、水利組合の責任者、貸し農園の貸し主、実際に用水を使用している借り主の皆さん方、その全員に対して申し立てを行なうのが、全体の解決としていいのではないかと考えます。

1―6

その他、袋地問題など

Q 畑の法面に除草剤をまかれてしまう

A 勝手な散布は違法。損害は賠償請求できる

私の畑の法面に除草剤をまかれて困っています。除草剤をまいているのは法面の下の畑の所有者（Aさん）です。

法面の雑草が伸びるとAさんに迷惑を掛けるため、私はまめに草刈りをするようにしています。そのうえで、Aさんには除草剤をまかないように再三頼んでいます。法面は高さ4～5mもあり、除草剤で雑草が根から枯れると、法面が崩れてしまうかもしれません。

それでも、法面を少しでもキレイに保ちたいのか、Aさんは除草剤をまくのを止めてくれません。

もしも、法面が崩れてAさんの畑が埋まってしまうなどの被害が生じた場合、その責任は法面の所有者である私にあるのでしょうか。それとも、除草剤をまいたAさんに責任が生じるのでしょうか。とても心配です。

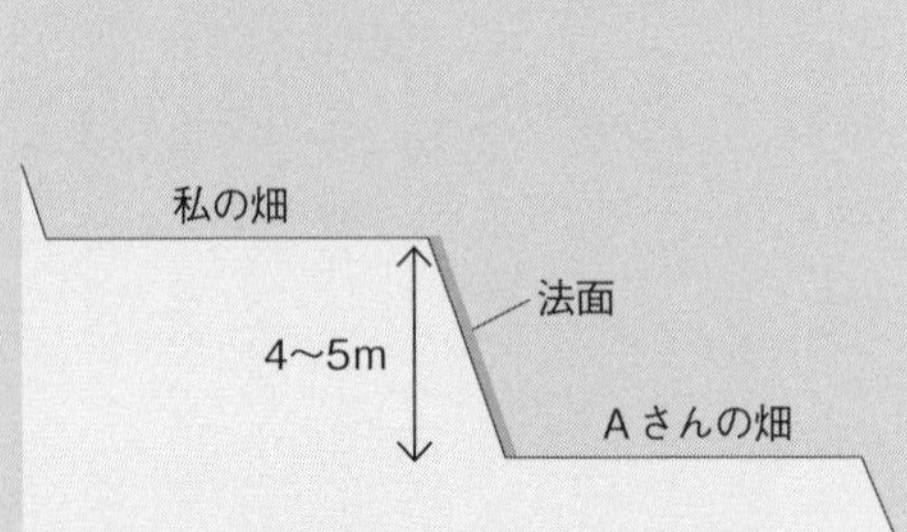

除草剤の散布自体が違法

私が初めてお聞きした問題で、びっくりしました。まず確認ですが、下の畑のAさんは、この法面がAさんの所有する土地ではなく、質問者の所有地であることを認めているのですね。しかもそれにもかかわらず、質問者の制止にも従わず、質問者の所有地に除草剤をまき続けているということです。

当然のことですが、所有者でもないAさんが勝手に他人の土地に除草剤をまくことは許されません。質問者はAさんの行為を法律的に止めることが可能です。さらに、除草剤をまくことによって、質問者になんらかの被害（例えば質問者の営農自体に影響が及んだなど）が生じた場合は、その被害の損害賠償を請求することが可能です。

除草剤が原因ならば法面が崩れても責任はない

では、もし法面が崩れてAさんの畑に被害を与えた場合、その責任問題はどうなるのか。

まず、法面の崩れの原因がなにかという因果関係が問題になります。要するに崩れの原因として、雑草が存在していなかったことが関係しているのか、という判断です。いいかえれば、雑草が存在していればこの崩れが防止できたのか、ということでもあります。

もしそうだという答えであれば、この崩れはAさんの行為によって生じたことであり、質問者の責任はないということだと思います。しかし、雑草が存在していても崩れは防止できなかったということになれば、所有者である質問者に責任があることになると思います。もちろん、雑草が存在することで、崩れの程度が軽くできた、ということであれば、損害額はその程度の分が減額されることになると考えます。

いずれにしても最初に指摘した通り、他人の所有地内に勝手に除草剤をまくことが許されないことは当然です。そのことをAさんに強く訴えて、Aさんがどういう解決を望んでいるのか、よく話し合う努力が必要だと考えます。

Q 袋地への公道を、私道と主張された

A 「公道」でなくても、通行に許可はいらない

もう半世紀近く前の話です。当時、森林組合の理事をしていた友人に、林道を造りたいから協力してくれといわれました。うちも山林を1・5haほど所有していたので、喜んで協力することにしたのです。

うちの山林は袋地で、友人の畑の端を通らせてもらっていました。友人の義母が生きている頃に、私の父が畑を通る許可をもらっていたのです。

林業構造改善事業で林道が完成。幅4mの取り付け道路が必要ということになり、私と友人と土地を出し合いました。友人は畑の端を、私は山林の一部を道路にしたのです。道路工事は行政がやってくれましたが、役場にいわれてバラス（砂利）は2人でお金を出し合って買いました。公道になったおかげで、私も気兼ねなく、袋地の山林に通えるようになりました。友人にとっても、畑に通いやすくなりました。

月日は流れて10年前。村の地籍調査が始まるたった20日前に、友人は病気で亡くなってしまいました。

そして地籍調査が始まると、なんと友人の息子2人は「親から聞いていない」といって、その道を林道への取り付け道路としては認めてくれなかったのです。

袋地の山林に植えたスギがもうすぐ伐採時期を迎えます。公道のはずなのに許可を得なくてはならないのは、どうも納得がいきません。協力して造った道なのに、とても残念です。行政の相談窓口や弁護士さんにも相談してみましたがらちがあきません。諦めるしかないのでしょうか。

公道として記録されているか

まず質問者がいわれる「公道になった」という意味はなんだろうか、ということが疑問になります。普通に考えると、市町村が所有し、管理する道路になったという意味だと思います。もし質問者がそういう意味で「公道

になった」といわれているのであれば、友人の息子2人が私道だと主張するかどうかは一切関係ありません。当然のこととして市町村の財産として、道路台帳など公式の書類に記載されているはずです。市町村の担当者に公道として記録されているか確認するだけではっきりすることだと思います。

もし市町村が管理する道路として公式の書類の記載がない道路であれば「公道」とは認められていない、ということにならざるを得ないと思います。今回の件では、村の地籍調査が始まって、友人の息子2人が自分の私道と主張しているということですから、「公道」としての記録はないのだと考えられます。

使用許可を求める必要はない

そこで次に質問者が「公道」と主張される実際上の意味はなんなのか、ということが問題になります。質問者がおっしゃるように、友人と自分とでそれぞれ土地を提供して造った道路だから、亡き友人の個人所有ということではなく、お互いに自由に使用できるはずだ、という意味だと考えられます。すなわち友人の息子さんに道路を使用する「許可」などを求める必要はない、ということです。

その場合の解決策として考えられるのは、まず道路を造る際にそれぞれが自分の所有地を提供したということが、現在の所有地周辺の境界線の状況などから確認できないか、ということです。それによって質問者の土地を提供しているということがわかれば、友人の息子さんたちを説得する有力な根拠となります。

また、これまでの質問者の道路の利用状況も根拠となります。道路に接している質問者所有の山林の維持管理に必要な作業を行なう際、当然この道路を通行使用してきたと思います。村の地籍調査が始まり、友人の息子さんたちとの問題が生じるまでは、その使用については一切なんの許可も問題にはなっていなかったと考えられます。質問者が自由に通行し使用していたというその事実が、この道路について質問者も無条件で使用する権利を有している根拠になると思います。その事実を友人の息子さんたちに納得してもらえるよう丁寧に詳しく説明することが重要だと考えます。

いずれにしても、結論としては、質問者がいわれている通り、友人の息子さんたちは「この道路を通らせない」とはいえません。これまで通りに使用する権利が、当然にあると思います。

Q 田んぼのなかの田んぼを自由に通行したい

A 囲繞地通行権があり、アゼ道の拡幅も請求できる

私が耕作している田んぼは間口がないため、コンバインやトラクタを使う時にはA氏の所有する2枚の田んぼを通してもらっています。田植えはA氏より前に終わらせ、イネ刈りはA氏が終えてからでなければ始められません。

そこで通行用にA氏の土地の一部を売ってもらいたいと思っているのですが、その土地は10年前に先代が亡くなられた時に「納税猶予」を受けられているようで、処分するには相続税の一部を確定し、その相続税と10年分の金利を支払う必要があるとのこと。よって土地代金のみならず、これらの費用も負担してもらいたいというのです。土地を譲ってもらいたいのはやまやまですが、他家の相続税まで支払う余裕はありません。

囲繞地《いにょうち》通行権があることは承知していますが、旧態依然として「通してやる」「通してもらう」という意識が根強いため、通行する時には「お願い」に行き、仕事を終えて帰ってくると「お礼」に行くという状態なので、この上、私が通行するためにアゼ道を拡幅するようなお願いは到底できません。

刈り取り時には、一般道にトラックを停めておき、コンバインで収穫したモミ袋を、アゼ道を使って一輪車で搬出しています。一般道の交通量が増えたため、農作業をしている間中、トラックを路肩に停めておくと迷惑だし、警察に取り締まられないか心配です。この状況のままいつまでやっていけるか不安です。

囲繞地通行権を主張すべき

質問でも触れられていますが、本件のような事例では囲繞地通行権を主張するのがよいと思います。民法は、囲繞地通行権について次のように定めています。

一、他の土地に囲まれて公道に通じない土地の所有者は、公道に至るため、その土地を囲んでいる他の土地を通行することができる。

二、池沼、河川、水路若しくは海を通らなければ公道に至ることができない時、または崖があって土地と公道とに著しい高低差がある時も、前項と同様とする（第210条1項、2項）。
三、前条の場合には、通行の場所及び方法は、同条の規定による通行権を有する者のために必要であり、かつ、他の土地のために損害がもっとも少ないものを選ばなければならない。
四、前条の規定による通行権を有する者は、必要がある時は、通路を開設することができる（第211条1項、2項）。
五、第210条の規定による通行権を有する者は、その通行する他の土地の損害に対して償金を支払わなければならない。ただし、通路の開設のために生じた損害に対するものを除き、1年ごとにその償金を支払うことができる（第212条）。

つまり、質問者はA氏の土地を「通してもらうようお願いする」のではなく、当然の権利として、通ることができます。ただしA氏には迷惑を掛けるのですから、A氏にとってもっとも損害の少ない方法でなければいけませんし、その結果A氏に生じる損害について「償金」（補償のお金）を支払わなければなりません。

質問者が「通行するためにアゼ道を拡幅するようなお願いは到底できない」とおっしゃるのは、法律的には正しくないのです。権利としてアゼ道を拡幅することをA氏に「請求」することになります。

もちろん円満に話し合うことがよいのですから、まずはこの囲繞地通行権があることをよく理解してもらえるよう、A氏にお話をされたらどうでしょうか。どうしても聞き入れてもらえないのであれば、地元の簡易裁判所に調停の申し立てをすることも検討されるとよいと思います。調停員に間に入ってもらえば、よい方法を一緒に検討してもらえると思います。

通行するための土地は買う必要はない

なお土地を売ってほしいという質問者の希望に対して、土地代の他に納税猶予を受けている「相続税の一部」と10年分の金利も負担してもらいたいとのこと。土地の売買は双方の考えが一致しないと成立しません。A氏に売買を強制する方法はなく、売買は成立しません。

説明した通り、高額の代金を支払ってまで売買を成立させる必要はまったくありません。当然の権利として囲繞地通行権が認められますし、その権利は質問者の土地が貸地の状態が続く限り、ずっと認められるのです。

Q 放棄された果樹の果実を埋めたら産業廃棄物？

A 果実はそもそも「廃棄物」に該当しない

私の町は古くからのミカン産地ですが、高齢化が進み、園主を失った果樹園が増えてきました。最近は、そうした果実目当てに、サルやハクビシンがやってくるようになり、集落の有志で放置果樹の収穫に取り組み始めました。園主の許可を取って、果実が熟す前に収穫し、1カ所に集めて埋めるのです。

ところが、役場から「待った」がかかりました。なんでも、私たちが集めた果実は産業廃棄物に当たり、勝手に埋めてはいかんというのです。

産業廃棄物として業者に処理してもらうとなれば、費用が掛かります。有志によるボランティアなので、なるべくお金は掛けたくありません。園主によっては、費用を払ってまで頼まない、という人もいます。

先日の台風で落ちた果実も、放っておけば、獣のエサになってしまいます。処理したいのですが、どうしたらいいでしょうか。

果実は「廃棄物」なのか

まず、放棄された果樹園の落下した果実（収穫放棄された果実も含む）が、法律的に産業廃棄物に当たるのか否かということを検討してみます。この問題を規制しているのは「廃棄物の処理及び清掃に関する法律」です。

第2条1項の規定では、「廃棄物とは、ゴミ、粗大ゴミ、燃え殻、汚泥、ふん尿、廃油、廃酸、廃アルカリ、動物の死体その他の汚物または不要物であって、固形状または液状のもの（放射性物質及びこれによって汚染されたものを除く）をいう」と定義されています。

このなかで該当しそうなのは、「ゴミ」という例示です。しかし、果樹園の落下した「果実」が、法が規制するいわゆる「廃棄物（ゴミ）」とは考えられません。

さらに法は「廃棄物」を排出する人を、「事業者」と一般の国民とに分けて規制しています。事業者が事業活動によって排出する「廃棄物」については、一般国民以上に厳しく規定された処理を義務付けているのです。

そこでご質問の「落下した果実」は、果樹園の経営という事業活動に伴う「ゴミ」なのかという疑問も生じるのです。役場が待ったをかけた理由の「集めた果実は産業廃棄物に当たる」という指摘も、担当者の考えだと思います。

そこで、次に「産業廃棄物」とはなにかを検討してみます。この定義は法第2条4項が規定しています。

「事業活動に伴って生じた廃棄物のうち、燃え殻、汚泥、廃油、廃酸、廃アルカリ、廃プラスチック類その他政令で定める廃棄物」

該当する可能性がありそうなのは、「その他政令で定める廃棄物」で、政令では第2条に規定されています。

そのなかで一応関係しそうに思われるのは、4項の「食料品製造業において原料として使用した動物または植物に係る固形状の不要物」です。

しかしこの規定は、「食料品製造業」者が原料として使用した植物（例えばこれまで問題になったのは、野菜くずやおからなど）なので、落下した果実がいくら集められたとしても、食品製造業において生じる「産業廃棄物」に該当するとは思えません。

「産業廃棄物」という根拠

つまり私は、そもそも「廃棄物」には該当しないし、ましてや「産業廃棄物」ではない、と考えます。

ぜひ役場の担当者に、廃掃法のどの条文によって「産業廃棄物」だと判断されたのか、その根拠を確かめてください。また、県の担当者にも尋ねてみてください。

さらにこの落下した果実を果樹園に埋めてそのまま肥料として使用したり、あるいは加工して堆肥として使用したりすれば、それは「廃棄物」（不要物としてのゴミ）ではないということが明白だと思います。ぜひ皆さんの力を合わせて、資源として有効に利用していただきたいと考えます。

このような問題が生じるのは、悪質な事業者（産廃処理業者など）が「ゴミではない」として、例えば「ミミズを養殖する」などと主張して、現実には不法投棄する事例があったからです。

このような悪質な業者の不法投棄の口実、逃げ口上を許してはならないことは当然です。しかし逆に「廃棄物を増やさない」ために、農家や住民がボランティアの人々と協力し合って、適切に処理することに躊躇《ちゅうちょ》するようでは困ります。

Q 規格外の果実も「産業廃棄物」には当たらないか

A 規格外の果実も産業廃棄物には当たらない。埋めて処分してもよい

前ページの「放棄された果樹の果実を集めて埋めたら、産業廃棄物?」という相談に対して先生の回答は、「落下した果実は産業廃棄物には該当しない」でした。私も地元で獣害対策に取り組んでいて、先生の回答には大変勇気付けられたのですが、似たような別の問題を抱えています。私たち果樹農家のグループが集めて埋めているのは、(1)耕作放棄地ではなく、営農されている果樹園の落下果実。(2)同じく営農されている果樹園で、規格外品となって山積みされている果実。(3)共同出荷場で選果され、規格外となって倉庫裏にコンテナ積みされている果実(これはごく一部)。(業として)営農している果樹園の落下果実や、収穫されて規格外となった果実、集荷されて規格外となった果実も「産業廃棄物」には当たらず、集めて埋めても問題ないと考えていいのでしょうか。どうぞ、教えてください。

「廃棄物」を減らす目的の法律

前ページのご質問は、経営者がいない放置された果実が産業廃棄物なのか、というものでした。今回のご質問は「営農されている果樹園の落下果実、規格外品の果実なども産業廃棄物には該当せず、集めて埋めても問題ないと考えてよいか」ということです。前ページで検討したことと一部重なる部分もありますが、考えてみたいと思います。

まず、この問題を規制しているのは「廃棄物の処理及

び清掃に関する法律」です。その第2条1項の規定では、「廃棄物とは、ゴミ、粗大ゴミ、燃え殻、汚泥、ふん尿、廃油、廃酸、廃アルカリ、動物の死体その他の汚物または不要物であって、固形状または液状のもの（放射性物質及びこれによって汚染されたものを除く）をいう」と定義されています。

このなかで該当しそうなのは「ゴミ」という例示です。しかしこの解釈をする前提として、そもそも法が規制しようとしている目的はなんなのだろうか、ということが問題です。

この法の目的として、廃棄物の排出を抑制し、廃棄物の減量化、再生を推進することが重要であるとの考え方に基づくものである、と説明されています。この考え方からすれば「不要物」と考えられそうなものでも、なんでも廃棄物として処理するのではなく、できるだけ資源として有効に活用することが重要だということだと考えます。

果実は資源として活用したい

そこで私は、果樹園の経営という事業活動によって生産された果実が、落下や収穫後売買されず集積されていたとしても、それが事業活動によって排出される廃棄物（ゴミ）には該当しないと考えます。法の目的からしても、これらの果実をわざわざ「廃棄物」と判断する理由がないと考えられるからです。

さらに、より積極的に資源として再生利用するという目的からすれば、単に「集めて埋める」ということではなく、肥料として使用したり、あるいは加工して堆肥として使用したりすれば、それは「廃棄物」（不要物としてのゴミ）ではないということが明白だと思います。ぜひ皆さんの力をあわせて資源として有効に利用していただきたいと考えます。

過去には、悪質な業者が不法投棄を行ない、その口実、逃げ口上としていろいろいい訳をする事例がありました。もちろんこのような行為を許してはならないことは当然です。しかし逆に「廃棄物を無駄に増やさない」ために、農家や住民がボランティアの人々と協力し合って、出荷できない農作物を適切に処理することに躊躇《ちゅうちょ》するようでは、本来の法の目的をかえって損なってしまうと考えます。

Q 農地に堆肥小屋を作るのに許可は必要？

A すぐ撤去できる小屋なら必要ない

農地に、堆肥をつくるための小屋や物置を建てたいと思っています。できたら床はコンクリートを張り、屋根がついた小屋がよいと思っています。

農地に建造物を作る場合は市役所の許可が必要だと聞き担当者に尋ねると、建物の構造に基礎がある場合は許可が必要だといわれました。そして、許可を得るためには建築確認申請をしなくてはならず、そのためにはプロが書くような設計図が必要なのだそうです。

そんなにお金を掛けたくないので、パイプハウスのような基礎がない建物にしようかとも思っています。丈夫な足場パイプやH鋼で作る場合は許可が必要になるのでしょうか。

また、畑にコンクリートを敷く場合も許可が必要なのでしょうか。200㎡までは許可がいらないと聞いたことがありますが、どうでしょうか。

できるだけお金を掛けないで農地に小屋を建てたいと思い、悩んでおります。市役所の担当者によって意見が違うこともあり、どの意見が正しいのかわかりません。

容易に撤去が可能なら許可は不要

「市役所の許可」が必要な場合があると回答されたということですが、必ずしも正確な回答ではないように思うので、問題点を整理してみます。

まず、自分が所有する農地に小屋や物置を作りたいという場合、該当する法律は農地法第4条です。この条文では、農地を農地以外のものにしようとする場合は原則として知事の許可（農地転用許可）を受けなければならないと定めています。

この条文の適用による許可が問題となるのは、「農地を農地でなくする」場合だということです。このことは逆に、農地になんらかの施設を作っても、それがごく短期間に使用する目的で、使用後は容易に撤去することが可能なら許可は不必要だということになると思います。つまり、いつでも元の農地の状態に戻すことができるならば、農地を農地でなくした場合には当たらないということです。当然、長期間使用を続ける目的で、その間は農地として使用できないということであれば、許可が必要になると考えます。

コンクリートを張る場合も同じ

「建物の構造に基礎がある場合は許可が必要」という回答も、基礎がある場合は長期使用が目的だから農地ではなくなる、という意味だと考えられます。要するにこの事例の判断規準は「基礎があるかどうか」ではなく、あくまでも農地のままといえるか、それとも農地ではなくなった、と判断されるのか、ということなのです。

「コンクリートを張る場合」の判断も同じです。コンクリートを張る場合は農地転用許可がいるという回答例もあるようですが、必ずしもそう決まっているということではありません。使用目的が短期間で、コンクリートが簡単に除去できる程度の厚さや広さの場合、除去することによって容易に元の農地として使用可能であれば「農地を農地でなくした」ことにはならないと思います。そういう事例では転用許可はいらないと私は考えます。

ご質問のパイプハウス、ビニールハウス、鉄骨ハウスも同じ考え方による判断となります。例えば、H鋼を柱にした小屋で簡単には撤去できず長期に使用し、農地には容易に戻せないという判断であれば、建築物を建設するという農地転用許可の手続きをする必要があり得ると思います。もちろんその場合は建築確認申請の手続きが必要となることもあります。

いずれにしても、農地転用許可は県知事（広さによっては農水大臣）が行なうので「市役所」の許可ではありません。ただし、市街化区域では県知事の許可まで必要なく、農業委員会に届け出るだけでよい場合もあります。

以上のような考え方で判断されると思うので、ご質問のようにいろいろな場合を想定して計画されるのであれば、農業委員会によく相談して、事例ごとに判断を確認するのがよいと思います。

「市役所の担当者によって意見が違うこともある」ということですが、少なくともその地域の担当者間では公式に一致した回答をしてもらうよう要求することが必要だと思います。また、県の担当者にもきちんとした判断をお尋ねになることも必要ではないかと思います。

Q 共有の通路が塞がれて袋地の耕作ができない

A 囲繞地の所有者は、公道に出るために他人の土地を通行することが認められる

土地①を所有するA夫妻が、5月と6月の2度にわたり、私の父の所有の土地との境に枕木杭を打とうとして、地元の住民らと口論になりました。A氏は昨年も西側入り口をチェーンで塞ごうとし騒ぎを起こしています。今回は警察と農業委員会事務局に仲裁に入ってもらってなんとか説得しましたが、約1時間半、口論が続きました。

ここは複数軒で所有する畑地で、互いに1間程度ずつ出し合って通路として使用しています。これは戦前からの話で、1972年の地図（ゼンリン）にも道路としての記載があります。今回のように通路部分に杭を打たれ、さらに西側入り口までチェーンで封鎖されると、3軒が耕作ができなくなります。

土地①は元々私の祖父が1980年にA氏に売却したものです。この時実測による測量や、境界杭の設置は行なっていません。

今回A氏が通路に杭を打とうとしたのは、私の父の土地側（通路と畑との境界線）です。当人いわくこの土地を買う際に道ごと買ったとのことですが、道の部分が分筆された形跡はなく、そのような話は祖父や父からも聞いていません。

土地②（宅地と農地）は現在A氏が宅地のみを買い上げて入居しています。農地のほうはB氏が購入、ボイラーハウスなどが残っていたところを更地に整備したのですが、その際B氏が通路を通るたびにA氏は「道を荒らされた」と激怒。西側公道沿いに枕木杭を立ててしまい、西側入り口にチェーンを張るといい出したので、緊急に地権者らが集まり説得しました。公道沿いに立てられた枕木杭が邪魔でB氏は2t車を入れられず、度重なる嫌がらせに辟易し耕作に支障が出ているようです。

実質使っていた通路を塞ぐことは、法律的に問題ないの

でしょうか。測量はお金が掛かるのでなるべくならしたくありません。今回の新たな杭打ちの理由についてA氏に尋ねましたが、土地の売却の予定もないらしく理由が見当たりません。

A氏はかつて西側入り口にあったウツギの境界木を撤去してしまったので、通路の幅がわかりにくくなっています。

今後A氏が同じような行動に出た場合の対応策、どう説得すればいいかなどアドバイスをお願いします。

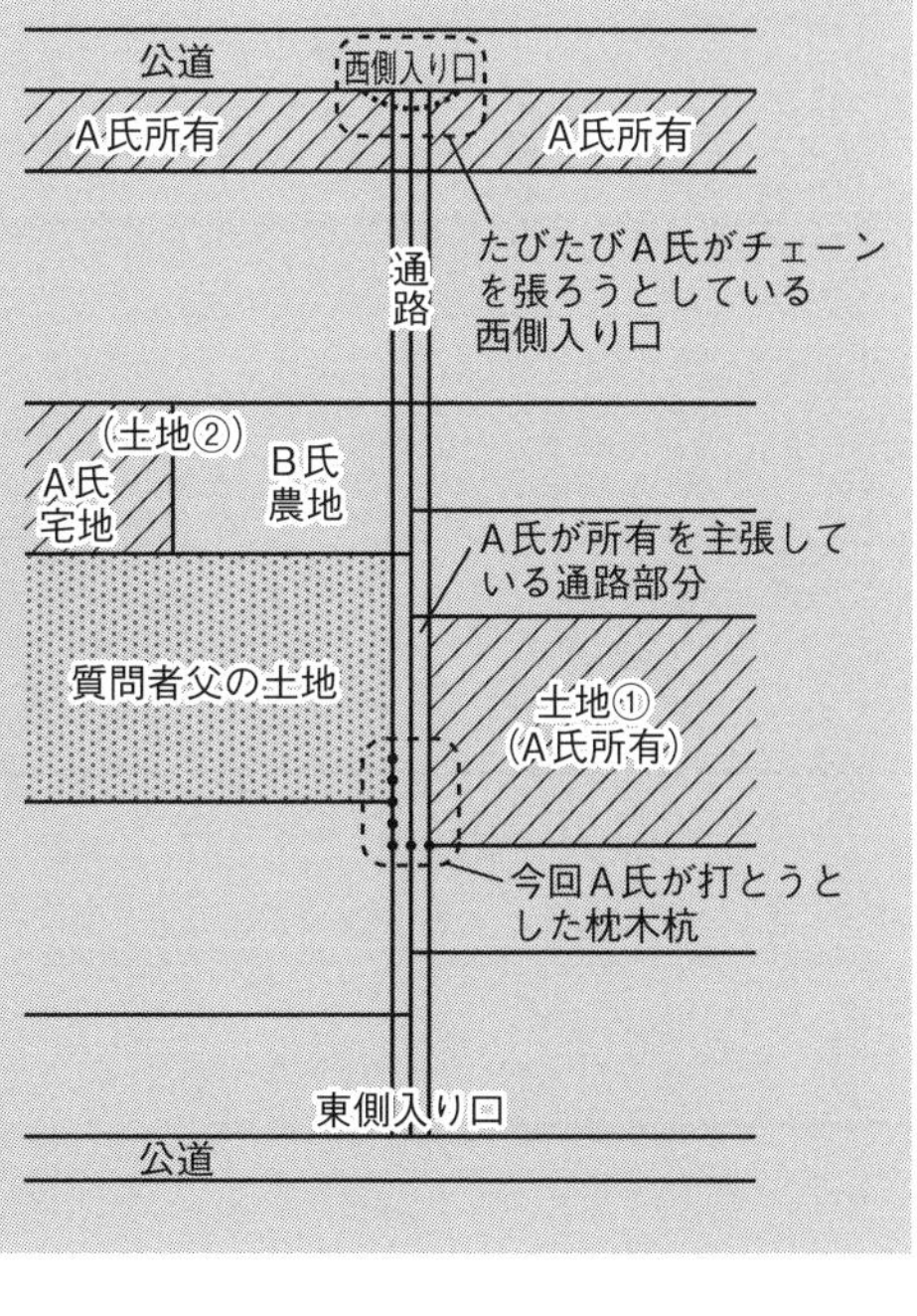

売却時に通路部分の代金が入っていたか

大変困った問題です。道路を妨害される問題はあちこちで起こっています。

まず最初に、土地①は質問者の祖父がA氏に売却した土地ということですが、この時通路部分はどういう説明がされていたのか、という疑問があります。

現場を見れば通路として使用されていることはすぐにわかると思うので、当然この部分は「通路として他の方も通行しますよ」ということが話に出ていたのだと考えられます。そこでこの通路部分の土地代金をどうするのか、話し合いはなかったのでしょうか。

もちろんこの部分が通路としてA氏売却土地に含まれていない、あるいはこの部分の代金は減額されているということであれば、A氏主張はまったく理由がないことになります。

袋地は公道に出るまでの通行ができる

仮にA氏主張が、この通路部分の代金も他の部分と同じ価格で購入している（通路部分もA氏の所有地）という場合の考え方を整理してみたいと思います。

まず当然の前提として次の原則があります。自分の所有土地の周りがすべて他の人の所有地で取り囲まれていて、公道に出るためには、どうしても他の人の所有地を通らなければ公道へ行けないという場合、この袋地になっている土地を民法では囲繞地《いにょうち》と呼んでいます。この囲繞地は、公道まで通行できなければまったく利用できないことになってしまいます。それでは困るので、囲繞地所有者（及びその利用者）は当然の権利として、公道に出るために周囲の他人の土地を通行することが認められています。

本件ではすでに戦前から袋地所有の人々が通路を設置し通行利用してきているという事実があります。なにも今から通路を作ろうという話ではありません。

したがって、この通路周辺の土地の所有者（利用者）は、当然にこの通路部分を通行することができますし、その通行を妨害することは許されません。

通路の幅は前後の畑の境界線から判断

なおこの通路部分の幅（通路と各畑との境界）がどこなのか必ずしも明確ではないようですが、前後の各畑と通路部分の境と直線になるように、通路部分の幅は判断できると思います。

もしA氏がどうしても納得せず、あくまで実力で通行を妨害しようとするのであれば、やむを得ないので、通行妨害の禁止を求める仮処分を申請することも検討してみてください。その場合は、ぜひ弁護士に相談してみることもよいのではないかと思います。

第2章

農地以外の土地に関するQ&A

Q 自分が造成した道の通行を制限したい

A 通行禁止にはできないが、大型車は止められる

私の家の前にある畑を借りて、市内の企業経営者が農業を始めました。その方は私が造成した道を通って畑に出入りするのですが、運転が乱暴でショベルカーや大きなトラックも出入りするため、このままだと用水に架けた橋が壊されたり、道沿いに埋めた水道管を壊されたりしそうです。あまりに横暴な人物なので、道の使用をやめてもらいたいと考えています。

しかし、心配なことが2点あります。まず、造成した道が元は90㎝程度の農道だったことです。私がその道に沿うように土地を買って、幅3m50㎝の道にしました（下図）。ですから元々は公共の道なのです。

また、畑は県道と面していますが、その間に用水が流れています。私の道には造成時に橋を架けてあるのですが、その経営者が県道から畑に直接入るためには、新たに小さな橋を架ける必要があります（県道沿いの畑の持ち主は、みんな自分で橋を架けています）。

そのような状況で、その経営者に、私の道を使わないように強制することは可能でしょうか。教えてください。

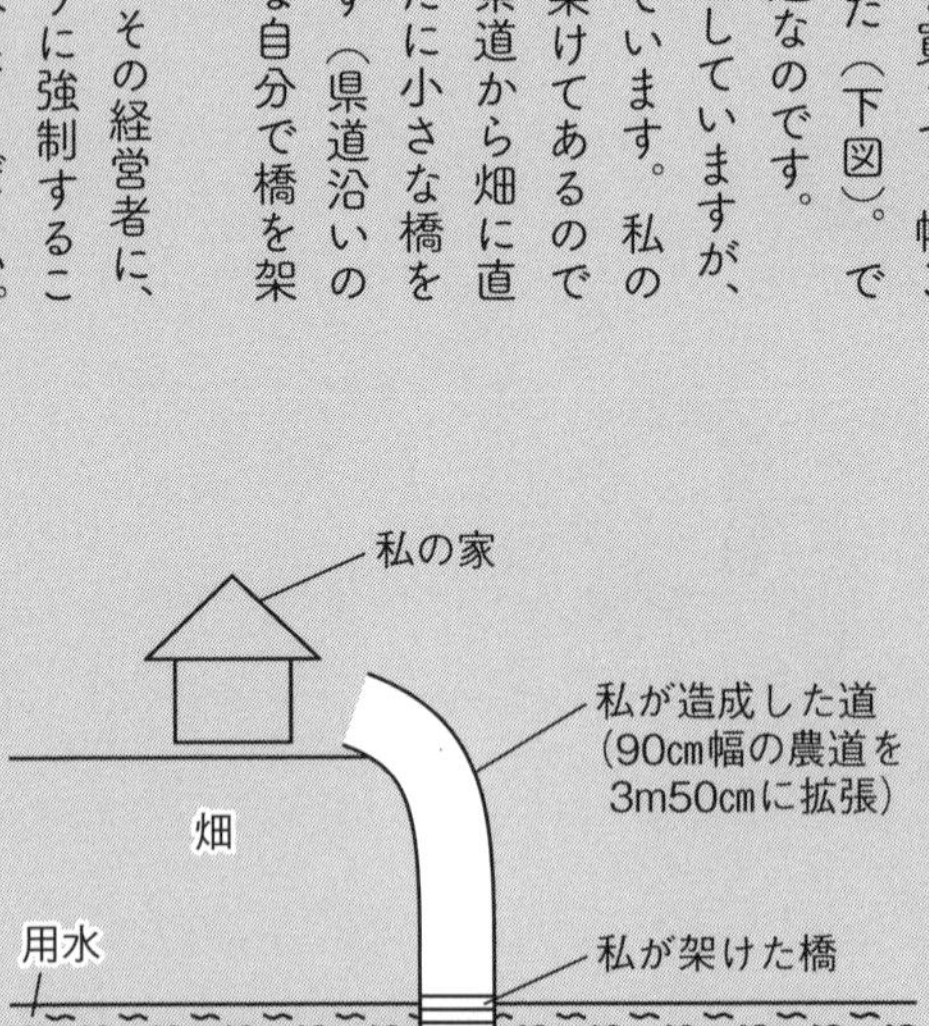

全面的な通行禁止は難しい

　大変な迷惑を受けていて、通行をやめてもらいたいというお気持ちはよくわかります。しかし、この道路を全面的に通行禁止にできるかというと、難しいのではないかと思えます。

　現状では、この橋と農道を通る以外、県道（公道）から畑に入る方法はない状況です。したがって、民法第２１０条が定める袋地と、一応考えられると思います。あえてわざわざ「一応」といっているのは、畑の耕作者も自分が用水路に橋を架ける手続きを取りさえすれば、袋地を解消することが容易に可能だからです。他の周辺の人々もそうしているという状況をどの程度評価するか、という問題があります。

　それにしても、一応袋地状態であるという前提条件で考えれば、従来からあった農道（90㎝部分）と、すでに設置してあり現に使用している橋の通行を、質問者が一方的に止めるということは難しいのではないかと考えるのです。

幅90㎝以上の車は止められる

　また、質問でも心配されている通り、道を造成した場所には元々公共の農道（約90㎝幅）があったということです。

　これについては、従来からあった農道を広げた部分（約２m60㎝部分）は、質問者の個人所有地だと考えられるので、所有者が自分の所有地部分を通行しないでほしいと要求することは当然認められると考えます。つまり、90㎝幅を超える車両（トラックやショベルカー）の通行を止めることはできると思います。その点について畑の耕作者に話をすればよいのではないでしょうか。

　この畑の耕作者の通行方法によっては、質問者に重大な被害が及ぶことも考えられますし、質問者はその心配をなさっているわけです。しかし、トラックやショベルカーなどの車両の通行を止めることができれば、事実上この道路の使用は極めて限定されることになり、重大な被害発生も防げることになるのではないでしょうか。

　なにより、車両の通行ができなくなれば畑の耕作者にとっても、この道路をあえて使用し続ける利益自体失われることになります。そこで、耕作者が県道から畑へ直接通行できるように自ら橋を架けるよう検討してもらい、解決することも可能になるのではないか、と考えます。

Q 自分の畑を無断で通行する人がいる

A 通行する必要の程度と、被害や迷惑の程度との兼ね合い

2枚並んだ畑を5年前に購入しました。ところが、この畑と畑の間を無断で通る人がいます。その人が自分の畑に水を運ぶのに近道なのです。注意しましたが、やめてくれません。そこは以前から集落の人が通る道だった、そして私が買う前から通っていたので、「慣習法」に基づいて通行する権利があると主張しているのです。

こういうケースは慣習法に当たるのでしょうか。公図を取り寄せたところ、その空き地には赤線も青線も引かれておらず、道だった形跡もありません。また、その人の畑へは、その道を通らなくても行けます（袋小路ではない）。確かに少し遠回りになりますが、歩いてものの2分ほどの距離です。

どのようにいえば納得してもらえるでしょうか。

慣習法が認められる場合もある

まず、「慣習法」に基づいて通行する権利があるのか、という点について考えてみます。

他人の土地を通行するためには、確かにその土地の所有者の同意が必要です。同意なしに他人の土地を勝手に通行することはできません。

しかし、通行することについて明確な同意はなくとも、長い年月（少なくとも10年以上）、しかも一人ではなく複数の方が継続して通行を続けており、土地の所有者もあえてそれを止めようとはせずにいわば黙認していた、といえるような場合は別です。そのような場合は、いわゆる「通行地役権の時効取得」が認められることもあり得るのではないかと考えます。

その判断をするためには、これまで具体的にどのような通行が行なわれていたのか、という事実の確認が必要になると思います。

「畑と畑の間」とは？　人数、頻度は？

まず、畑と畑の間を「無断で通る人がいる」ということの具体的内容です。「畑と畑の間」という部分は、たんに隙間としての空間があるということではなく、いわゆる「アゼ道」として存在していて、人が通行することができるような状況なのでしょうか。そうであれば通路としてより認められやすくなります。

逆に、通路のような形があるわけではなく、普通の空間があるだけで一枚の畑と変わるところはない、という状況であれば通路としては認められにくくなります。

次に、この部分を通る人が何人くらいいらっしゃるのでしょうか。多ければ多いほど通路として認められやすくなります。さらに、通る回数も問題になります。数日の間に一回通る程度の話であれば、とうてい認められないということになるのだと思います。

さらにそもそも、ここを通行しだした理由がどういうことだったのかも問題だと思います。「そこは以前から集落の人が通る道だった」といういい分が本当のことで、確かに特定の人だけではなく、集落の人が一般的に普通に通っていたということであれば、より通路として認められることになるのだと思います。

前の地主にも確認したい

質問では、公図上なにも表示がないということです。しかし、道路として表示してあれば当然ですが、その表示がないとしても、現状が通路として見られるような状態なのかどうかが判断の基準となると思います。

さらに、通行する人の土地が袋地であれば、当然通行を認めなければならないのですが、本件ではそうではないということです。

以上のようなことを考慮して、まずは本当に以前から集落の人が通る道だったのかどうか。また、通っている人に対し前の地主がどのような対応をしていたのか、などの事実を近所の方や前の地主などによく確かめてみることが必要だと思います。

そのうえで、通っている人とよく話し合うことが大切だと思います。通行する必要の程度と、質問者が通行されることによって受ける被害や迷惑の程度との兼ね合いの問題もあるように思います。

Q 父が買ってコンクリート舗装した道が、市道だといわれた

A 市の担当者がきちんと説明してくれれば解決できる

自宅前の土地に車を停めていたところ、駐車違反だと指摘されました。そこは父が購入した田んぼを埋め立てて造成した土地です。驚いて市の建設課に確認すると、残念ながら、わが家の土地としては登記されておらず、車は停められないことがわかりました。

それにしても不思議です。父に確認すると、当時の地主から約100万円で土地を買ったことは間違いないとのこと。ただし、確かに不動産登記はしていないようです。

しかし、登記しなかったからといって、いつの間にか市の土地になることなどあるのでしょうか？

また、約10年前の区画整備の際に、砂利道だったその道を、自己負担でコンクリート舗装しています。その経緯は市も把握しているはずですが、市道を私費で整備するなど、あり得るのでしょうか。

建設課に問い合わせても要領を得ず、納得がいきません。この土地が市道なら、せめて、整備に要した60万円は市に負担してもらうのが筋ではないでしょうか？　整備費用を取り戻すことができそうか、ぜひ教えてください。

登記簿上は誰の土地か

現在でもまだこのような紛争が残っているのか、と非常に驚いています。私が本件の根本的問題点と考えるのは、市の担当者が質問者に納得してもらえるように説明を尽くすべき努力をしていない、ということです。

質問者が疑問に思っていることについて、市は当然にその内容を解決できるよう説明を尽くすべきで、説明できないのであれば、疑問を解決するために質問者と話し合うべきです。市がその努力さえすれば、本件は解決で

きると思いますが、その前提として事実関係を整理する必要があります。

質問では、父が購入した田を埋めたてて造成した道路なのに、質問者の父の所有権登記がされていないということです。そこで第一の問題点ですが、この道路は登記簿上、誰の所有地となっているのでしょうか。質問内容からみると、当然、質問者の父に売却した当時の地主の名義だと考えられますが、話の流れからは市の所有というこのようです。

そこで第二の問題点は、なぜ前の売り主ではなく、市の所有者名義なのかということです。前提として、所有者名義が市になったのはいつからか（父が購入する以前から市の名義だったのか、それとも購入後なのか）ということを確認する必要があります。とりあえずは登記簿の記載を確認して、もし売買時点ですでに市の所有者名義であれば、父はなぜその事実に気付かなかったのか、という質問者側の問題ということになります。

市道か私道か

第3の問題点として、この道路は質問者の自宅の前の道路部分から一方向にのびているのか（いわゆる行き止まりの道なのか）、そうでなく双方向にのびているのか。さらにこの道路を使用しているのは質問者だけでなく、第三者もいるのでしょうか。

もし行き止まりの道であれば、この道路が市道ということは一般的には考えにくいと思います。しかし他の第三者が利用する双方向にのびている道路だとすれば、なぜその道路の一部を質問者がコンクリート舗装するのを市の担当者は放置したままにしているのか。その理由が重大な疑問になります。

第4の問題点として「約10年前の区画整備」と質問者はいっていますが、これは法律に従った「区画整理事業」なのでしょうか。もしそうであれば、質問者が自分でコンクリート舗装したこと自体がますます不思議です。

以上、私が抱いた問題点ですが、これらはじつは、市の担当者であればいずれも容易に回答できることだと考えます。当然のこととして、質問者が登記簿の所有名義者でなかったからといって、いつの間にか勝手に市の所有になることはありませんし、市道であれば、これを私人が自宅前だけ勝手に舗装工事すれば、当然、問題となるはずです。

ぜひもう一度、市の担当者ときちんと話してみてください。その結果、舗装費用を支払ってもらえるかどうかも決まると思います。

Q 直しても直しても通行車両にフェンスが壊される

A 道路幅を広げてもらうか、壁を建てるか

大都市近郊に農地があります。いずれ農業ができなくなることも考えて、宅地開発の際に、農地の一部を駐車場にしました。

その駐車場と向かい側の農地との間には2mほどの幅で市道があります。駐車場と市道との間には、その境界より十数cm下げてフェンスを建てました。

元々狭い道で、昔はリヤカーや軽自動車がたまに行き交うだけでしたが、最近は始終自動車が行き交うようになり、挙句にはトラックなどの大型車も通行するようになり、せっかく建てたフェンスを壊してしまいます。

少しカーブのある道ということもあって、何度修理をしてもフェンスはすぐに壊されてしまいます。フェンスの防護に、大型のコンクリートブロックを自分の敷地内に配置しても、毎回すぐ勝手にどかされてしまうのです。

フェンスをとってしまうと、駐車場を通路代わりに多数の人が横切って、ゴミ等の不法投棄をされてしまいます。駐車場にとめた車両に犬の小便をかけられることもあり、駐車場利用者が激減してしまいました。

現状を市役所に説明して対策を要請しましたが、『交差通行できません』という立て看板を道路の両端に設置しておしまいでした。壊れたフェンスを市で修理するから、今後も道路として使用させよという回答です。

もう、動かないような障害物を建てるしかないでしょうか。教えてください。

市道を通る車を制限することは難しい

ご質問は、質問者が設置した市道沿いのフェンスが、市道を通行する車両によって壊されてしまうので、それを防止する有効な対策はないのだろうか、というご相談だと思います。

まず、市道を通行する車両を一般的に制限することは難しいと思います。もちろん、一定幅以上の大型車両な

ど、特別の車両の通行を制限することは、道路幅との関係で可能かもしれないので、その点は市の担当者と話し合いをして意見を聞いてみる必要があるのではないでしょうか。

市に土地を買いとってもらい道路幅を広げる手も

また、通行車両によってフェンスが壊された場合の修理については、市が行なうとのことです。その点については市との間で確認文書を取り交わしておくことによって、損害賠償については一応解決済みだと考えられると思います。

さらに抜本的な解決をするためには、市道の幅を広げる他にないと思いますが、質問者の駐車場と市道をはさんだ反対側の農地との境界はどういう状態なのでしょうか。そちら側も境界にフェンスがあって、やはり壊されているのでしょうか。

いずれにしても、市道の両側の土地に道路として使用するために提供が可能な空地があるのであれば、双方が土地を市に適切な値段で買収してもらい、道路幅を広くするということも方法の一つではないかとも思います。

強固な壁を建てることもやむを得ない

しかし、土地をこれ以上道路として提供することはできない、道路幅は今後も現状のままで仕方がない、ということであれば、フェンスを壊されないような強固な壁を建てることもやむを得ないのではないでしょうか。

そのことによって、近所の住民の通行が困難になる、ということでしたら、その不利益を受ける住民の方々にも参加してもらって、道路の反対側の農地の所有者とも一緒に、市の担当者と対策を協議することがよいのではないかと考えています。

質問者と市との個人的な関係としての解決ではすまない、ということを事実としても市に示すことが必要だと思います。

Q 竹林へ入る道を埋め立てられた

近隣住民Aさんの迷惑行為に困っています。

うちの竹林は市道から少し入ったところにあります。以前は市道から竹林へ、車が通れる幅の道がありましたが、それをAさんが勝手に埋め立てて通れなくしてしまったのです。

その道は公図（旧土地台帳付属地図）で地番が記載されておらず、いわゆる「赤道《あかみち》」というそうです。

Aさんは道（赤道）を挟んだ両側の少し盛り上がった土地を所有しており、両側を行き来するのに不便だったのでしょう、道に盛り土して両側の土地を地続きにしてしまったのです。おかげで私は所有する竹林への道がなくなり、大きく回り道して、他の方の土地を通らせてもらわないと入れなくなってしまいました。車も通れず、いつもとても不便な思いをしています。

赤道をなんの許可もなく埋め立ててしまってもいいのでしょうか。また、埋め立てたのは20年近く前になりますが、今からでも改めてもらえますでしょうか。どうか、教えてください。

A 「赤道」は国有地、勝手な埋め立ては許されない

「赤道」とは里道のこと

ご質問を検討する前提として、そもそも「赤道」とは一体なんなのだろうか、ということを疑問に持たれる方が、たくさんいらっしゃると思います。

かつて明治政府は財産基盤を固めるため、土地について従来の物納を改め、金納による租税を課すことにしました。その納税者を確定するために全国の土地を調査し、一筆ごとに測量（竿入れ）を行ない、番地を付して図面を作成し（一地一筆）、所有者を確定して所有者に地券を交付しました。これが地租改正です。その時に作成された図面が、公図（字図《あざず》）の原点です。この公図上で、赤色に着色された無番地（地券が交付されず、所有者が不明）の細長い土地が表示されていることがあり、これ

を通称「赤線」と呼んでいます。公衆用道路を示していて、普通「里道」といわれているものです。

おそらくご質問の「赤道」は、この赤線（里道）と同じものだと思います。地租改正において、無番地は国有地とされました。赤線は公共用財産としての国有地である、ということです。

なお公図において、同様に地番が付されず、青線を引いたように青色で着色された細長い土地があります。これは通称「青線」と呼ばれて、水路を意味しています。

原則は埋め立て不可

以上を前提にしますと、赤道が里道を意味するのであれば、原則として国有地であり、個人の所有物ではないことになります。土地台帳の表示について、市町村役場の担当者（管理者）によく説明を聞いてみてください。その際、可能であれば地租改正時の図面も含めて、担当者に説明をお願いしてみるのがよいと思います。

もし国有地であることが明らかとなれば、当然、Aさんが勝手に埋め立てることなど許されないことになります。Aさんには元通り通行できるように、道路を回復する義務があると考えます。ぜひ担当者に相談して、Aさんに通路を回復する措置を求めてください。担当者が本気で取り組んでくれないようでしたら、質問者が自分の権利としてAさんに請求することもできます。

時効でも「囲繞地《いにょうち》」の権利がある

ご質問では「竹林へは大回りして他の方の土地を通らないと入れない」とのこと。この竹林の状況は、民法第210条が規定する「囲繞地」と考えられます。すなわち「他の土地に囲まれて公道に通じない土地の所有者は、公道に至るため、その土地を囲んでいる他の土地を通行することができる」（民法第210条1項）に該当します。

元々市道から竹林へ通じる道路があったわけですから、この道路が赤道かどうかとは別に、「囲繞地通行権」として、質問者はこの道路を通行する権利があり、Aさんはその通行を妨害することは許されません。

なお赤道（国有地）であっても、Aさんが20年以上にわたって埋め立てた道路を、自分の所有地として占有使用してきたという事実があれば、Aさんの所有権の時効取得が成立している、ということもあり得ます。

ただし、その場合でも質問者の囲繞地通行権の権利は、時効取得とは関係なく認められると思います。

ぜひAさんとよく話し合ってください。

Q 農道の地籍調査のやり直しを市に頼みたい

20年くらい前に私の田んぼ沿いの2m幅の土手を自分で4mに広げました。10年ほどたってから、市がその土手道にアスファルトを敷いて「農道」に整備しました。さらに土手下（私の田んぼ側）に1m幅の新しい生活排水溝も入りました。

5年前に地籍調査があり、その2年後に市の下水道局の職員が来て、「お宅の土地に排水溝が通っていますけどいいですか」といわれました。この時初めて排水溝が入っていたところが自分の土地であることを知りましたが、もうすでに入っている排水溝なら仕方がないと土地を寄付しました。

そのことがあって古い登記簿を確認したところ、排水溝の幅1mだけでなく、農道の半分2mも、元々私の土地だったことがわかりました。市に申し立てたところ、自分でもう一度測量士に頼んで地籍調査をさせるなら構わないということですが、高いので払えません。

市は排水溝を入れる時点で、私の土地が排水溝の1mだけでなくさらに2mあることを認識していたはずですが、その時には教えてくれませんでした。

農道の半分2mと排水溝の1mについて所有権は残っているのでしょうか。市の責任で地籍調査のやり直しはしてもらえないものでしょうか。

A その目的によっては自分でやるべき

所有土地を確定してどうしたいのか？

ご質問でまず問題になるのは、なんのために地籍調査のやり直しをするのか、という質問者の目的だと思います。質問者の考え通り、質問者所有土地が排水溝部分に1m、農道部分に2m存在しており、その具体的な範囲を地籍調査のやり直しで確定できたとした場合、その確定され分筆された所有地を質問者はどうしたいとお考えなのでしょうか。所有土地の範囲を分筆登記する意味はなんなのでしょうか、といい直してもよいです。

まず、排水溝部分の所有土地は市に寄付していますから、その範囲の確定は、質問者としては現時点では無意味だと思います。一方、農道部分も、かつて2mの農道を4mに広げた時に農道として使用することに同意したのだということです。したがって、質問者の所有土地は現に農道として使用されており、しかもそれは質問者の同意の下に行なわれているわけです。そうであれば、この質問者の所有土地2m部分は、今後も農道として使用されることにならざるを得ません。自分の所有土地として、別の使用方法を考えるので農道としての使用をやめてほしい、通行しないようにしてほしい、と要求することはできない、と思います。

つまり、この質問者所有土地2mの農道部分は、全体として農道使用が継続する限り、農道として使用する以外ないのです。

そこで、排水路として使用部分の1mの範囲を確定することが質問者にとって意味がないと考えるのとまったく同様に、農道部分についてその範囲を確定しても、質問者にとっては無意味なのではないか、と私には思われます。

固定資産税支払いをやめたいなどの理由があれば

もちろん、例えばこの農道部分が登記簿上質問者の所有地となっているため、固定資産税が課税されているので、その課税をやめてもらいたい、ということであれば、この農道部分を市に寄付して課税をやめてもらう、という方法は考えられます。そのため、この土地の範囲を確定したいということであれば、市もその範囲の確定に協力するだろうと思います。

いずれにしても目的次第で、市の責任で地籍調査をやり直す必要があるのかどうか、市の協力が求められるかどうか決まると考えます。別に目的があるわけではないのだが、所有地の範囲をはっきりとしておきたい、というだけの理由でしたら、市のいう通り質問者が自分でやればよいことであり、市の責任で地籍調査をやり直す、ということは応じてもらえないのではないかと思います。

Q 国土調査の誤りも自費で修正しなければいけないのか

A 町が個人へ責任を押し付けるのはおかしい

当地区には水力発電所があり、水を供給する堰堤があります。この電力会社からは、当町に交付金が入っています。

地区の外れから堰堤の入口までは長さ約400mの砂利道となっています。この道は、1962年頃の農村の構造改善事業として1・8m幅の道を無償で3m幅に拡幅したもので、電力会社の車が毎日のように走っています。その後1970年に国土調査があり、現在の地図になっています。

この道の舗装工事を役場にお願いしたところ、工事を始めることになって道路の測量をしました。すると実在の道路が、地図と最大で2m近く（長さ100mくらい）片側へズレていることがわかりました。そのため、隣接している畑等もすべて違ってくるとのことです。

工事をするには、今の道路に合わせて地図を訂正しないと始められない。そうすると測量しなければならないので何百万円も掛かる。国土調査後にできあがった地図を確認して印を押していることだし、各個人の土地なので、自費で修正してほしいと役場はいうのです。

国策で測量した道路・土地が、地図と違うからといって今さら個人で修正しろというのは納得できません。自費がかからないようにするなにかいい方法がないものでしょうか。

道路の管理者が、個人に責任を押し付けるのはおかしい

大変困った問題です。昭和40年代に行なわれた国土調査がずさんだったために地図と現況が違っているという問題は、私の周辺でも起こっており、相談を受けています。

まず町のいう通り、各個人へ修正を請求することはもちろん可能だと思います。しかし、それでは到底納得できないという質問者のお気持ちもよくわかります。

そこで、問題点を整理してみます。

まず、この道路の所有者（管理者）は誰なのか、ということが問題です。ご質問では、役場に舗装工事をお願いしたとのことですから、少なくとも町が管理者だろうと考えられます。

そうであれば、道路位置について地図と現況が一致していないという問題では、まさに「道路」の管理者の立場からいっても、個人の所有地をまったく同様に修正して一致する必要があることになります。つまり、町が「個人の自費で修正してほしい」、という主張は、そのまま逆に「道路は管理者の管理すべき土地なのだから、道路の管理者の費用で修正してほしい」ということにもなります。すなわち、町が他人事のように各個人へ責任を押し付けようというのはおかしい、ということだと思います。

より本質的には、そもそも国土調査自体が誤って行なわれたわけですから、本来その責任もあるはずです。

電力会社も含めて協議を

さらに、この道路は電力会社にとっても必要な道路だと思うので、電力会社も道路の舗装については応分の負担を考えてもらってもよいのではないかと思います。

そこで、この地図の訂正と舗装工事に要する費用負担の問題について、関係する住民の皆さんがよく相談し、みんなの合意できる案を作ったうえで、その案を認めてもらうよう、町及び電力会社と協議をしてみる必要があるのではないでしょうか。

どうしても皆さんの提案に同意してもらえないのであれば、裁判所において町と電力会社に対して調停申し立てを行なうのも一つの方法だと思います。

裁判所の意見も参考にしながら、それぞれの応分の負担を合意できるよう話し合いをしてみるのがよいと思います。

山林・共有地など

Q 神社裏の山林が切り開かれるのを阻止したい

A 伐採は止められない。買い取れないか

集落の神社のすぐ裏に、500㎡ほどの山林がありま す。神社の神殿は、その裏に立つ木々のおかげで神々しさがあります。

ところが、神社裏の山林の地主が死亡して、その後継者もありません。そして、その土地は都会に住む者の所有となってしまいました。

新たに所有者となったものは、この山林を切り開こうと計画していると聞いています。木々が刈り払われれば、神社の神々しさは失われてしまいます。山林をそのままにしてもらいたいという直談判も受け入れてもらえず、このままでは山林は切り開かれてしまいそうです。

集落の神社の神々しさを守りたいと願っていますが、なんとかならないのでしょうか。

裁判所による伐採差し止めは期待できない

最近、このような相談は増えています。しかし、ご要望通りの解決はなかなか難しいのです。

まず前提として、土地の所有者は自分の土地を、原則として自由に使用することができます。そして、その土地に育つ木々も、他の人が植林したなどの特別な事情がない限り、土地の所有者の所有だと考えられます。したがって土地の所有者は、土地上の山林を売ったり切り払ったり、自由にできるのです。

もちろん、所有者の行為が周辺住民の生活を著しく侵害し、被害を与えるということであれば、その侵害行為を止めるよう法的手続きをとることも可能です。

しかし、「神社の神々しさを守りたい」という理由だけでは、裁判所も差し止めを認めることはなかなかできないだろうと思います。

山林の買い取りは検討できないか

そこで、所有者がその山林を切らないようにするためには、所有者との話し合いが必要だと思います。相談者はすでに「直談判」をしており、その結果、受け入れられなかった、ということのようです。しかし、受け入れられなかったのはなぜなのか、その理由が問題だと思います。

例えば、この山林を第三者に売った結果、立木が切られるのであれば、その立木の代金はいくらなのか、その代金を相談者たち周辺住民が払って、買い取ることはできないのかという問題になります。

あるいは、新たな所有者はこの立木を売って代金を取得するつもりではなく、山林を切った跡地を別の目的で使用したいということだ、とも考えられます。その場合は、この土地全体を売ってもらえるのかどうか、という問題になるように思えます。

いずれにしても、ただ木を切るのを止めてほしいということだけでは、所有者は同意しないようです。ですから、それに代わるなんらかの案があり得るのかどうか、相談者の皆さんはその話に応じることが可能なのかどうか、話し合いの努力を尽くすことが大切なように思えます。

Q 無断で竹林が伐採され、隣地から雨水も流入

A 雨水流入も排出路設置を求めることができる

私の竹林の一部が無断で伐採されてしまいました。伐採したのは業者ですが、その依頼をしたのはご近所さんです。その方は自分の土地を盛り土している最中で、その作業の邪魔になる竹を切ったということのようです。

さらに、盛り土をした土地から排水管を延ばし、雨水などが私の竹林に流れ込むようにしてしまいました。

私はこの竹林で、春にはタケノコをとって販売しています。先祖から引き継いだ大切な土地で、また市の保存緑地にも指定されています。伐採や排水管の設置には、私はもちろん、市長の許可も必要なはずです。

切られたのは十数mにわたって、幅約1mの竹です。現在の被害金額からいえば、きっとたいしたことはないと思いますが、排水によって今後、どのような被害があるかわかりません。どう対応したらいいか、ぜひ教えてください。

他人の土地への排水の考え方

隣地所有者が土地の境界線を越えて、質問者の竹林を勝手に伐採する行為が許されない不法行為であるということは明白です。当然、伐採によって質問者が受けた被害は損害賠償を隣地所有者に請求することができます。

しかし、質問者も指摘されている通り、被害金額からいえばわずかな損害という評価になりそうです。

そこで問題は、排水管による排水を質問者所有地に流入させる行為についてどう考えるかです。自分の所有地内に存在している生活用水や農業用水などの水で不要になった余水を所有地外に排出したい場合、どうしたらよいのかということが問題となります。

民法は、土地所有権を完全な形で行使できるように、互いに接する高地と低地の土地の所有権の権利行使を調整できるよう、考え方を整理しています。

まず、水は当然、高地から低地に流れます。そこで「第214条　土地の所有者は、隣地から水が自然に流れて

来るのを妨げてはならない」という規定になります。ただし、工作物を設置する場合には「第218条　土地の所有者は、直接に雨水を隣地に注ぐ構造の屋根その他の工作物を設けてはならない」という配慮を求めています。

さらに、次の規定があります。「第220条　高地の所有者は、その高地が浸水した場合にこれを乾かすため、または自家用若しくは農工業用の余水を排出するため、公の水流または下水道に至るまで、低地に水を通過させることができる。この場合においては、低地のために損害がもっとも少ない場所及び方法を選ばなければならない」「第221条　土地の所有者は、その所有地の水を通過させるため、高地または低地の所有者が設けた工作物を使用することができる。前項の場合には、他人の工作物を使用する者は、その利益を受ける割合に応じて、工作物の設置及び保存の費用を分担しなければならない」

損害の少ない流し方を話し合う

以上の規定を考えて、問題点を整理してみます。まず、隣地所有者が「雨水など」を質問者の土地に流すこと自体は拒否できないことが大前提になります。しかし、その方法は、当然勝手に流せるということにはなりません。まず、一本の排水管が、質問者の竹林内に侵入した状態で設置されており、その管からの排水が竹林内にそのまま流れ込んでいるのであれば、とうてい許されないことは自明だと考えます。

そこでこの「排水管」をどうすればよいのか、という具体的な流し方の検討が必要となります。その前提として、質問者の竹林の雨水等は下流にどう排出しているかです。例えば、竹林の雨水等を溜桝などの施設に集めて溜め、そこから下流にまとめて排出しているのであれば、その溜桝に隣地の排水管の水を直接入れることができるように排出路の工事を行ない、その費用を隣地所有者に負担してもらうことが考えられます。もちろん溜桝が容量不足であれば増量工事を行ない、その費用は負担してもらうことが考えられます。

いずれにしても、その方法は「質問者にとって損害がもっとも少ない場所及び方法を選ばなければならない」ということです。その場合、第221条で隣地所有者は質問者が設けた工作物（排水路や溜桝等）を使用することができますが、費用を負担することが必要となります。

以上の整理を参考に、具体的にどのような方法を行なうのがよいか、よく話し合いをすることが必要です。もし隣地所有者が話し合いにも応じないようでしたら、調停の申し立てなども検討することになると思います。

Q 私の山林に勝手に植林された

A 境界が確定できれば、原状回復を請求できる

20年前になりますが、私の所有する山林が勝手に3名共有にされ植林されました。

当時の森林組合専務理事が個人で森林組合の受託造林事業に申し込みをし、私ともう一人の隣接地主に、境界立ち会いさせることのないまま、専務理事の山林と私たちの所有山林の一部を合わせ植林したのです。

森林組合に関係書類の閲覧を要求しましたが、境界立会通知書控はみつからないといわれ、見せてもらった完成報告書には、添付することになっている実測図面は添付されていませんでした。

私の山林には先祖の名義で明治政府発行の地券があります。現在森林組合に原状回復を申し入れておりますが、元専務理事は根拠なき所有権を強固に主張しており、いっこうに進展しない状況です。

隣接山林所有者に境界立ち会いをさせずに植林した森林組合の、法人としての責任と、施業を指揮監督した元専務理事の責任は時効なのでしょうか。もし時効でなければどのような法的責任を問えるか教えてください。

山林の境界確定は難しいが

まず問題になるのは、質問者所有地と、元専務理事所有地との境界が確定できるのかということです。このことは、森林組合（専務理事）が植林した部分に、質問者所有地がどの範囲で含まれているのかということでもあります。


一般論として、山林の境界は場所によって確定が難しいことがあります。

境界が、山の尾根や谷の底、段差があるなど一見して明白であるか、植林してある樹木の種類、大きさなどで区別ができれば問題はないのですが、特別に目印などがない一連の土地や、樹木に違いがない山林では難しいと思われます。

台帳面積や字図などの図面も当然参考にはなりますが、明治初年の地租改正時（地券の交付もこの時です）に確定された面積は、地租（税金）対策のため、山林などでは実際の面積とは違うことが通常なのです。字図の形状も必ずしも正確なものとはいえません。したがって、実際に測量し、現地で復元可能な実測図でもない限り、図面によって境界を確定することは一般的に不可能です。

もちろん、元専務理事が主張している「自分の所有」あるいは「3名共有」という主張は、質問者所有山林部分について明白に誤りであるといえます。

しかし一方、元専務理事所有山林部分については、当然「自分の所有」という主張が正しいわけです。

したがって問題解決のためには、質問者所有山林と、元専務理事所有山林の境界が確定できているか、もし双方主張の境界が食い違うのであれば、どうやってその境界を確定するのか、ということが最大の論点となります。

合意できない時は調停・裁判

もし昔からの現地の事情がわかる方がいらっしゃれば、その意見を参考にすることも必要でしょうし、当時の植林の完成検査調書と実測図面の提出を求め、その内容と現地の状況の検討も必要だと思います。

どうしてもその植林の際の資料を提出してもらえない場合、さらには、その結果、双方の境界の合意が成立しない場合は、やむを得ないので、裁判所の調停や裁判なども検討する必要があります。

境界が確定できれば、当然のこととして、質問者所有の山林部分に勝手に植林されたことについて原状回復の請求（元の山林の状態に戻すための費用）や損害賠償請求なども可能です。

請求する相手は、元専務理事本人に請求できることはもちろんですが、植林が森林組合の業務として行なわれたのであれば、森林組合に対しても請求できます。

時効は成立していない

時効が成立しているかどうかの判断ですが、被害が現在も継続していること、元専務理事の加害者としての対応が信義に反していることなどの事情を重視すると、そもそも時効はまだ進行していないと考えられます。仮に時効だとしても、その時効の援用は信義則違反、権利の濫用だという主張ができると考えられます。

Q 日本の山林が外国人に買い漁られているみたい…

A 地域の人々の協力を得て自治体や国に働きかけたい

近頃、新聞などで、日本の山林が外国人に買い漁られているという報道を目にしました。わが家にも、先祖より受け継いでいる山林が2haほどあり、他人ごとには思えません。農地は農地法で規制されていますが、山林はどんな法律で規制され、守られているか教えていただけないでしょうか。

外国人も普通に山林が買える

まず、山林が外国人に買い漁られているという点ですが、外国人（人及び外国の法人・会社）は、ごく例外的に特別な制限はありますが、基本的には日本人と同様に不動産を取得できます（民法第3条2項、外国人土地法）。

木材の輸入が自由化されたことなどから、林業経営が極めて困難となったため、山林は次々と安値で売られています。20年以上前から山林を買い占めてきた例の一つが産廃業者です。生命の源である水を生み出す水源地が次々とゴミ捨て場に変えられ、水が汚染されました。

私は国営諫早湾干拓事業による被害の問題に取り組んでいます。豊かな生命力あふれる「宝の海有明海」をよみがえらせるためには、筑後川をはじめとした水系一貫水源として、山から海までの「地域としての有明」をよみがえらせることが必要だと考えています。

「森林法」で規制されている

ご質問の山林の規制ですが、基本となる法律は「森林法」だと思います。この法律の目的は「森林計画、保安林その他の森林に関する基本的事項を定めて、森林の保続培養と森林生産力の増進とを図り」（第1条）と定めています。「森林」は、国が所有する「国有林」と、そうでない「民有林」とに分かれています。

規制のなかでもとくに重要なのは、森林計画の策定（法4条以下）や「保安林」の指定（法第25条1項）です。

地域森林計画の対象となっている民有林において、開発行為をしようとする者は、都道府県知事の許可を受けなければなりません（法10条の2）。

また「一、水源のかん養　二、土砂の流出の防備　三、土砂の崩壊の防備」については、民有林でも必要に応じて保安林に指定されます。保安林では原則として知事の許可を受けないと、「立竹を伐採し、立木を損傷し、家畜を放牧し、下草、落葉若しくは落枝を採取し、または土石若しくは樹根の採掘、開墾その他の土地の形質を変更する行為をしてはならない」ことになっています。

また森林法だけではなく、一般宅地に課せられる制限も当然適用されます。例えば、市街化調整区域では開発行為や建築行為などの制限を受けますし、都市計画がない区域でも1万㎡以上の広さについては、開発行為の規制があります。

これらの制限は極めて法的に技術的な手法で行なわれており、なかなか理解しにくいと思います。不動産業者が、取引の際に顧客に説明しなければならない利用制限事項は、40項目以上もあるほどです。具体的な内容については、市町村の担当者に尋ねてみてください。

規制が守られていても被害を被ることが問題

しかしこれらの制限で、山林が乱暴な開発行為からちゃんと守られているのかといえば、決してそうではありません。

今問題になっている福島原発の被害もそうですし、私がこれまで取り組んできた水俣病、カネミ油症、予防接種禍、有明まで含めて、これらの被害は決して企業や国が法の制限を無視し、破ったことで生じたのではありません。少なくとも表面的には、国の法の規制は守られていました。水俣病の原因となったチッソ水俣工場の排水は、当時の国が定めた排水として流していい水質基準を守っていただけではなく、水道用水として使用していい基準さえ適合していたのです。水俣病の貴重な教訓として、この事実を決して忘れてはいけないと思っています。

じつはこれまで社会的に問題になった事例は、そのほとんどが国の規制を正面から破った結果生じたものではないということなのです。

山林（里山）を守るためには、お上の規制に頼るのではなく、個人の努力と地域の人々の協力が必要です。できるだけたくさんの同じ思いの人たちと話し合い、自治体・国に働きかけていくことが大切だと思います。

Q 借地に建てた倉庫を撤去するよう頼まれた

A 新たに賃貸借契約を結び、今後は地代を払う

約30年前に集落の農家10軒で機械利用組合を立ち上げました。年末に仲間のAさんが亡くなったのですが、先日、その息子さんから組合の機械倉庫を撤去するよう頼まれました。

組合の設立時、機械倉庫が必要になり、Aさんの厚意で、その敷地内に建てさせてもらったのです。地代も支払わず、賃貸契約もとくに結んでいません。

Aさんが亡くなり、サラリーマンが主の息子さんは組合に入っていません。農地は人に貸し、倉庫が建つ土地は駐車場として整備するつもりのようです。

私たちとしては、今後は地代を払うことにして、倉庫を使い続けたいと考えています。借家であれば「借家権」、借地であれば「借地権」という権利があると聞きました。農業用倉庫にも、同じことがいえないのでしょうか。

「賃貸借」ではなく「使用貸借」

まずご質問の敷地利用ついて、借家権、借地権の権利はないのだろうか、という問題を考えてみます。

Aさん所有の土地を機械利用組合が無償で借り受け、機械倉庫を建築して現在まで使用してきた、ということですが、この場合、法的権利を判断するうえで一番基本的な事実は、土地を使用するための対価として、「地代」を約束し支払ってきているか、ということなのです。もし対価として地代を支払っているのであれば、当然に賃

貸借となり、借地権があり「借地借家法」に規定するいろいろな借地人保護を受けることができます。しかし地代を支払っていないということであれば、法律では賃貸借でなく「使用貸借（民法第593条）」ということになります。民法第593条は次の通り。

「使用貸借は、当事者の一方がある物を引き渡すことを約し、相手方がその受け取った物について無償で使用及び収益をして契約が終了した時に返還をすることを約することによって、その効力を生ずる」

そこで借り主（機械利用組合）は、Aさん所有の土地に機械を入れる倉庫を建築し、使用するために無償で借り受けたことになったのです。借り主は当然、「契約またはその目的物の性質によって定まった用法に従い、その物の使用及び収益をしなければならない（民法第594条1項）」ということになります。

新たに賃貸借契約を結ぶべき

次にAさんの息子さんから倉庫を撤去するよう頼まれたことの法的意味について検討してみます。まず、息子さん一人だけがこの土地の所有権の相続人であるのかどうか、確認することが必要です。もし相続人が複数人いる場合は、その相続人の意思を合意して一致してもらうことが前提となります。そのうえで、民法第597条では次の通り規定しています。

「当事者が使用貸借の期間を定めた時は、使用貸借は、その期間が満了することによって終了する。

2　当事者が使用貸借の期間を定めなかった場合において、使用及び収益の目的を定めた時は、使用貸借は、借り主がその目的に従い使用及び収益を終えることによって終了する。

3　使用貸借は、借り主の死亡によって終了する」

本件では、土地の返還時期を定めていませんが、借りる目的は「機械倉庫の建築、使用のため」と明確に定めてあったので、民法第597条2項の規定が適用されます。つまり目的の利用が今後も続くことが明らかだと判断できる、と考えます。そこで結論としては、息子さんの依頼によって本件の土地の使用賃借契約が終了し、機械倉庫を撤去して返還するということにはならない、お断りしてかまわないということになると思います。

ただし組合員でなくなった人の土地を長期間無償で使用し続けるということも望ましい状況ではないと思います。そこで質問者のご希望のように、今後は地代を払うことにして、きちんとした賃貸借契約を新しく結ぶことをご相談されるのがよいのではないかと考えます。

Q 明治時代から隣家が使う土地を取り戻したい
A 固定資産税の支払い請求はできる

わが家に隣接する土地に、隣家が農業用倉庫を建てて使っています。私の父から聞いたところによると、その土地は明治時代に祖父が厚意で貸していたものです。なんでも、戦後の農地改革のおり、所有権移転によって隣家のものになったということでした。

ところが最近、隣家が相続をするに当たって、この土地の固定資産税を払っていないことがわかりました。法務局に問い合わせたところ、登記上はわが家の土地になっており、固定資産税も私が支払っていたのです。

隣家は所有権移転の書類を持っており、土地の所有を主張します。しかし、登記上も税制上も私の土地です。返却を求めることはできないでしょうか？

そもそも、この土地の地目は宅地です。農地改革で所有権移転されていたとはおかしな話だとも思います。

土地を利用しているのは誰か

土地をめぐる紛争でまず問題なのは、その土地を事実上支配（占有）し利用しているのは誰か、ということです。本件では、隣家が倉庫を建ててこの土地を占有使用しているということです。

そこで次に、隣家がこの土地を占有使用している法的権限（根拠）はなにか、ということが問題となります。隣家は当然、自分にこの土地の所有権があるという立場で、それに基づいて占有使用している、ということだと思います。

しかし、質問者の立場は、所有権は質問者にあり、隣家には厚意で貸しているだけだ、ということです。

質問者が所有権者だという主張の根拠としては、なによりも所有権の登記名義人であること、固定資産税をずっと支払ってきたことなどです。対して隣家は、確かに所有権名義の移転登記はしていないが、戦後の農地改革の時点で所有権を隣家に移転するという書類を持っていて、所有権は譲渡されている、ということです。

したがって、それまではこの土地を厚意で貸してもらっていたが、農地改革時点で自分所有の土地となり占有使用してきたのだということになります。

書類上の移転は問題じゃない

そこで論点を整理してみます。まず、質問者が疑問を持ったように、元々宅地だった土地が、農地改革時に所有権の移転が行なわれるはずがない、という問題があると考えられます。

しかし、本当の問題点は、この所有権の移転が書類上本当に行なわれたかどうかではないと考えます。

もちろん、書類上も本当に所有権移転が行なわれていれば、隣家の主張が正しいという判断になります。それに対し、質問者の主張が正しいという立場に立った場合どう判断されるのか、ということが問題です。

すでに時効取得がされている

隣家は農地改革時点から現在まで、この所有権移転の書類の存在によって、自分が所有者だと信じてこの土地を使用してきたと主張しています。信じてきたことがたとえ誤りだとしても、これまで数十年以上にわたって土地を占有使用してきた事実は変わらないわけです。

そこで民法第162条1項の時効取得の条文適用の問題となると思います。

「20年間、所有の意思を持って、平穏に、かつ、公然と他人の物を占有した者は、その所有権を取得する」

まさにこの条文の規定通り、隣家は所有者として（所有の意思を持って）、この土地を占有使用してきました。質問者はそれに対し、現時点まで取り立てて問題にしなかったため、平穏に、公然と占有使用が行なわれ続けてきたことになります。

つまり、この第162条1項の規定が適用されるのだと考えられます。この場合、登記名義が変更されていないことは、当事者間の関係なので（第三者に対する問題ではないので）、まったく問題になりません。

現時点で隣家から所有権の移転登記手続きを行なうよう求められたら、応じざるを得ないと考えます。

さらに、固定資産税を支払っていなかったという点についても、隣家の時効取得を否定する理由になりません。

当然のことですが、質問者は隣家にその全部の支払いを請求することができます。ただし、10年以上前の分について隣家が消滅時効を主張すれば、その主張は認められる可能性があります。

Q

村の持分権者を追跡できない

A

弁護士や司法書士に依頼したい

地元の入会原野は、昭和30年代中頃までは採草牧草地として重要な役割を果たしてきました。戦後間もなく自治体（村）に所有権が確定し、その後自治体から当時の地元居住者へ共有地として所有権が移されました。40年代初め、旧森林公団による分収造林（地上権の設定）が進められ、針葉樹の森林地が大部分を占めるようになりました。

旧森林公団（現森林総合研究所森林農地整備センター）の地上権は契約期間50年で契約の期限が迫っていますが、解約・更新いずれにしても、その前提として持分権者の確定、登記を現状に改めることが必要です。

50年前の持分権者は、死亡、移転などの移動があります。持分権者及び相続人などの連絡先が不明の場合、戸籍謄本、住民票などは本人か相続関係者しかとれず、連絡のしようがありません。どうしたらよいでしょうか。

また戦後まもなくの住民票には、戦時中の疎開者がおり、それらの者も持分権を持っていますが、本籍は地元になく、連絡先も確かめようがありません。本来なら専門家（司法書士や弁護士）にすべてをお任せすればよいのでしょうが、現在の持分権者の団体・組合には木材価格の下落などで、その資力がまったくないといってよいでしょう。

民法第253条には1項に、「各共有者は、その持分に応じ、管理の費用を支払い、その他共有物に関する負担を負う」とあり、2項には「共有者が1年以内に前項の義務を履行しない時は、他の共有者は、相当の償金を支払ってその者の持分を取得することができる」とありますが、ここの「相当の償金」の具体例について教示ください。現実にはまったく無意味（固定資産税を算出の基準とすれば、それを支払って持分を取得することは現実にはまったく考えられない、など実効性がないという意味で）と思いますが、いかがでしょうか。実際には疎開者で連絡先不明の場合など、1年以内どころか10年以上も管理費を払わないケースもあります。

旧入会地では慣習として地域の居住者という持分権者の制限がありましたが、現在の所有権としての持分権では倫理上の制約があるとしても、無視して地域外の者に売却しても法的には問題ないと思いますし、現実にそういうことが生じており、コミュニティの混乱・破綻など共有団体の統制上問題となっています。とくに取得者が営利法人の場合、例えば業者による開発のための地上げなどが生ずると思います。共有団体の内規として地域外者への移転の禁止、違反した場合にペナルティを定めることができますか？　法的に有効でしょうか。

入会地かどうか？　総有か共有か？

質問者のいわれる通り、入会原野をめぐる問題は、全国各地で種々の形で生じています。その歴史的経過と問題が生じてくる原因については、これまで多数の研究成果が発表されています。また、これまでの裁判所の判決をめぐっても種々の議論が行なわれています。ここではとりあえずご質問の点について、基本的な考え方の整理をしておきたいと思います。ちなみに「水利権」「漁業権」も基本的には「入会」の権利と説明されています。

まず、最初に検討されるべき点として、この本件の「共有原野」は「入会地」なのか、そうではない単なる共有地かという「大問題」があります。そのことは「共有権者の団体」は「入会団体」なのか、単なる共有者の団体なのかということでもあります。このいずれと判断されるかによって、ご質問の回答が違ってきます。

入会地（入会権の対象）であれば、「共有権者」の権利は「総有」といわれる内容になり、いわゆる「共有」とは違うと説明されています。そのもっとも基本的な違いは「総有」には「持分」がなく、一人一人の入会権者が土地全部の所有権をそれぞれ各人が有している、と考えるのだと思います。

本件がどちらになるのかは、ご質問の限りでは判断できませんが、ごく一般論でいえば、「入会権」はなかなか認められず、普通の「共有」と判断されるのではないかと思います。とくに、各人ごとの持分登記がされている事実を強調すれば単なる「共有」だということになるのだと考えられるので、以下ではその前提で検討していきます。

やはり弁護士などに頼むべき

まずご質問の通り、地上権の解約・更新いずれにしても共有権者の同意が必要ですが、その前提として現時点での持分権者の確定（及びそれに応じた登記）が必要となります。もちろん質問者や皆さんが自分たち自身の手で必要な手続きをすることは可能ですが、実際問題としては大変な作業で非常に困難だと思います。やはり弁護士や司法書士に依頼されるのがよいと考えます。もちろん費用の問題がありますが、よくご相談になってできる限り安い費用で作業をしてくださる弁護士を探すことが必要だと思います。おそらく実費だけで数十万円（連絡をとれない組合員の数によって違ってきます）と思います。

さらに、最終まで行方不明の方がいた場合は、地上権の更新解約のために必要な法的手続き（裁判）をする必要があると思うので、そのためにも弁護士に依頼するほうがよいと考えます。

管理費の支払いを求めて裁判する手も

民法第253条2項の「相当の償金」は一般論でいえば現在の地価とその持分からどの程度の収益が期待できるか、という判断になると思います。したがってその持分を償金を払ってまで取得する意味がないということであれば、例えば管理費の支払いを求めて裁判を起こし、（所在不明者にも裁判が起こせます）認められた判決金額で持分の競売をする（それを組合員が落札する）ということも考えられます。いずれにしてもどちらが費用が少額で済むかということではあります。

土地を離れた共有者の権利を制限できるかという点については、「共有」であれば無理だと考えます。「入会地」であれば可能ですし、むしろそれが原則です。

第3章

作物や資材、生育環境をめぐるQ&A

Q スプリンクラーの蛇口を閉められて葉ものが枯れた

A 犯人がわかれば損害賠償を請求できる

冷涼な気候で葉ものを生産する当方産地でも、昨夏は今まで経験したことのないほどの猛暑でした。

畑かん水が設備されている畑は、スプリンクラーで水をかけることで対処しましたが、みんなが同時にかん水すると、水圧が低くなり、十分水が届かない場所もあります。一枚の畑で同時に回せるスプリンクラーの本数は5本までと決められていますが、散水時間にとくに決まりはありません。

ある日、午前中からスプリンクラーを回した圃場に昼飯後行ってみると、誰かに蛇口を閉められていました。運悪くその日はとくに暑い日で、葉ものは高温で全滅しました。

誰がやったのかはわかりません。泣き寝入りでしょうか。

農業用水とカッパ

私も大変残念な思いがします。

農作が始まった時から、必要な用水を確保することがなににも優先する絶対的な要件でした。「水争い」にまつわる話が各地で語り継がれています。私の住む筑後地方でも、いろいろな昔話がありますが、そのなかでも代表的なのが「カッパ」です。カッパは春の彼岸の日に山から下りてきて里で生活し、秋の彼岸の日にまた山に戻って行きます。カッパが里で生活する場所は、いずれも農業用水にとって重要な役割を果たしているところです。子どもたちは親から「あそこにはカッパがいるから近くで遊んではいけない」といい聞かされて育ちました。

農業用水の使い方については、みんなで合意した「掟《おきて》」があり、その決まりに違反したことを行なった人に対しては、「村八分」の制裁がありました。

農業用水を「掟」に従って使用せず、他の人の水使用を阻害する行為は、他のみんなの耕作を危険にさらすことになるからです。

勝手にスプリンクラーを閉めるのは犯罪

ご質問のように、他人のスプリンクラーの蛇口を勝手に閉める行為は、明らかに犯罪だと考えられますし、当然のこととして、その行為の結果生じた被害については、損害賠償の請求ができます。

しかしご質問の通り、問題は「誰がやったのかはわからない」という点です。もちろん加害者が特定できない場合でも、例えば犯人を捜査して処罰を求めるため、警察に刑事告訴をすることは可能です。その結果加害者がわかれば、その人に損害賠償を請求することができます。

しかしそれでも加害者が特定できなければ、請求のしようがないことになります。

そこでこの畑かん水を使用している人みんなでよく話し合いを行ない、このようなことがまた起こることがないよう、とくに水圧が低くなり十分水が届かない場所の人たちの意見も尊重して、より問題が生じない使用上のルールについて、改めてみんなで確認、合意することが必要だと思えます。

Q 雑木枝の焼却でイチゴが野ネズミの被害を受けた

A 野ネズミの食害と焼却作業との因果関係を証明できるか

冬の早朝、イチゴの収穫のためハウスに出向き驚きました。野ネズミによる食害です。原因は前々日にハウス近辺で行なわれた雑木枝の焼却作業でしょう。すぐに推進役員に作業の改善を申し入れましたが、「事業が遅れた場合、費用を補償しろ！」の一点張りです。これではどちらが被害者かわかりません。土地改良区理事長にも問い合わせたところ「事業に参加していないのだから泣き寝入りしろ」といわれました。

以前も一度、隣接の耕作放棄地所有者と換地委員二人がハウスに向かって焼却作業を行ない甚大な被害が出ました。しかし作業実施者のなかに縁戚者がいたため泣く泣く我慢しました。

わが家は私と老母の2人で農業をしており、昨今の経済事情ではイチゴ一粒たりとも無駄にはできません。このような悪質極まりない行為をしても法的に罰することは不可能なのでしょうか。

よろしくお願いします。

野ネズミ被害と焼却作業の因果関係を証明する

大変な被害でお困りの事情はよくわかります。しかし、法律的に考えると問題点があります。

第一に、なによりも問題なのは、野ネズミの食害被害が焼却作業のために生じたといえるのか、ということです。法律の言葉でいうと、相当因果関係があるといえるのか、ということなのです。焼却作業によって野ネズミが追われたとはいえても、その結果として、野ネズミが質問者のイチゴハウスに逃げ込み、イチゴを食べた、という事実が証明できるのだろうか（逆にいえば、焼却作業がなければ野ネズミはハウスに入りイチゴを食べることはなかったのだろうか）ということです。この因果関係の証明は案外難しいのではないか、と私には思えます。
もちろん、これまで野ネズミがハウスに侵入することはなかったとか、それなりの防止対策を取っており、これまでは防げたとか、種々の状態によって証明することができれば（少なくとも焼却作業がその原因と推認できるといえるのであれば）、当然、相当因果関係はあると判断できることになります。

被害を回避できる他の方法があったのかどうか

次に、焼却作業が質問者に被害を与えることがあらかじめ予想できたのか、予想すべきだったのか、ということが問題となります。もちろん、質問者は焼却作業中に役員に作業の改善を申し入れたとのことですから、当然に予想できたということだと思います。

さらに、焼却作業を改善すべき具体的な他の方法があったのか、ということです。焼却作業は、風向、風速などの気候条件や、時期などの自然条件によって、当然作業方法が制限されていると思います。その条件下で、質問者に被害を与えない他の方法があったたのか（作業を中止することまで含めて）ということが問題となります。

以上の検討の結果、焼却作業によって質問者のイチゴ被害が生じており、しかもその被害は焼却作業のやり方によって防止することが可能だった、ということになれば、当然その事業を行なった人（団体及び役員個人）に対し損害賠償を請求することが可能です。

Q ナスの病害、試験場の先生が見に来てくれずに大損害

ナスの果実に斑点がたくさん出て、農協の営農指導員さんに相談しました。小さな凹みがボツボツとたくさんあって、見たことのない症状でした。農協の指導員さんは果実を試験場に送り調べてもらいましたが、果実から病原菌が検出されず「原因不明」といわれました。

原因がわからないので、対処方法もわかりません。最初は少しの被害でしたが、5年前には畑全体で発生するようになり、出荷できない果実が山のようになりました。

その翌年も被害が大きく、改めて相談すると、今度は試験場の先生が畑まで来てくれました。そして被害株を見て、葉にも斑点があるのを確認し、ようやく病名がわかりました。果実に症状が出るのはとても珍しい病気だったそうです。でも葉の症状を見れば、特定はそう難しくなかったようです。

その後、病気が出にくい品種に変更し、殺菌剤の散布を徹底したおかげで、被害はほとんどなくなりました。そして試験場の先生には、最初から畑に来ていれば、未然に被害を防ぐことができたと謝られました。

確かに被害は大きく、かなりの痛手でした。今さらどうのこうのするつもりはありませんが、こういった場合、JAや試験場に損害賠償を求めることもできたのでしょうか。今後のために、教えてください。

A 調査を強く求めていたのならば、試験場にも一定の責任があり得る

踏み込んだ調査を依頼したか

大変な被害を受けているとのことで、必要な対策をどうやって考えればいいのだろうか、と私も考え込んでいます。

農地の残留農薬問題を解決するため、必要な専門家の協力を仰ぐには、具体的にどうしたらいいのか、適切な方法を確保するのはなかなか難しいように思えます。

本件への回答は、質問者が農協の指導員さんに行なった「相談」の、具体的な内容によって異なると考えます。

一言で相談といっても、簡単に意見を求めるということから、被害の内容をきちんと調査し、具体的な対策を講じるよう依頼するということまで、その範囲は極めて広いと考えます。

そこで例えば、最初の段階で農業試験場に果実を送って、原因不明と返事があった時点で、さらにより踏み込んだ調査や、必要な対策を検討してもらうよう依頼をする、などの相談をしたのかどうか、という疑問が生じます。

少なくとも、畑全体に被害が広がった翌年にもその被害が続き拡大したということであれば、その段階で、より徹底した原因調査を行なってもらえるよう相談してみることはなかったのでしょうか。

試験場に一定の責任があり得る

もしご質問のように、しかるべき知識を有した専門家が現地で作物を調査しさえすれば、病名が判明し対策を取ることが可能だった、ということであればどうなるか。質問者が原因とその対策の調査を強く求めていたにもかかわらず、自らその依頼に応じないだけでなく、適切な相談先、依頼先を探すことなど具体的な方法の相談にも協力しようとさえしなかったのであれば、農協や農業試験場にも一定の責任があるということもあり得るのではないか、と考えます。

いずれにしても、現実に生じるいろいろな問題の解決のためには、単に相談するだけではなく、同じ営農者仲間同士で意見交換や議論をする場を作っていくことなどの活動も必要ではないかとも思えます。

Q 肥料屋の施肥設計でトルコギキョウが全滅

A 因果関係や施肥実態が証明できれば賠償請求できる

私は切り花用のトルコギキョウをつくっていますが、今年、栽培を大失敗してしまいました。ほとんどの株は途中で生育が止まってしまい、株全体が枯れ上がってしまったものもありました。10年以上つくっていますが、こんなことは初めてです。

思い当たるのは、今年新たに肥料屋に頼んだ施肥設計です。設計に基づいて、足りないと指摘された肥料をやりましたが、これが多過ぎたようです。肥料焼けしたような症状なのです。後日、農協の指導員に相談したところ、施肥量が農協の指導の2倍以上だといわれました。やはり多過ぎたのです。

その結果、ハウス一棟がほとんど全滅し、大損害を被りました。肥料屋に連絡しても無視され、ハウスを見にも来ません。肥料屋に損害分の賠償請求は可能ですか？

原因を証明する必要がある

大変困った問題です。

ご質問の損害について賠償請求を行なうためにはまず、トルコギキョウが全滅した原因が、肥料屋の施肥設計のためであることを明らかにすることが必要です。「因果関係の証明」といわれるものです。

農協の指導員などに、肥料が原因であることを肥料屋に説明してもらえるといいのですが、もし無理であれば、その事実をきちんと証明してくれる方を見つけることが必要です。指導員にどなたか紹介してもらえないか、相談してみるといいかもしれません。

施肥実態の証明も必要

次に、質問者が肥料屋の施肥設計通りに施肥した、という事実の証明が必要になると思います。質問者が設計以上に余分な施肥をしていない、ということの証明です。

その事実は、肥料の購入状況とその使用量（購入量の残量）から証明できるのではないかと思います。この証明ができれば、肥料屋の施肥設計と指導が誤っていたことになり、肥料屋には損害に対する責任があることが認められると思います。

被害写真を撮ってあるといい

さらに、損害額の証明が必要となります。まず、ハウス一棟がほとんど全滅したという状況の証明が必要です。

写真があればもちろん問題ないと思いますし、今年の出荷量と、前年度の出荷量を比較して証明することも必要だと思います。これで同時に今年の販売額と、前年度の販売額を明らかにすることになるので、その差額が損害額となるのだと考えます。

もちろん、ハウス一棟がほぼ全滅したために、通常であればしなくてよい余計な作業や出費が必要となったということであれば、それも損害として請求が可能だと思います。

他に被害者はいないか

肥料屋が責任を認めてくれれば、損害額についての話し合いだけで調整可能だと思いますが、万一、因果関係や責任を争うようであれば、きちんとした証明が必要になってきます。

証明方法の一つとして、他の被害者を見つけるという方法があります。この肥料屋が他のトルコギキョウ生産者に肥料を販売して、同様に被害を発生させているという事例がないのでしょうか。もし同様の事例が発生していることを明らかにできれば、肥料屋の責任は免れないと考えます。

生産者仲間に尋ねてみることも必要ではないでしょうか。

Q

A

太陽光パネルの設置で大雨時に農地がえぐれる

地主と業者に対策工事を請求できる

私の畑の隣地は長年耕作放棄されていましたが、2年前に太陽光パネルが全面に設置されました。自然エネルギーの活用はけっこうですが、困った問題が起きました。大雨が降ると、太陽光パネルが設置された隣地から、私の畑に雨と土砂が流れ込んでくるようになったのです。耕作放棄地だった時は、こんなことはありませんでした。勢いよく流れる雨水で農道も削られてしまい、このままでは今後も被害は広がりそうです。排水路の設置や土留めの設置などを、地主や設置業者に求めることはできないのでしょうか？

被害防止の対策を請求できる

こうした隣地からの雨水、土砂の流れ込みについて、民法の原則的な考え方は明確です。

まず、土地の所有者は自分の土地を自由に使用して収益をあげ、処分することができます（民法第２０６条）。しかしこのことは同時に、隣地の土地所有者もまたその所有地を自由に使用し、処分できることを意味しています。

そこで、A地の所有者がA地を自由に使用した結果、その影響が隣地B地に及んで、B地の自由な使用と収益を妨害し被害を発生させることは許されない、ということになります。B地の所有者はA地の所有者に対し、対策を講じることを請求することができます。

これを物権的請求権と呼んでいます。具体的には、現在発生している妨害を防止し、妨害の結果を除去し、さらに今後の妨害発生を予防することです。

排水自体は止められない

しかし、それと同時にお互いの所有権の権利行使が衝突することによって、双方の所有権の完全な行使ができないという場合、互いに譲り合って調整することも必要なのです。その一つの場面が、雨水や生活用水の排水問題です。

高地の所有者が排水を低地に流したいと希望しても、低地の隣地所有者が自分の所有地に排水が流れ込むことを一切許さないと主張すれば、高地の使用は非常に困難になります。

そこで民法には、この問題について明確な規定を用意しています。

まず自然に流れてくる自然流水についての民法第214条の規定です。

「土地の所有者は、隣地から水が自然に流れてくるのを妨げてはならない」

さらに第220条の規定があります。

「高地の所有者は、その高地が浸水した場合にこれを乾かすため、または自家用若しくは農工業用の余水を排出するため、公の水流または下水道に至るまで、低地に水を通過させることができる。この場合においては、低地のために損害がもっとも少ない場所及び方法を選ばなければならない」

この条文が規定している考え方は、第一に高地から隣の低地に水が排出されること自体を低地所有者は妨害できず、受け入れなければならないということです。しかし第二に、高地所有者は勝手に低地に水を排出していいわけではなく、低地の隣地にとって損害がもっとも少ない場所、方法で排出しなければならないということなのです。

地主と業者に請求できる

そこでご質問のように、質問者の所有地に雨水と土砂が流れ込み、農道まで削られるような状況はとうてい許されないのです。質問者がおっしゃる通り、排水路の設置や土留めの設置を、地主や設置業者に請求することができると考えます。

地主だけではなく、設置業者にも請求できるのは民法第717条の規定です。工作物の設置保存の瑕疵《かし》によって、損害を与えた場合に該当すると考えます。

地主や設置業者は、質問者の土地に損害を与えないように排水路を設置、土砂の流入を防ぐ土留め工の設置を行なう義務があると思います。

そして質問者は、排水路の排水が自分の所有地をもっとも損害の少ない方法、場所で通過するのを認めないといけません。

Q

学校の隣のナシ畑、土ぼこりや日当たりの被害甚大

A

被害額を算定して、市に因果関係を証明したい

学校の周りに私のナシ畑があるのですが、いろいろな迷惑をこうむっています（ナシ畑が先で、後から学校が建ちました）。

数年前に学校の新築工事があり、工事車などで土ぼこりがナシの実を汚したので、市役所に連絡すると、教育委員会と建設課の2人の職員が来て「すみませんでした。補償させてください」と頭を深々と下げて帰りました。

それからなんの連絡もないので市役所に行くと、「私はそういうことはいっておりません。あなたの聞き違いでしょう」といわれました。私の当時の日記にはその日の出来事が書きとめられています。

数十年前からですが、樹木・建物が日陰をつくり、ナシが肥大せず、また防鳥ネットには落ち葉が溜まり大変です。学校側のナシは本当に実の育ちが悪いのです。市は個人に迷惑を掛け、関係ないと無視できるのでしょうか。私はこれからも泣き寝入りをしなくてはいけないのでしょうか。

自分の土地は自分の好きなように使える

お隣との関係で問題が生じるのは、大変つらいことです。

どう考えたらよいのか、問題を整理してみたいと思います。

まず基本として、土地の所有者は、自分の所有する土地を、自分の意思に基づいて、自由に好きなように使用することができます（排他的、独占的に使用できると説明されています）。

もちろん、隣の土地の所有者も同じです。自分の自由な使用の結果として、隣の土地になんの影響も及ぼさなければ、なんの問題もないわけですが、もしなんらかの影響を与える場合は、当然、自由な所有権の行使の方法やその範囲の制限などの問題が生じることになります。基本的には、お互いの土地所有者の当然の権利行使（所有土地の自由な使用）を、いかに双方にとって有効適切に調整できるか、ということになるのだと思います。

質問者がナシ畑を営農することは、当然の権利行使です。しかし、それと同様に、市が所有する土地に学校を建設し授業を行なうのも、当然の土地利用（権利行使）だということになります。建物や樹木があることも当たり前のことだといえます。

被害額を算定し、被害を証明する必要あり

しかし一方では、自分の権利行使によって、他の人に被害を与えることは許されません。そこで問題は、この市の学校新築工事や、学校の建物や樹木が存在することによって、質問者のナシ畑に、いかなる被害が生じているのか、ということになると思います。

ご質問では、「土ぼこりがナシの実を汚した」「日陰をつくり、ナシが肥大せず、防鳥ネットには落ち葉が溜まり大変」ということです。この被害がいくらになるのか金額で評価することがどうやると可能なのか、その金額が算定できた場合、その被害は学校が原因で生じていると説明できるのか（因果関係の説明）、ということが問題になります。

被害が生じているという事実は、質問者が具体的に明らかにしないといけないのです。

以上のような整理を前提に考えて、市に自分のナシ畑に被害が生じていることをよく理解してもらえるように説明し、市の考え方も説明を求めるのがよいのではないかと思います。

もしどうしても市にまともに対応してもらえない場合には、信頼できる弁護士に相談してみるのもいいのではないでしょうか。県の弁護士会では、各地で法律相談の場を用意していると思うので、県弁護士会に尋ねてみてください。

Q

ゲリラ豪雨で田畑が土砂で埋まってしまった

地主に賠償請求できるが、自治体に対策を要望したい

ゲリラ豪雨で甚大な被害を受けました。山が崩れて土石流となり、田を押し流し、畑が土や石、木材などで埋め尽くされました。復旧しようにも、農道や畦畔が崩れて、道もふさがれてしまいました。大変な被害で誰もが苦しんでいるところなのですが、今、その補償について悩んでいます。

私の農地になだれ込んできたのは、上側の土地(他人の所有地)の土砂です。この場合、上側の農地の地主に責任はないのでしょうか。賠償請求できるのでしょうか。苦しいのはお互い様ですが、このままでは農地を放棄するしかなくなってしまいます。私個人では、もうどうにもなりません。よい方法があれば教えてください。

A

原則は地主に請求できるが……

私が住んでいる九州でも同様の被害が生じて、その解決にみんなで悩んでいます。まず、法律の規定でどう考えるのか、私の考えを検討してみます。

通常の状況の場合、自分が所有する土地の土砂や工作物や建物などがなんらかの原因で壊れて隣地に侵入すれば、当然のこととして、その原因になった土地の所有者は侵入物を撤去する義務があります。また、侵入によって生じた被害を賠償する責任があります。その具体的な事例については、これまでこの法律相談で何度もお答えしてきた通りです。

したがって、原則として、質問者は上側の土地の地主の責任を問うことが当然できる、という回答になります。

私は今回の被害についても、原則はその通りだと考えます。ただし、注意すべき問題点があります。

地主の責任といえない部分もある

第一に、今回の災害の原因となった大雨が、予想される雨の範囲をはるかに超えた、（本当の意味での）想定できないほどの災害だった。したがって、不可抗力の災害として責任を負うことはない、という反論があるのではないかということです。

第二に、土石流の原因の一つとして、山地の土砂や河川の維持管理、ダム放流の誤りや不十分さなどが指摘されており、国や自治体にもその責任の一部があるのではないか、ということです。

この第二の問題点と併せて、ご質問にもあるように、道路がふさがれて通行できないため、復旧作業も思うようにできず、日数がたってしまう事例も生じています。また、その作業を行なう地元の工事業者が各地の要請に追われていて、なかなか着手してもらえない、という事態も生じています。

補償の割合を話し合って決める

私が実際に相談を受けた事例でも、今指摘した問題点がそれぞれあります。原因となった土地の地主が、他人の土地に流れ込んだ土砂を除去しようと努力したにもかかわらず、結局4カ月かかってしまいました。下側の土地の被害者はその間まったく営業できなかった、という損害が生じてしまいました。

その事例の場合は話し合いの結果、道路そのものが通れなかった約1カ月分と、工事を依頼した業者が着手できなかった1カ月分の合計2カ月分については損害として計算せず、残りの2カ月分の、営業できなかった損害の一部について補償してもらい、侵入した土砂の撤去費用については上側の地主が全額負担する、ということで合意解決しました。

私は基本的に、被害地の復旧工事については、個人の所有地であっても、国や自治体が公共事業としてやってほしいと希望しています。それは、個人の土地の復旧作業という意味だけではなく、今後の地域社会全体の安全と生活を守っていくという重要な意味もあるからです。また、できる限り速やかに作業するということが、なによりも求められていると痛感するからです。

ぜひ、相談者だけでなく、被害にあった地域の皆さんが一緒になって、必要な工事を実施するよう、国や自治体に要望の声を上げていくことが重要ではないかと思います。

Q 中国人研修生が間違えて隣人の田んぼに肥料をまいた

A 受け入れ農家に監督責任があり、賠償要求に応じる必要がある

中国からの研修生を雇っています。日本語が十分伝わらなかったのでしょうか、間違えて隣の人の田んぼに肥料をまいてしまったようです。

その田んぼはすでに肥料をまき終えていたようで、結局肥料の入れ過ぎで、秋にはイネがべったりと倒れてしまいました。

隣の人からは「責任をとれ」といわれ、どうしたらいいか困っています。よいアドバイスをお願いします。

質問者の監督責任

ご質問を読み、これからはこのような事故も増えてくるのだろうなと思えます。

研修生は、質問者の指導（指揮、監督）の下で、その指示に従って仕事をしているのですから、研修生の身分が従業員であるか否かにかかわらず、研修生がなにかをした結果生じた被害については、質問者は当然その責任を負わなければいけません。

もちろん質問者が、研修生の仕事の監督について相当の注意をした時、または相当の注意をしても損害が生じてしまったという時には、その責任を免れることもあります（民法第715条1項）。しかし被害が現実に生じている場合には、この「相当の注意」をした、という反

論は、現実にはなかなか認められないと思います。

本件では言葉の壁もあって、質問者の指示が研修生に十分伝わらなかったと思われます。このような意思伝達の不十分は、当然事前に予想できることですから、質問者の指示通り研修生が正しく作業を行なうかどうか、質問者はきちんと確認しておくべきだったと考えられます。

賠償額は前年度の米の販売額を前提に話し合う

そこで質問者は、隣の人のイネの被害についてはその損害を賠償する必要があると思います。問題はその額をどうやって決めるかということになると思います。普通は前年度のその田んぼの米の販売額がわかると思うので、その額を前提として、さらに今回の事情などをどう考慮してもらえるか、よく話し合いをしてみてください。

もし隣人の方が一方的に高額な要求をして、どうしても納得いく合意ができないようでしたら、仕方がないので、地方の簡易裁判所に、調停の申し立てをすることも考えられます。その手続きについては、簡易裁判所の窓口でお尋ねになると教えてもらえると思います。

調停の場では、調停員の方からも意見を出してもらえ、適切な解決が求められると思います。

Q

A

誤って購入した中古農機を返品したい

虚偽の事前説明等がなければ、解約はできない

隣の町にある中古農機具屋で、水稲の播種機に取り付ける苗箱供給機を買いました。近年、田んぼの面積が増えてきて、苗の数も増えたので、自動で苗箱を送り出してくれる機械があれば非常に便利だと思ったのです。新品なら15万円以上するところ、比較的状態のいいものが約半額の7万円で買えたので喜んでいました。

ところが、届いた機械を水稲播種機に取り付けてみたところ、流せる苗箱のサイズが合わず、自分の家ではまったく使えないことが判明しました。あれこれ工夫してもダメなので、農機具屋に返品したいと申し出たのですが、中古品なので自己都合での返品は不可とのこと。買った供給機に合わせて苗箱を買い替えるしかないといいます。

購入してからしばらくたってしまったこともあり仕方がないかとも思いましたが、今後の参考として、中古農機を買ううえで注意すべきことを教えてください。

隠れた欠陥や誤った説明があったか

大変お困りのことと思います。まず、前提の事実関係を確認しておきます。

ご質問者は隣町の中古農機具屋まで自分が出掛けて行って、中古商品の現物を自分で確認したうえで購入を決定した、ということだと思います。その場合、苗箱供給機の購入契約を解約して返品、代金の返還を求めるためには、購入した目的が果たせないなどの一定の理由が必要です。

例えば、購入した機械に、外から見ただけではわからない欠陥（瑕疵《かし》）があってうまく運転できないとか、すぐ故障してしまう、という場合です（一般には「隠れた瑕疵」といいます）。

この場合は、その欠陥によって購入の目的が達成できないので、当然商品を返して、支払った代金の返還を請求できることになります。

また、例えば農機具販売店の担当者が説明した商品の内容に重要な、事実に反した誤りがあった場合が考えられます。本件でいえば、例えば「どんなサイズの苗箱でも使用できます」という説明をしたような場合です。このような場合にも、当然のこととして、購入契約を解約できます。

クーリングオフもできない

しかし本件では、購入した機械の運転機能自体に欠陥があるわけではないようです。さらに、苗箱のサイズが合わない理由も、販売店側が誤解を与えるような説明をしたことによるものではないのであれば、結果としては、購入者側の確認不十分ということなのだと考えられます。

そうであれば、販売店が返品に合意してくれない場合、残念ながら解約は難しいのではないかと考えます。

商品（とりわけ中古品）の購入に際しては、その現物に問題がないか、可能であれば試運転もしてみて、購入目的を十分達成できる商品なのかどうか、よく確認することが必要だと思います。場合によっては、その機械に詳しい方に、一緒に確認してもらうのもよいのではないでしょうか。

なお、本件について、クーリングオフの制度の適用はないのか、という疑問があるかもしれません。クーリングオフは購入者を保護しようとする制度ですが、一般的には訪問販売や通信販売などのように、購入者自身の積極的な意思によるのではなく、販売者側の積極的な勧誘行為によって購入するような事例を考慮しています。

本件の場合、ご質問者自身が積極的な目的を持って、販売店で現物を確認したうえで購入しています。よって、クーリングオフの制度も適用できない事例だと考えます。

Q 農薬をまかれた。被害額を勝手に減らした警察官を訴えたい

長年、果樹を栽培しています。その果樹園に今年、近隣の農家が除草剤を散布して、樹が何本も枯れてしまいました。

当然、警察に届け出ました。ところが後日、私の申告した被害額が勝手に減額されていることがわかりました。被害額は70万円なのに、届いた書類には被害額が35万円と記載されていたのです。思い返せば、最初の取り調べの際に、ちょっとしたやりとりで担当の若い警察官が気分を害したようでした。

除草剤によって果樹が枯らされてしまったことももちろん残念ですが、公務員である警察官が勝手に被害額を減らしていた事実に憤りを覚えました。調べてみると、国家賠償法という法律に「国または公共団体の公権力の行使に当る公務員が、その職務を行うについて、故意または過失によって違法に他人に損害を加えた時は、国または公共団体が、これを賠償する責に任ずる」という一文がありました。

しかし、ここでいう「他人」とは団体などを指し、私のような個人は含まれないとも聞きました。この法律にのっとって、この警察官の行為を訴えることはできないのでしょうか。教えてください。

A 国家賠償法に基づき損害賠償請求できる

警察官の行為が違法ならば、個人も損害賠償請求できる

警察官の行為が許されない、というお怒りの気持ちはよくわかります。もちろん、国家賠償法一条に基づく損害賠償請求は可能だと考えます。第一条の「他人」は団体などを指し、個人は含まれないという解説を聞いたというお話ですが、それは誤りです。ご質問の通り、質問者のような個人も当然に損害賠償を請求することはできます。

そこで、現実に訴えることが妥当なのかどうなのかという判断になると思います。まず、この警察官の行為が「違法」であったかどうかは、事情をもう少しよく検討する必要があると思います。

なぜ被害額が35万円だと記載したのか、その合理的根拠があったのかどうか、ということが違法判断の基本になると思います。もしなんの合理的根拠もないのに、この警察官が文字通り勝手な判断で35万円と記載したのであれば、違法だと思います。

問題は、「本当の被害額」が支払われるかどうか

しかし、本件で一番の問題点は、質問者（他人）に「損害を加えた時」に該当するのか、ということなのです。つまり、「被害額35万円」と勝手に記載されたことによって、本来は損害賠償金として70万円支払ってもらえるのに、35万円しか支払ってもらえなくなってしまった、などということが現実に起こったのでしょうか。

私は、この警察官が作成した書類に35万円と記載されていたとしても、現実に被害額が70万円だったのであれば、質問者が「本当の被害額」を主張し明らかにすることによって、70万円を支払ってもらうことは当然に可能なはずだ、と考えています。

つまりこの書類の誤った記載によって、当然支払ってもらえる本当の損害額が支払ってもらえなくなった、などということは、本来は起きないのではないかと思えます。

もし、私の以上の判断の前提事実の認識が誤っていて、本当に支払ってもらえなくなったのだということであれば、損害を受けた35万円について、賠償を請求できるのだと考えます。

Q 建物が高くなり、日陰で作物の育ちが悪くなった

A 損害額の算定が難しく、賠償請求できるのはここ数年分

私の耕作田の真南側にある、建築家所有の2棟（物置、作業場）の建物は元々中2階建てでした。それが1987年頃に2棟とも高い3階建てに新築されました。その時、耕作田に日陰が多くなって困るので異議をいいましたが、「関係ない」といって相手にしてくれませんでした。

建築家がいうのでやむを得ないのかなと思っていましたが、他の人に聞くと「そんなことはない」といいます。法律はどうなっていますか。

また日陰が多くなり作物の育ちが悪くなった補償はないのでしょうか。

相手の建築を止めたり低くしたりは難しい

大変困った問題です。

第一に、相手の建築を中止させたり、3階建てをより低い建築にするよう法律上強制できるか、ということについては大変難しいのです。

当然のことですが、相手も自分の所有する土地を有効に利用する権利があり、その利用の方法として建物を建築することができるわけです。ですから、建築を中止させるためには、健康被害が生じるなどのそれなりの重大

な被害が発生するということが前提になります。

損害の算定が困難

しかしこれもまた当然のことですが、だからといって他人に被害を与えてよいと認められるわけではありませんから、この建物の建築によって質問者に被害が発生すれば、その被害に対しては当然、損害賠償をしなければなりません。

そこで次の問題は、日陰になることによって、どのような被害が生じているのか、ということになります。

例えば日陰で今までより収量が落ちたり、品質が悪くなったりしたというのであれば、その事実をはっきりさせ、その被害を金額で算定することが必要になります。法律の言葉でいえば、建築による日陰と損害の「因果関係」をはっきりさせるということです。

これが案外難しいのです。

建築前の従来の収量やその価格がほぼ一定していて、建築後の収量や品質が落ちたために、価格に明らかな差がでているということであれば、その差額が賠償額だといえると思います。

しかし建築前でも建築後でも、収量や価格にばらつきがあってなかなかその差が明確にはできない、ということであれば、損害の算定が困難ということになります。

ここ数年分の損害以外は消滅時効が成立

また本件については、1987年頃の建築ということなので、もう20年以上が経過していることになります。そうすると、ここ数年分（3年程度）の損害についてはは請求できるとしても、それ以前の分についてはもう消滅時効が成立していると考えられます。

いちおう以上の考え方になりますが、日陰になれば農作物の収量や品質が落ちるということは、いわば常識だと思うので、そのお気持ちをお話しになって、補償の協議をしてみるといいのではないかと考えます。

Q 隣地の雑木に覆われて果樹が育たない

A 地上部を切るのは最小限度にとどめること

後ろを山に囲まれた棚田（転作田）で、ウメやカキなどの果樹を栽培しています。しかしその果樹の後ろから、山の雑木がのし掛かるようになってきました。

雑木が生えているのは隣地ですが、棚田なので少し高い位置から覆いかぶさるように枝が伸びてきます。現在は枝が3〜6mほども伸び、その陰となった私の果樹は、収穫が悪くなってきてしまいました。

そこで、境界線周りの雑木を根元から切ってしまいたいと考えています。ところが、隣地の持ち主は地域を離れており、連絡先もわからず困っています。このような場合、持ち主の了解を得ずに、勝手に切ってしまってもいいのでしょうか。

根は切れるが、地上部は勝手に切れない

隣地とのトラブルは地上でも地下でも起きます。地上では隣地の樹木の枝が境界を越えて、所有地に侵入して被害を及ぼす例があります。地下では隣地の樹木、とりわけ竹の根が境界を越えて侵入して被害を与える例が代表的です。

民法では、まず地下部について次の通り規定しています。

「第233条4項　隣地の竹木の根が境界線を越える時は、その根を切り取ることができる」

他方、地上の枝については次の通りです。

「第233条1項　隣地の竹木の枝が境界線を越える時は、その竹木の所有者に、その枝を切除させることができる」

この違いについては、次のように説明されています。地下の根は侵入された土地の所有者が勝手に切っても、根の一部に過ぎないので、樹木の価値自体には大きな影

響は与えないだろうと予測される。それに対し、地上の枝はその一部分といえども、切ることによって樹木全体の形状を損なうことになり、場合によっては樹木の価値自体に重大な影響を及ぼすこともあり得ることを配慮している、ということです。

被害防止のためやむを得ない、として許されるのではないか

そこで普通に考えると、侵入している枝を勝手に切ることもできないのですから、ましてや樹木そのものを根元から切ってしまうことは許されない、という判断になります。

しかし、今回の状況は以上に述べた一般論とは違います。第一に、侵入している枝の程度が著しく大きく、質問者の被害が大きいこと、第二に侵入している樹木は雑木で価値があるとは考えにくいこと、第三に隣地の所有者は管理を完全に放棄して荒れ放題にしていて、連絡も取れない状況であること、これらの事情を総合して判断することが必要になります。

そうであれば、より大きな被害を防止するためには、質問者は侵入している隣地の樹木を切る他ない（その被害ははるかに小さい）、という判断もやむを得ないこととして許されるのではないかと考えます。

刑法の緊急避難に関する規定が参考になると思います。

「第37条　自己または他人の生命、身体、自由または財産に対する現在の危難を避けるため、やむを得ずにした行為は、これによって生じた害が避けようとした害の程度を超えなかった場合に限り、罰しない。ただし、その程度を超えた行為は、情状により、その刑を減軽し、または免除することができる」

そこで、必要やむを得ない最小限度の範囲にとどめることに、十分注意を払うことが大切だと思います。

なお、民法の改正によって、一定の要件の元で土地の所有者が枝を切り取ることを可能にした項目も加わりました（第233条3項）

「第1項の場合において、次に掲げる時は、土地の所有者は、その枝を切り取ることができる。

一　竹木の所有者に枝を切除するよう催告したにもかかわらず、竹木の所有者が相当の期間内に切除しない時。

二　竹木の所有者を知ることができず、またはその所在を知ることができない時

三　急迫の事情がある時」

Q 隣に店舗が建って畑がぬかるようになった

A 排水工事の業者に因果関係を証明してもらう

約10年前、私の畑に隣接した土地に大型店舗が建設され、それ以来、畑の排水性が悪くなってしまいました。店舗が建つ以前は畑の排水性がよく、肥料を積んだトラックを走らせても大丈夫だったのが、今ではぬかるんで軽トラックですらハマってしまうようになりました。

排水性が悪くなったのは、自分の畑のなかでも、大型店舗が建った場所に接している、幅10mほどの場所だけです。去年はここにダイコンのタネを播きましたが、この部分だけは生育不良で全滅してしまいました。

今後もこの状況が続くようならば畑として使えなくなってしまうと考え、数年前、畑の一部に暗渠を入れたところ、その部分だけは多少排水性が改善されました。

大型店舗に被害について相談すると、「店舗敷地内に暗渠とU字溝を施工したので、これ以上の工事はできない」と対策を断られました。店舗が建っている土地の畑の地主に相談しても、「自分は土地を貸しているだけ」と取り合ってもらえません。

店舗建設以降の作物の損失は大きく、大型店にその責任を取ってもらうことは可能でしょうか。また、地主にもその責任を問うことはできるのでしょうか。

因果関係を証明する必要がある

大型店舗が建設されるまではよかった自分の畑の排水が、建設以後はぬかるんで軽トラックですらハマってしまうようになり、耕作にも被害が生じて困っている、ということです。このような事例で、真っ先に問題になるのは、現在の状況を生じることになったのは、なにが原因なのか、ということです。いわゆる「因果関係」の問題といわれています。

質問者のお考えの通り、大型店舗の建設工事自体や、建設工事後の店舗が存在していることなどが原因で、質問者の畑の排水不良が生じている（因果関係が明らかにある）のであれば、ご質問の請求について「その通りできます」という答えになります。

しかし、相手方がその因果関係の存在を認めない立場をとった場合、質問者は大型店舗が建ったことと、畑の排水性が悪くなったことに因果関係が存在することを明らかにすることが必要となります。

暗渠を施工した業者に調査してもらう

この因果関係が存在することの証明をどうやって行なえばいいのか、これがなかなか難しそうです。一番よいのは地質の専門家に質問者の畑を調査してもらって、排水が悪くなった原因を証明してもらうことです。それができれば質問者のいい分通り認められるのですが、そのような専門家も知らないし、費用もそんなに掛けられない、ということになれば困ってしまいます。

例えば、暗渠排水の工事をしてもらった業者に、排水が悪くなっている理由や、暗渠によって改善されている理由などについて尋ねてみることなど、自分でも可能な調査をしてみることも必要ではないかと思います。因果関係の証明は地質学の専門家のほうがよいのですが、業者であってもその説明が合理的で説得力があれば認めてもらえると思います。

業者には併せて、今後さらに改善するために必要な排水工事としてどの程度のことが必要と考えるか、その工事を行なえば効果が上がると考えられる理由と、その費用はどのくらいなのかという見積もりを検討してもらう必要もあると思います。

賠償請求は大型店舗の経営者に

大型店舗の建設との因果関係が明らかになれば、作物の減作分について、当然賠償を請求できます。排水対策工事についても、見積もりの出た費用を請求するか、あるいはまず自分で必要な工事を行なっておいて、そこで要した費用を請求することができます。

消滅時効の期間が3年という問題がありますが、原因を明らかにするために時間がかかったと認められれば、過去3年分だけでなく、それ以前にも遡って認められる可能性があります。

そして、その請求は大型店舗の経営者に対して行なうことになります。地主に対しては、その被害発生について、地主に責任を負う特別の事情がない限り一般的には請求は難しいと思います。

Q 隣のアパートからの漏水で田んぼが乾かない

A 漏水防止の工事と損害賠償の請求ができる

市街化区域で米をつくっております。隣接する土地にアパートが建てられました。田んぼ側には高さ2mのコンクリート製のL《エル》字擁壁が並べられました。

ところが、このL字擁壁の継ぎ手部分から、生活排水と思われる液体が染み出すようになりました。田がいつまでも乾かないので、コンバインが入れづらい上、収穫後の荒起こしもできていません。本年も作付けしました。

裁判となると費用と時間が心配です。役所に聞けば民事のことは双方で解決せよとのこと。なにかよい方法を教えてください。

まずは漏水を止める工事を求める

写真を見ると、一見して漏水していることが明らかです。アパート所有者は質問者の田に漏水することは許されません。そのことによって、質問者に被害が及んでいる場合には、当然、損害賠償をしなければならないのです。

そこで対策としては、第一に、アパート所有者に対し漏水を止める工事を求めることになります。もちろん、この工事をきちんと行なうためには、漏水の原因をはっきり確認することが前提となりますが、その原因を確認する作業は当然アパート所有者が行なうべき義務です。質問者としては、必要な工事を行なうよう求めるだけでよいのです。

アパート所有者が、なんらかの対策工事を行なったが、それでも漏水が止まらなかった場合は、漏水が止まるまで必要な工事を求め続けることになります。

損害賠償の請求もできる

第二に、漏水が止まるまでに質問者が受けた損害について、賠償を請求することになります。

問題は、この損害内容を金額としてどう算定するか、ということだと思います。まず、この漏水部分があることによって、作物の減収が生じたということであれば、この減収部分は当然に請求できます。さらに、水があることによって、農作業が著しく困難になった、ということを金額としてどう評価するか、ということですが、余計な作業が発生した分は当然請求できます。例えば、機械が使用できなかったために、手作業が必要になったとすれば、その手作業に要した時間分の労賃を請求する、ということも考えられると思います。

応じない場合は裁判も

次に、以上の第一と第二の請求をアパート所有者に行なったが、アパート所有者がきちんと応じてくれない場合どうしたらよいか、ということが問題となります。裁判をするのは費用と時間がかかり大変だというお気持ちはわかりますが、相手がどうしても応じてくれないということであれば（とくに漏水について必要な対策工事をしてくれない場合は）、やむを得ないので、裁判も考えることが必要だと思います。

もちろん、その場合でも弁護士に相談し、裁判の前にその弁護士にアパート所有者と交渉してもらうことができます。弁護士が交渉すれば、必要な工事の内容を具体的に検討することも可能だと思いますし、賠償額についても算定できるので、交渉による解決も可能になるかもしれません。

Q 田んぼのそばに街灯が立ち、光害に困っている

A 市や地区会に対策を要望したい

20年前からイネをつくってもらっていた人が亡くなり、貸していた田んぼが返ってきました。久しぶりにその田んぼに行ってみると、そばに電柱が立ち、電灯が設置されていました。聞けば5年前に、地域の申請により市が設置したとのこと。

高さ10mの位置にLED電球が6つ。夕方になると、斜め45度の角度で、田んぼに強い光が当たります。光が当たった部分はイネの出穂が遅れ、ホウレンソウなどではトウが立ちやすくなります。明らかな光害です。おかげで新たな借り手が見つかりません。

私は不在地主だったためか、街灯を要望する地区会に呼ばれなかったばかりか、設置に際して市から相談もありませんでした。市と地区会に対して、街灯の撤去を求めましたが認められず。それならせめてLEDの照度を下げて2カ所に分散してほしいと頼みましたが、それも電気代が上がるという理由で却下されてしまいました。

地権者の意見も聞かずに多数決で決める市や地区会のやり方に、法律上の問題はないのでしょうか。

耕作者の対応を確認したい

お困りの事情はよくわかりますが、よい解決を考えることがなかなか難しいように思います。

まず問題の電柱、電灯が設置されてから5年が経過していることをどう考えるか、ということです。当然、この5年間耕作をしていた方（賃借人）は、質問者が主張するような電灯の光による農作物の被害を受けていたと考えられます。耕作者はその被害について、質問者なり、設置者たる市や地区会に対して、対策を取るように要求していなかったのでしょうか。

この点を私が真っ先に指摘するのは、質問者が主張される地権者の権利や意見と同時に、本来は耕作者自身の権利や意見も、尊重されると考えるからです。

そこで、耕作者自身がどのような対応をしていたのかということを、事実としてまず確認すべきだと考えます。

例えば耕作者がこの電柱、電灯の設置の相談を事前に受けて、同意していたということもあり得ます。

もちろん、地権者たる質問者に相談もせずに勝手に同意することは問題だと思いますが、少なくとも耕作者としての立場で同意したという場合は、正当な行為として認められるのではないかと思います。公共事業などではー般的に、耕作者と地権者の対応が異なった回答になることは、当然のこととして起こっています。

耕作者が明確な同意をしていなかった場合でも、設置から5年間、積極的な問題提起をせず、黙認していたと判断できる場合は、市や地区会の立場を肯定する根拠となり得ると思います。

被害の証明が必要になる

さらに質問者の主張の基本的な根拠として、現実に重大な被害が発生しているという事実を証明することが必要になります。つまり耕作者がこの5年間にどのような被害を現実に受けていたのか、明らかにできるかどうかが問題となります。

例えば、減収の被害額を明らかにできて、しかもその額が電灯を2カ所に分散した場合の電気代の増額などよりもはるかに多額だということであれば、質問者の主張は当然に認められると考えます。

しかし逆に、現実の被害額を明らかにすることが難しければ、質問者の要求はなかなか通りにくいのではないか、と思えます。

借り手候補から要望書

質問者の主張を裏付けるもう一つの柱は、「光害があるために新しい借り手が見つからない」という主張です。例えば、何人かの借り手希望の方から、「光害によって、耕作を予定する作物の減収が想定されるので、賃借することができない。対策をこのように取ってもらえれば賃借することができる」というような趣旨の要望書を書いてもらって、質問者の主張の正当性を示すことなども考えられます。また、例えば質問者の農地に入る光を防ぐようにフードの設置を検討してみるなど、合意可能な対策の検討も必要なのではないでしょうか。

いずれにしても市や地区会に対して、双方合意点を見つけることができるような話し合いを進めることが必要だと思います。

Q 隣の資材置き場から草木が侵入してくる

A 侵入した枝は相手に切らせること

私が耕作する田んぼの南側には、水路を挟んで資材置き場があります。田んぼと資材置き場の高低差は160cmほどあるため、擁壁で仕切られ、周りはフェンスで囲われています。心配事が三つあります。

一つ目は、フェンスの隙間から細かい木片やプラスチック片が落ちてきたり、風で飛ばされてきたりすること。

二つ目は、フェンスが老朽化し支柱も腐食しているため、私の田んぼへ倒れてくるのではないかということ。

三つ目は、フェンス際から伸びるつる草にトゲあり、水路際を通る時に腕や顔、首筋を切ったり、擦り剝いたりすることです。とくに危険なものはこちらで切っていますが、軍手とゴム手袋を二重にしても手をケガすることがあります。一時的に対処してもすぐ大きくなります。

資材置き場の作業員に改善するように伝えても、一向に改善されません。地権者である事業主にも申し入れましたが、やはりなにもしてもらえません。

根っこは切れるが地上部は切れない

まず原則として、自分の所有地にある物（フェンスはもちろんですが、草木や所有地に置いてある木片やプラスチック片等も）が、隣地に入ることは認められません。

民法は所有地が隣り合っている双方の所有者がそれぞれ

の所有地を有効に使用できるようにするため、お互いに譲り合っていくことを「相隣関係」という表題で定めています。土地の所有者やその土地を借りて使用している人（賃借人）は、物が隣地に侵入しないように維持管理する義務を負っています。

写真を見ると、確かにフェンスが老朽化し支柱が腐食しているため、質問者の田に倒れてくる危険があると思います。またウルシの木がフェンスに食い込んで大きくなっている部分は、この木もろとも倒れてくる恐れがあると思います。またトゲがあるつる草がフェンスを越えて伸びているため、通行に危険があることもわかります。

草木が境界を越えて侵入してきた場合について、民法第233条は、「土地の所有者は、隣地の竹木の枝が境界線を越える時は、その竹木の所有者に、その枝を切除させることができる。4隣地の竹木の根が境界線を越える時は、その根を切り取ることができる」と定めています。つまり竹木の枝は自分で切り取ることはできず、その所有者に切るように要求しなければならない、ということです（例外もあり。138ページ参照）。

境界が接している場合は新たな困障を作る手も

また、境界のフェンスも隙間があるため、木片やプラスチック片が所有地に飛んでくることを防ぐよう、フェンスを隙間のない塀にする、高さを調節するなどの方法を考える場合、民法第225条に次の定めがあります。

「2棟の建物がその所有者を異にし、かつ、その間に空地がある時は、各所有者は、他の所有者と共同の費用で、その境界に囲障を設けることができる。当事者間に協議が調わない時は、前項の囲障は、板塀または竹垣その他これらに類する材料のものであって、かつ、高さ2mのものでなければならない」

この条文は、双方の境界が接している場合の規定ですが、本件は境界が接しているわけではなく間に水路があるので、直接この条文が適用されるわけではありませんが、解決についての考え方の参考にはなると思います。

いずれにしても、質問者が自分で必要な対策を取ることはできないので、資材置き場の所有者及び資材置き場として使用している地権者双方に、必要な対策を取るよう請求することが必要です。現場の作業員にいっても改善されないということなので、直接所有者や地権者に話をすることが必要だと思います。

Q スギ林から枝が飛んできて困る

A 枝打ちや金網の設置など、防止策を要望できる

私の水田の、市道を挟んで西側に、私有のスギ林があります。樹齢30年くらいで高さは約20mあります。このスギ林から毎年、私の水田一面に枝が飛んでくるので困っています。

大きなものでは長さ50cmほどの太い枝が飛んでくるので、田植え時は耕耘の支障となり、刈り取りの際も収穫物に紛れ込むので除去するのに一苦労します。また、日光も遮るのでイネの生育にも悪影響があると思います。

林の持ち主に、できれば伐採してほしい、せめて枝打ちをするなど、枝が飛ばないよう管理してほしいと申し出たものの、無視され続けています。

日陰になることによる作物被害の算定は難しいという回答がありましたが（136ページ）、飛散物を含めた場合はどうでしょうか。

飛散物による損害額は請求できる

隣地とのいざこざは嫌な思いが残り、できるだけ避けたいことです。

まず、土地の所有者は自分の所有する土地にある工作物や竹林の設置保存の瑕疵《かし》が原因で、隣地に被害を与えることがないようにする義務（隣地に被害が発生しないようにする防止義務）があります（民法第717条）。

もちろん、スギの枝が隣地に飛び込んでしまうのが許されないのは、当然のことだと思います。万一、スギ林から質問者の水田に枝が飛んできて、不幸にして被害が発生した場合は、当然、原則としてスギ林の所有者に損害賠償が請求できます。

例えば、落ちていた太い枝に耕耘機がぶつかって故障した場合、修理費の他、その修理期間中に借りる代わりの機械のレンタル料も賠償請求できます。このような被

害であれば、損害額の算定は容易だと思います。

しかし、例えば作業中に作業をいちいち中断して枝を除去する手間賃とか、収穫物に紛れ込んだ枝を手作業で除去する場合の手間賃などは、損害額の計算がかなり困難です。そして、苦労して算出したわりには、その額があまりに少な過ぎるなどということも考えられます。

対策を取ってくれない場合は調停も

そこで、やはり根本的に解決するため、被害を効果的に防止することが重要です。どのような対策が考えられるでしょうか。枝打ちはもちろんのこととして、さらに例えば、質問者の田の境界に金網を張るなど、いろいろ考えられるのではないでしょうか。

それらをスギ林の所有者に実行してもらうため、障害となりうる理由がないか。例えば金銭的な費用の問題などについて、スギ林の所有者と率直によく話し合うことが必要なのだと思います。

そのうえで、スギ林の所有者がまともに質問者との話し合いに応じてくれないということでしたら、やむを得ないので、近くの簡易裁判所に調停を申し立てることも考えてみたらどうでしょうか。

調停では、円満な話し合いができるように、裁判官や調停員が双方の間に入って、話し合いを進めてくれると思います。

Q

A

新住民の苦情で、酪農が続けられない

お互いが納得する解決を導けるように法は作られていない

私が農業をする地域は、10年前に新路線ができてから、ベッドタウン化が進みました。いつも堆肥をもらう酪農家がいるのですが、新住民から「洗濯物ににおいがうつる」「ハエをなんとかしろ」などの苦情があるといいます。直接怒鳴りこんできたり、嫌がらせをする人もいるようです。

彼は酪農を続けたいと考えているのですが、このままでは山のほうに移転せざるを得ないと悩んでいます。ただその場合、移転費用はやはり本人が捻出しなければならないのでしょうか。畜産は飼料高騰などで経営が大変苦しいと聞いているので、とても心配です。

双方の権利が衝突する時の考え方

まさに、日本の農業が直面している重要な問題の一つだと思います。

住民の立場からは、悪臭とか、虫の発生とかの問題点を指摘して、環境被害、一種の公害だと主張されます。農業の立場からは、営農上当然に必要な通常の作業を行なっているに過ぎないにもかかわらず、です。

私は、私がしている仕事上、この両方の立場からの相談を聞いています。それぞれの方が、この問題を双方がともに成り立つように解決したいと希望しています。自分たちだけがよくなればいいと願っているわけでは決してありません。すると、この問題を法律的に考えた場合、具体的には一体どうしたらいいのだろうという疑問が生じます。

私は、民法の相隣関係の規定（民法第２０９条ないし

第238条）に、その考え方、解決の仕方の本質が説明されていると考えています。

この相隣関係というのは、隣接した土地の所有者同士が、互いに自分の土地を有効に活用しようとした場合、隣の土地の所有権の一部を侵害することになってしまう。そういう時の双方土地所有者の権利の衝突する場面を調整し、解決する規定です。例えば、高い土地の所有者が生活排水を流す場合、低地の所有者はその排水を拒否できないのです。もちろんそのために、低地の所有者が受ける被害ができる限り小さくなるような方法を考え、その被害に対しては一定の補償を支払うことが必要です。

移転もやむを得ない場合は行政に相談を

本件の質問も双方の権利が衝突している場面だと思います。その権利の衝突をできる限り柔らかに、おだやかに、お互いが納得できる解決が可能となるよう、法は本来作られるべきだと思います。しかし、現実にはそうはなっていませんし、法の運用により、なんとかうまくいくようカバーしていこうという行政担当者の努力も不十分なように思っています。

もちろん悪臭とか、ほこりとかで、周りの住民の生活に本当に支障が生じているのであれば、それは法律上許されないことになります。その防止対策が必要ですし、場合によっては移転も考えなければならないのかも知れません。しかし同時に、これまで営々と努力してきた営農が継続できるように、その対策を考えるのも行政の仕事だと思います。

ぜひ自治体の環境問題の担当者、農業の担当者と相談して、このような場合に利用できる制度、資金援助を利用できる制度など、営農の具体的な援助について、話をしてください。もし行政の対応や制度が不十分な場合は、同じ悩みを持っている仲間と、問題解決のために必要な対策を要求する声を上げていくことも必要ではないか、と考えます。

Q 農地の南側にマンションが建ちそうだ

A 建設自体の差し止めは難しい

友人に貸している農地の南側に、4階建てのマンションが建てられようとしています。友人はそこにハウスを建てており、マンションが建てばハウスに日が当たらなくなってしまい、栽培の継続が困難になってしまいます。

建設予定地は現在駐車場ですが、以前は水田でした。水田から駐車場に地目変更される際には私にも相談があり、了承したのですが、今回は事前になんの相談もなく、知った時にはすでに建設計画が進んでいました。

役場に相談したところ、市街化調整区域なので建物を建てるには都市計画法で認められることが必要だが、「許可基準を満たしているため開発審査会の了承を得ている」「隣接地関係者と協議調整を十分行なうべきと建築者に申し伝えた」との回答でした。

マンションが建てられようとしている土地には、他にも建物を建設できるスペースがあり、なんとか計画を変更してもらいたいと申し出ましたが、すでに計画が進んでいることと、そのスペースに敷設された農業用水路の付け替えに費用が掛かると、相手は難色を示しています。

建築者との十分な協議が大切

大変困った問題で、じつは各地で同様の事例が生じています。

行政の対応についてですが、まずこの建築予定地が市街化調整区域内にあることから、都市計画法に基づく開発行為の許可を受けること、さらに開発審査会の審査を受けること、の2点が必要であることが説明されています。そして結果として、この「許可基準を満たしているため許可を了承する」という結論になった、ということです。

ただ、それに併せて「隣接地関係者と協議調整を十分行なうべきである」という意見を建築者にも送っているという回答です。

この行政の説明通り、建設自体を法律的に差し止めるということは残念ながら難しいと思います。しかし、土地に余裕があるのに、境界に接近して農地が日陰になるような位置に建設することはやめてもらいたい、という質問者の立場も当然のことだと思います。

そこで建築者との十分な協議が大切だと考えますが、どういう点が問題となるのか検討してみたいと思います。

建設地変更には全面的に協力する

まず、建築者との協議の場には地主としての質問者だけではなく、実際に農地を利用している友人も同席して意見を述べることが大切だと思います。どのような被害が起きるのか、できる限り具体的に損失の数字をあげて説明し、理解を求めることが重要だと思います。

また、最初の駐車場建設に同意したのはあくまで駐車場としての土地利用であって建物を建てないことが前提となっていたのであれば、そのことを強く主張することになるのだと思います。

さらに農業用水路の付け替えについては、当然のこととして質問者も借地している友人も、その手続きや水利権者（水路の水の利用者）の同意取りつけなど、必要な協力を全面的に行ない、建築者には無駄な手間を取らせないことをしっかりと表明する必要があると思います。

問題はそのことに要する費用ですが、農地を借りている友人が受ける損害が重大であれば、例えばその賠償を請求した場合の建築者の負担額との比較なども、一つの判断のポイントになるのではないかと思います。水路付け替えの費用のほうがはるかに安いということを具体的に数字で示すことが可能であれば、建築者の説得もしやすいのではないかと思います。

やむを得ない場合は農事調停を

もし建築者が提案を拒否して、まったく話し合いにならないようでしたらやむを得ません。地元の裁判所に建築者を相手として、農事調停の申し立てをすることも考えられます。

この場合も、質問者だけではなく農地を利用している友人と一緒に申し立てをするのがよいと思います。裁判所の調停では、調停員が双方の話をよく聞いて、円満な話し合いが進められて妥当な結論が得られるように努力していただけると思います。

もし可能であれば、弁護士に依頼して出席してもらうことも必要ではないかと考えます。

Q 看板を立てたら、住宅会社に賠償請求された

A 会社の請求に応じる必要はない

畑の南側に緩衝地もなく4ha以上の宅地造成が、民間住宅会社により行なわれ売り出されています。境界立会はしていませんが、同意のないままに突然、造成工事が始まったのです。

このまま住宅が建てば、農薬散布や日照など農業に差し障りがあるため、会社に「購入希望者にお願いをいわせてほしい」と要望しましたが断られました。そこで「農地隣接地を取得される方へ　農地隣接地のため建築前に協議をお願いします」という看板を立てたい旨を会社の担当者に口頭で伝え、了解を得て看板を2枚立てました。

今年に入りTさんという方が、購入を検討しているので会いたいとのことで、業者と三者で現地で会い「境界立会が済んでいないこと」や「できれば平屋にできないか」等要望はいいました。「こんな形で案を作ってみます。また相談に来ます」といってくれて別れました。

ところがその後、看板に関して、代理人として弁護士から次のような通知書が届きました。

（1）購入希望者に対して、建築に関する条件や要求を出すなど会社の営業を妨害するような行為はしないこと

（2）看板2枚を速やかに撤去すること

（3）いったん契約を締結したA氏は契約を解除。新たに宅地造成内の代替地を購入する事態となった。販売価格の差額分（115万6000円）を賠償すること

（4）A氏の建物設計図面と建築確認申請書の作成費用119万円を賠償すること

農業を続けるためには、事前のお願いも相談も許されないのでしょうか。境界立会の合意もできていないのに、なにもいえないものなのでしょうか。

協議を求める行為自体は問題にならない

まず質問者の行為が、住宅会社の営業妨害になるかを考えてみます。なによりも、購入希望者（家の建築を希望している方）に、家の建築に関する条件や要求をお願いすること（質問者の希望を伝えること）自体が、営業妨害になることはないと思います。マンション建築などをめぐって、近隣の居住者と建築予定者との間でいろいろな交渉が行なわれることは、むしろ普通の行為になっていると思います。

しかしマンションなどの大きな建物とは違って、普通の建物の建築だとすれば、それに対する質問者の要望条件の具体的内容が、問題になることはあり得ます。建築者がどのような建築をしようと予定しているのか、結果、営農にどんな影響が生じるのか、それを回避する方法はあるのか、などの点について、説明や話し合いを求めること自体は当然要求できると思います。

したがって協議を求める看板を立てた行為、買い受け希望者と現地で立ち会い、要望を伝えたことは、問題行為ではないと思います。まして、質問者の説明の通り、看板の文言まで会社に伝え、了解してもらっているというのであれば、ますます問題にならないと思います。

ただその話し合いの結果、合意ができなかった場合、建築者に質問者の要望を聞き入れるように強制できるかというと、それは難しいと思います。あくまで予定通り建築するといわれる場合、それを止めてもらうためには、裁判所に正式の手続き（例えば工事差し止めの仮処分など）を取ることが必要になります。

質問者の対応に問題はない

次に、購入希望者が契約を解除したために、その損害である販売価格の差額と建物の設計作成費用等を賠償せよという会社の請求はおかしいと思います。建築者との話し合いの際に脅迫するような態度で対応をしたのであれば、そのこと自体が損害賠償の対象になることはあり得ますが、本件では会社の人間も立ち会って平穏に話し合っているわけです。そこで購入希望者が質問者と話し合うことを嫌って契約をやめたとしても、それは住宅会社が解決すべき問題だと考えます。

したがって私は会社の請求してきた4点全部について応じる必要はないと考えますが、会社は弁護士を通じて請求してきていることを考えると、質問者も地元の弁護士にご相談してみたほうがよいのではないでしょうか。

Q 農薬の飛散（ドリフト）が怖い

A 出荷停止となれば被害額を請求できる

去年、同じ直売所に出荷している仲間のチンゲンサイから、登録外の農薬が検出されて、その作はすべて出荷停止となってしまいました。ただし、その農薬は仲間が使用したものではなく、隣の畑の持ち主が、エダマメ用に散布したものだったようです。

私もこれからコマツナを作付けて、直売所に出荷する予定でいます。しかし、隣の畑では毎年、別の農家がエダマメを栽培しており、仲間のような被害が起きないか心配です。仮に登録外の農薬が検出された場合、出荷停止となった野菜の買い取りや被害額の補償を、エダマメ農家に請求するのは可能でしょうか。

また、農薬散布時の飛散（ドリフト）を予防するためには、隣の畑との間に数mの緩衝地帯を設けるとか、そこに遮蔽物としてソルゴーを植えるなどの対策があると思います。エダマメ農家に対して、事前にこれらの対策をとるよう要求することはできるでしょうか。教えてください。

被害額を賠償請求できる

隣地の土地使用や生産活動に伴って被害を与えられた場合の解決方法については、これまでもたくさんのご相談を受けました。

このような問題の代表的な例として、いわゆる公害問題があります。工場の生産活動に伴い、周辺に排出された廃水や煙によって健康を害されたり、品物について重大な損害を受けたりする例です。空港の騒音のように、やかましい音を周囲に響かせることもその一例です。

これら周辺に被害を与える行為については、原因を発生させている企業に責任があり、損害賠償を行なう義務があることが、多くの裁判例によって認められています。この法律の考え方については、今回のご質問もこれらの公害問題とまったく同じことなのです。農薬を自分の畑で使用する場合、周囲にその農薬を飛散させて、他の人や生活に被害を与えてはならないのです。

したがって、第一に、受けた被害については、損害額をはっきりさせたうえで、その損害賠償を請求することができます。

ご質問のようなケースでは、農作物から登録外の農薬が検出された事実と、自分の畑ではその農薬を使用していない事実、隣の畑でその農薬が使用されている事実を証明することが必要だと思います。

さらに、検出された農薬を使用している方が他にいる場合は、その両方の方が一緒に責任を負うと考えます。四日市公害では、有害な煙を排出した工場が複数あったのですが、そのいずれの企業にも共同の責任が認められています。法律の言葉として、共同不法行為と呼びます。

対策を講じるよう請求できる

より本質的には、今後同じような被害を発生させないために、農薬が周囲に飛散しないような対策を取ってもらうことが必要です。

エダマメに登録があってもコマツナには登録のない農薬の使用自体をやめてもらうのがよいとしても、その農薬を使用しなければどうしてもエダマメが生産できないということであれば、当然、使用し続けるため、被害を防止する対策を取る義務があります。質問者は、その対策を行なうよう請求することが可能です。

その場合どのような対策を行なうのがよいのか、同様の事例は全国でたくさんあると思うので、原因となっているエダマメ農家の方と一緒に解決事例をよく検討して、取るべき必要な対策を合意のうえで実行していただくのがよいと思います。

Q ネオニコチノイド系農薬の散布で飼っているミツバチを殺された

A ハチの購入費用も作物の減収分も当然、請求できる

水田に囲まれた畑でブルーベリーを栽培しています。ブルーベリーの栽培には交配用のミツバチが不可欠で、自分で10群飼っていました。

去年の夏、ブルーベリーを収穫していたパートさんから急に電話がかかってきました。ミツバチたちの様子がおかしいから急いで来てくれというのです。行ってみると、ミツバチが異様に飛び回っていて、2時間後にまた見ると、巣箱の周りにその死骸がいくつも転がっていました。

隣の田んぼでカメムシ防除の殺虫剤を散布していたのです。散布した農家に確認すると、ハチに強い影響があるというネオニコチノイド系の殺虫剤（スタークル）でした。

結果、わが家のミツバチ10群は全滅。巣箱は空になってしまいました。何百万円も失ったわけではありませんが、飼っていた生きものが死んでいくのを見るのは、本当に残念でした。

ところが、地域の防除組合に文句をいいに行ったところ、事務局の農家は謝るどころか、「その巣箱は元々空だったんじゃないのか?」といいました。説明しても納得してくれません。

仕方なく民事調停に掛けましたが、話は平行線で、馬鹿らしくなってやめてしまいました。でもミツバチたちを殺され、嘘つき呼ばわりされ、どうしても許せません。

パートさんたちは、裁判をするならいつでも証言台に立つと、いってくれています。勝つ見込みはあるでしょうか。他にどんな解決方法があるでしょうか。教えてください。

損害を賠償する義務がある

残念な思いはよくわかります。

まず、隣の田で散布した農薬（スタークル）がハチにとって有害であることが大前提となりますが、その点は問題ないようです。メーカー自身も「影響がある」と認めています。

このような有害な農薬を散布する場合は、周辺の人や生物などに被害を与えないように注意して散布する義務があります。この義務に違反して被害を与えた場合は、損害を賠償する義務があると考えます。

次に、ハチが死んだ時期と農薬散布の時間的な前後関係が問題になります。ハチの死亡事例は、散布前にはほとんどなく、散布後すぐの時間内に全滅したということであれば、因果関係も当然認められると思います。

ハチが全滅するような、他の原因がなかったかということも問題になりますが、散布前にハチの死亡がほとんどなかったということであれば、散布後急に他の原因が発生したということは通常はあり得ないと考えます。

「空だった」は組合に立証義務

防除組合が他の原因を主張するのであれば、その証明は、防除組合がすべきだと考えます。「その巣箱は元々空だったんじゃないのか」などということは、ただ主張するだけではダメで、空だったことを自分でちゃんと立証する必要がある、ということです。

もちろん質問者は、自分のブルーベリーの栽培にハチが必要不可欠であること、散布前にはハチが必要な役割を果たしていたことを立証することになります。この立証には、ご質問の通り、現場で仕事をしていたパートの皆さんの証言で十分だと考えます。

次に、ハチが全滅した結果、どれだけの損害が生じたのか、その額を特定することが必要となります。ハチを新しく購入する費用は当然、請求が認められます。さらにハチが死亡したことによってブルーベリーの交配ができず、収益が減額したという事実があれば、当然その額も請求できます。

その他、ハチの死亡によって、いつもならしなくてよい余分な作業が必要となったなどの事情があれば、その労賃分の経費なども請求できると考えます。

民事調停で話が平行線だったということですが、私には防除組合の責任は明らかだと思えるので、残念です。損害賠償をきちんと請求することを、ぜひ弁護士に相談してみてください。

Q 返してもらった畑で野菜をつくったら残留農薬が検出された

自宅前の畑を若い農家に貸したところ、農薬をバンバンまかれて、夏場も安心して窓を開けられなくなってしまいました。風の少ない早朝にまいてくれればいいものを、早起きが苦手なのか、何度注意しても遅く来ます。5年ほど貸しましたが、態度を改めてくれないため、我慢できずに返してもらうことにしました。

ところが、返してもらった畑で葉物を栽培して出荷したところ、収穫物から基準値を20倍も上回る残留農薬が検出されました。わが家は農薬をいっさい使っていないのに、その作は全量出荷できなくなってしまいました。

原因は断定できませんが、畑を貸していた若い農家の使っていた農薬が検出されたとしか思えません。担当者にいわせると、通常の農薬使用では検出されないほどの濃度とのこと。畑を返す直前に、腹いせでバラまいた可能性もゼロではありません。

農地を仲介した農業委員や役場農政課に訴えたものの、彼らは若い大規模農家の味方で、私たちのいうことに耳を貸してくれません。泣き寝入りは嫌です。どうしたらいいでしょうか。教えてください。

A 基準以上の使用があれば、調査費用も請求可

適用外使用を明らかにしたい

残留農薬は生活、健康に直結する問題ですから、消費者からも厳しい注文が出ています。生産者として十分注意すべきだと考えます。その意味からも、ご質問のような問題が生じるのは大変残念です。

最初に整理しておきたいのは、質問者が具体的になにを請求するか、ということだと思います。

第一に考えられるのは、基準値を上回る残留農薬によって質問者の生産物が出荷できなくなったので、その補償を請求したいということ。

第二に、借地していた農家が使用基準値以上の農薬を使用したことに対する罰則が適用できないか、ということ。

第三に、今後このような無茶な農薬使用を止めさせることはできないだろうか、ということも考えられます。

このいずれにしても、まず借地していた農家が基準以上の農薬を使用していたということを明らかにすることが必要だと思います。

そのためには、農地自体にどんな農薬が、どの程度量残っているかを検査する必要があるのではないかと思います。

そのうえで、判明した農薬の種類と残留量を、人体に有害ではないと判断できる量まで除去する具体的な方法と、その費用を算定してもらうことが必要です。農薬メーカーの機関や研究所などで、調査してもらえる専門家と相談してみることだと思います。

調査費用は相手に請求できる

当然、その調査や除去に要する費用は、出荷できなかった損害額と合わせて、借地していた農家に請求できると考えます。残留農薬を除去することが困難な場合や、多額の費用を必要とするためすぐに除去できない場合、畑を使用できない期間の生産物出荷額（損害額）も請求できることになります。

さらに、使用された農薬の種類と量によっては、その基準値以上の使用について罰則がある場合は、その罰則の適用を求めて、刑事告訴、告発をすることも考えられます。この場合も、使用された農薬の製造販売を行なっている業者に相談してみるのもよいと思います。

このような、質問者の農地に現実に残留している農薬の問題点について、必要な資料がある程度用意できれば、農業委員会や、役場の農政課、さらには仲間の生産農家にも、質問者の問題提起を受け止めてもらえるのではないでしょうか。

消費者の安全のためにも、ぜひ、問題を明らかにできるよう頑張っていただきたいと思います。

Q 農薬の無人ヘリ散布で、家族が健康被害に苦しんでいる

田んぼも野菜も無農薬で栽培しています。自然循環型の農業で、安全でおいしくて、子どもたちが安心して食べてくれる米や野菜をつくろうと、勉強しながら取り組んできました。

ところが近所の田んぼでは、農薬を無人ヘリで空中散布するようになり、それが原因で家族に健康被害が出ています。もちろん、農薬の使用方法は正しく守っていると思います。それでも私の孫娘は、農薬散布後しばらくすると頭痛や発熱、下痢が続きます。

また、近くの小池にいっぱいいたメダカやエビは、空中散布後、姿を見なくなりました。

無人ヘリやドローンでは農薬を希釈倍率3倍とか8倍程度とか、非常に高濃度で散布します。やはり、成分が空気中に残り、カメムシやいもち病菌だけでなく、われわれ人間や動物にも効いてしまうのではないでしょうか。

田んぼの持ち主に、空中散布をやめてほしい、せめて昔のように薄い濃度で手散布してほしいとお願いしても、相手にしてくれません。本当に困っています。よろしくお願いします。

A 近所の仲間と一緒に因果関係を証明できれば

「因果関係の存在の証明」が必要

大変困った問題です。これまでも同様の問題を抱えた質問にお答えしてきましたが、検討しなければならない問題点ははっきりしています。

最初に確認しておくべきことは、「自らの行為で周囲の住民の生活や健康に被害を与えてはならない」ということです。あまりにも当然のことで、わざわざ強調する

郵便はがき

おそれいりますが切手をはってお出し下さい

3350022

（受取人）

埼玉県戸田市上戸田
2丁目2－2

農文協
読者カード係 行

◎このカードは当会の今後の刊行計画及び、新刊等の案内に役だたせていただきたいと思います。　はじめての方は○印を（　）

ご住所　（〒　－　） TEL： FAX：	
お名前　男・女　歳	
E-mail：	
ご職業　公務員・会社員・自営業・自由業・主婦・農漁業・教職員（大学・短大・高校・中学・小学・他）研究生・学生・団体職員・その他（　）	
お勤め先・学校名	日頃ご覧の新聞・雑誌名

※この葉書にお書きいただいた個人情報は、新刊案内や見本誌送付、ご注文品の配送、確認等の連絡のために使用し、その目的以外での利用はいたしません。

● ご感想をインターネット等で紹介させていただく場合がございます。ご了承下さい。

● 送料無料・農文協以外の書籍も注文できる会員制通販書店「田舎の本屋さん」入会募集中！
案内進呈します。　希望□

■毎月抽選で10名様に見本誌を1冊進呈■（ご希望の雑誌名ひとつに○を）

①現代農業　②季刊 地 域　③うかたま

お客様コード □□□□□□□□□□

お買上げの本

■ご購入いただいた書店（　　　　　　　　　　書店）

●本書についてご感想など

●今後の出版物についてのご希望など

この本をお求めの動機	広告を見て（紙・誌名）	書店で見て	書評を見て（紙・誌名）	インターネットを見て	知人・先生のすすめで	図書館で見て

◇新規注文書◇　　郵送ご希望の場合、送料をご負担いただきます。

購入希望の図書がありましたら、下記へご記入下さい。お支払いはCVS・郵便振替でお願いします。

（書名）	（定価）￥	（部数）　部
（書名）	（定価）￥	（部数）　部

ことではないように思えます。しかし、私が弁護士一年生から取り組んできた水俣病をはじめとする「公害被害」、諫早干拓工事、原発事故など、住民に大きな被害を与える社会的な問題となった事件だけではなく、本件のように隣人との間に生じる身近な被害まで、多数の「事件」が起きています。

そして、これらに共通して指摘できる問題点は、受けた被害を訴える側の住民が、自ら受けた被害が加害者の行為によって発生した、ということの証明（因果関係の存在の証明）を求められることによって、被害の救済とその発生防止策の実行が極めて困難になるということなのです。

本件でもまったく同じで、行為者が原因を自ら認めて中止を実行してくれなければ、質問者が指摘している「頭痛・発熱・下痢」や「近くの小池の生物の死亡、減少」などが、ヘリコプターの農薬散布によって生じている、ということを明らかに証明することが求められるのです。

仲間を募り残留農薬を調べる

そこで、質問者としてどんな行動が必要なのか、ということを考えてみます。私自身もこのような問題に、これまで50年間弁護士として向かい合ってきました。そのなかで辿り着いたいくつかの方法の例をご紹介します。

第一に、当然のことですが、質問者の近所の住民に、同じような健康被害や動物（ペットなど）の被害と、樹木などへの影響を受けている方がいないかどうか、少しでも多くの皆さんの話を聞いてみることが考えられます。もしいらっしゃれば、一緒に行動してもらえるよう相談してみることが重要だと思います。

第二に、散布された農薬が、質問者の生活場所にどの程度降り注いでいるのか、屋外の水や植物の葉などに残留した農薬の量を調べてもらうことが考えられます。ぜひ地元の保健所や市役所の環境問題の担当者に相談してみてください。もちろん地元の議員さんに相談し、役所に同行してもらえれば大変ありがたいと思います。

どうしても役所が真剣に取り組んでくれない場合は、このような分析をしてもらえる民間の研究所に、費用は必要となりますが、依頼してみることも可能です。その結果、残留農薬が有害な量だと証明できれば、あらためて保健所や市役所に対応を求めることも可能になると考えます。

個人が自らの家族の健康や生活を守るのに、いかに大変な努力を必要とするか。これまでも多くの公害、環境問題に取り組んできた人々の努力が積み重ねられてきました。しかし、そのおかげで、住民の健康や生活を侵害することは決して許されない、という大原則はきちんと確立できています。

大変ですが、ぜひ仲間の方を探して一緒に頑張ってください。もちろん、公害環境問題に取り組むことを使命としている弁護士もたくさんいるので、ぜひ相談してください。

第4章

施設や設備、農機など農作業をめぐるQ&A

4−1

公共事業、助成事業

Q 補助金で建てたハウス、改造はできる？

A 事業目的に合った改造なら認められてもいいはず

私は4年前に自営業をやめて就農。ハウスでイチゴを栽培しています。ハウスを建てるに当たり、借地でないと農協からの補助金を受けられなかったため、隣町の農地を借りて出作しています。

農協は補助金を出してくれましたが、いろいろと制約があります。例えば暖房機の効率を上げるために塩ビパイプを使って自分でやる「外気導入」のような、ちょっと手を加える「改造」もダメみたいで、イチゴのハウスに鉢植えのパイナップルが一つ置いてあるだけでも「契約違反」とみなされるようです。

もう少し自由を認めてもらえないのでしょうか。

ささいなことでも契約違反か？

ご質問のような「ちょっと手を加える改造」が契約違反になるのだろうか、という疑問です。本来、このような「改造」、あるいは「鉢植えのパイナップル一つ置いてある」というような、いわば「ささいなこと」を一つ一つわざわざ問題にしなければならないのか、その合理的妥当性は本当にあるのか、ということだろうと思います。

当然、その合理性・妥当性は個別の事例ごとに異なってくると思うので、個別事例ごとの検討が必要になると考えますが、ここでは考え方の整理をしておきたいと思います。

補助金の事業目的に沿うかどうか

まず、なぜこのような「制約」が生じてくるのか、という問題です。

補助金は、給付の対象としての事業目的が達成されるために正しく使用されることが当然の前提となります。逆に補助金を給付された農業者は、事業目的を達成するように営農を行なう義務があります。そのための各種条件がつけられているわけです。当然、農業者は、その条件を守るべきことが前提条件となります。

しかし農業者としては、自分の営農をできるだけ効率よく行なう努力をしていますから、必ずしもその条件を守らずに自分の方法で営農したいと考え「ちょっとした改造」を行なうことがあり得ます。

一方補助金を給付した側からいえば、その「改造」が本当に事業目的達成のためによいことだと、個別事例ごとに一つ一つ正しく判断することなど極めて困難だと考えられます。

またその補助金給付が全国的に行なわれるものであれば、その「改造」が許されるものかどうか、地域によって判断が異なるということでは統一が取れない、ということも起こりうることになります。

そこで、担当者としてはできるだけ紛争を避けたいという立場から、機械的・画一的に「ちょっとでも条件に反したものは一切ダメ」という判断になりがちなのだと、私は考えています。

効果がある「改造」なら担当者と話し合ってみる

しかし、本当に効果がある「改造」であれば、決して事業目的を阻害することはないわけですし、不正行為と判断すべきでもないと思うので、本来は認められてもよいのだと思います。

そこで、質問者の改造がなぜ問題になるのか、本当に「契約違反」と評価されるべきことなのか、担当者とよく話し合いをされてはいかがでしょうか。担当者が自分一人では判断できない、ということであれば、しかるべき責任者の方ともよく相談してみる必要があると思います。「鉢植えのパイナップル一つ」の事例でも、担当者は細菌感染や病虫害発生の恐れなど、なんらかの理由を考えているのかもしれないと思います。

Q 雇用に使った自治体の助成金を返せといわれた

露地野菜を栽培しています。4年前、居住する自治体の産業振興課より紹介されて、雇用に使える助成金を受けました。農業従事者一名を7年間雇用し続けることが条件で、給与の半額を助成する内容でした。

その際、担当者からは、雇った従業員が結婚や親の介護など、やむを得ない事情で辞める場合は雇用を途中で打ちきっても問題ない（助成金返済の必要はない）と口頭で説明されました。

ところが去年、その従業員が結婚を機に、地元に戻って独立することになったところ、これまでの給付金を返還するよう通知が来ました。当然、当初の約束と違うと問い合わせましたが、担当者が代わり、新しい担当者からはあくまで全額返還を求められています。その額、合計400万円にもなります。

当時の担当者が作っていた書類（実施要綱）には、「不可抗力が生じた場合は返還する必要はない」と明記してありますが、新しい担当者によると「不可抗力」とは事故や自然災害などをさし、結婚や親の介護などはそれに当たらないというのです。

7年もの間、なにごともなく雇用を続けられるかどうか、それは当時から不安でした。そのため、担当者に何度も確認したのです。それだけに、今回の通知は信じられません。この事業を利用する他の農家も同じ説明を受けており、通知の内容にみんな驚いています。

前の担当者を交えて相談もしましたが、自治体の結論は変わりません。どうすればいいのでしょうか。

A 返済義務はあるが、事前の説明に虚偽がある

助成金の返済義務は生じるが……

第一の問題は、「事故や不可抗力による場合」というのは、どういう場面なのかということです。

これについて、質問者や他の助成金受給者が、最初に自治体の担当者から説明を受けたという、「結婚や親の

介護などはやむを得ない事情として助成金返済の必要はない」という解釈があります。

一方、自治体の担当者が代わって現在の新しい担当者は「不可抗力とは事故や自然災害などをいうのであって、結婚や親の介護などの事情はそれには当たらないので、全額返済すべきだ」と求めています。このいずれの解釈が正しいのか、という問題です。

私は、この事業の目的やその趣旨と、実施規定全体から総合的に判断すると、新しい担当者の説明のほうが理解できるように思えます。

結婚や親の介護など、日常生活において当然に起こりうることが想定される事態が生じたことによって、助成金の受給要件を満たすことができなくなった場合でも、助成金は返さなくていいという結果になるのは、助成金の全体の趣旨目的には反するのではないか、と思います。

そこで、第一の問題点の実施要綱の解釈という点からいえば、全額の返還義務が生じるという結論になるのではないか、と考えます。

自治体に賠償責任がある

しかし逆に、実施要綱上、返済すべきだという結論になるのが正しいという立場に立つとすれば、第二の問題点が生じます。

自治体の前担当者が、その解釈に反した誤った説明を、それも質問者だけではなく、他の事業利用者に対しても行ない、その後もその説明を訂正することなく今回の紛争になってしまった、という事態がなぜ生じたのか。その責任はないのかということが、大問題となります。

そもそも自治体の前担当者が誤った説明をしたことによって、今回の紛争が発生してしまったのです。その結果、説明を信じた質問者や他の事業の利用者が、受給した助成金を返さなければならない事態となったわけで、前担当者の誤った行為が原因なのは明らかです。

そこで、質問者などが助成金返済によって生じることになった損害について、自治体は損害賠償すべき責任を負うのだと考えます。

国家賠償法第一条一項は、次の通り規定しています。

「公務員の不法行為と賠償責任、求償権　国または公共団体の公権力の行使に当たる公務員が、その職務を行なうについて、故意または過失によって違法に他人に損害を加えた時は、国または公共団体が、これを賠償する責に任ずる」

まさに担当公務員が職務を行なうについて、違法に質問者に損害を与えたということになるのだと思います。

Q 補助金の申請書を勝手に修正された

スモモが完熟するまで待って、さあ収穫だ、というタイミングで鳥や獣に食い逃げされてしまいました。敵もさるもの、おいしくなるギリギリを見計らっていたようです。今年こそ被害を防ぐべく、鳥獣害防止用ネットの業者に見積もりを出してもらい、市役所に補助金の申請をしました。しばらく返事がなく、おかしいなぁと思っていたところ、その業者から連絡がありました。「見積もり、直しといたでぇ」というのです。

はて、なんのことやらと思いつつ市役所に行って確認すると、私が出した申請書を出してきました。それを見てビックリ。なんと、私の書いた申請書があちこち勝手に直されているのです。申請金額は修正テープで消され、下方修正された金額が上書きされています。

聞けば、「予算の都合上」とのこと。職員が業者に直接連絡して、見積もり金額を少し下げてもらったそうです。補助金の額は大して減らないのだから問題ないでしょう、という対応でした。

確かに補助金額はそう変わらないようですが、そういう問題ではありませんよね。普通なら事前に説明があって、申請書の修正は私自身がやるべきもの。市役所の職員が勝手に書き換えるなんて、言語道断だと思います。

私文書偽造だか公文書偽造だかわかりませんが、これって犯罪じゃありませんか？　先生、教えてください！

A 文書変造は言語道断である

公文書と私文書、偽造と変造

まだこのようなことが起こっているのか、とびっくりします。公務員が職務に関する文書を大切に思っていないということを、非常に残念に思います。むしろ逆に、モリ・カケ問題が平然と起きる時代だからこそ、というべきなのかもしれません。ご質問の通り、これは犯罪に決まっていると考えます。

まず公文書と私文書の違いをみてみます。公文書とは、刑法第155条で「公務所もしくは公務員の印章もしくは署名を使用して公務所もしくは公務員の作成すべき文書もしくは図画」と規定されています。さらに私文書とは、刑法第159条で「他人の印章もしくは署名を使用して権利、義務もしくは事実証明に関する文書もしくは図画」と規定されています。

本件はもちろん私人である質問者の印章、署名がある権利、義務、事実証明に関する文書ですから、私文書ということになります。

次に「偽造」と「変造」の違いです。

「偽造」とは他人の印章、署名を使用して文書を作成することをいいます。本件は質問者自身が文書を作成しており、本件の担当公務員が質問者の印章、署名を使用したものではありません。

一方、「変造」は「他人が押印しまたは署名した権利、義務または事実証明に関する文書または図画を変造した者」ということです。そこで本件は、質問者の作成した私文書を担当公務員が変造してかつ使用した、ということになるのだと思います。

普通なら事前に説明があるべき

担当した公務員は、もちろん、質問者の申請ができるだけ早くスムーズに認められるように、質問者の利益のためにと考えて申請書の修正をしたのではないかと思えます。

しかし、古い戦前の大審院時代の判決ですが、次の認定があります。

「犯人が名義人の将来の承諾を予想して行為し、かつ事後において名義人の承諾を得たとしても、そのために、本罪の成立が妨げられるものではない」（大判大8・11・5刑録25−1064）

質問者が指摘される通り、「普通なら事前に説明があって、申請書の修正は私自身がやるべきもの。市役所の職員が勝手に書き換えるなんて言語道断」ということだと私も考えます。

国会の大臣、官僚の発言でも、文書を勝手に書き換えることを大変な犯罪行為だとは考えないことが当たり前、当然のことであるかのような話がまかり通っています。質問者のお怒りの通り、「言語道断」だと私も考えます。

Q 借りたハウスの修理代を貸し主に請求できないか

A 修理代の分は賃料の減額を要求できる

4年前に新規就農してハウスで花をつくっています。縁のない地域で就農したため土地がなかなか見つからず、今のハウスを借りられると決まった時は、地主さんに本当に感謝しました。地代が高いと思いましたが、喜んで5年間の利用権設定を結びました。

ところが、就農1年目に台風でハウスが倒壊。補助金が200万円以上出ましたが、いきなり借金を背負うことになってしまいました。そして今、その借金と補助金をめぐって、地主さんと揉めています。

ハウスが倒壊した時、地主さんは1円も払ってくれませんでした。自分はもう離農するので、お金を出すくらいなら、壊れたままでいいというのです。そこで仕方なく自分で払ったのですが、私は土地とハウスの賃料を払っています。普通、賃貸物件が自然災害などで破損した場合は、家主に修繕義務があると聞きました。農業用ハウスも、地主さんがその修理費用を賄うべきだったのではないでしょうか。

また最近、私の支払っている賃料が周囲と比べて非常に高いことがわかり、5年の契約が切れるのを機に、別の土地に移ることも考えました。しかし、修理費として補助金を受けるには、そのハウスで最低10年間営農を続けるのが条件でした。この補助金も本来であれば地主が受けるべきであり、10年間営農という条件も、私には当てはまらないのではないでしょうか。

就農時から借金を背負って、生活費を削って、高い地代を払い続けてきました。地主さんには感謝していますが、今からでもハウスの修繕費分を返してもらい、補助金の条件を引き継いでもらうわけにはいかないのでしょうか。

修繕費は貸し主に請求できた

最近、台風の被害や豪雨による被害など、自然災害が相次いでいます。このような災害による被害を、どのように解決していけばよいのでしょうか。

まず、第一の問題点として、確かに賃貸借の場合、その物件が破損した時は、原則として貸し主に修繕義務があり、借り主が従来通り使用を継続できるようにする義務があります。

本件でも、ハウスの賃料も含めた地代が支払われていたのであれば、当然のこととして、質問者はハウスの修繕を貸し主に請求できたのだと考えます。

賃料は減額されるはず

しかし、貸し主はハウスの修繕を断ったということです。そこで質問者は自分で修繕し、補助金を受給した、という事実経過になったようです。その経過を前提に考えると、質問者は補助金の申請手続きも自分名義で行ない、自分の名義で受給したのだと思います。

そうであれば、その修繕代を貸し主から返してもらい、補助金の条件も貸し主に引き継いでもらいたいという要望については、貸し主が任意に同意しない限り無理だと考えます。あくまで、質問者が自分の判断で修繕をしたと考えられてしまうのではないでしょうか。

しかしそうだとしても、質問者がハウスの使用を続けられるのは、自分が修繕したからで、賃料を従来通り支払う義務はもちろんないのだと考えます。その分は減額するよう貸し主に請求してみてください。この減額請求は当然に認められるべきです。

さらに、質問者が10年以上営農を続けた後、この農地とハウスの賃貸借を契約することになった場合、その時点でのハウスの経済的価値を価格として評価し、その価格で貸し主が買い取るよう請求することができると考えます。

Q 台風でハウスが飛ばされて他人のハウスに乗ってしまった

A 責任の一端はハウスの施工業者にもあるはず

台風で、国道沿いに建っていた私の鉄骨ハウスがコンクリートの基礎ごと飛ばされ、他人の3連棟のハウスに乗ってしまいました。

私は農業共済に入っていたので、共済費が出ますが、相手の農家は入っていなかったので共済費も出ません。ハウスの建て替えには1000万円を超える費用が必要といわれており、どうしても交渉の折り合いがつきません。相手が栽培中だった作物の保証も必要になるので、総額でいくら掛かるのか見当がつかず、私も妻も、不安な日々を送っています。

また、自分のハウスをすぐに建て替えることもできず、今年の作付けも不可能になりました。飛ばなかった他のハウスも古いので災害に遭わないように修繕していかなければなりませんし、私の就農してからの思い出まで吹っ飛んでしまいました。

市や農協から、こういう自然災害の場合、手当てはないといわれました。なにかいい方法はないでしょうか。

ハウスの施工業者に問題はなかったのか

本当に心が痛むご相談で、思わず頭を抱えてしまいます。自然災害などに対して、一体どう解決をしたらいいのか悩みます。

まず考えるのは、ハウスの鉄骨がなぜ基礎ごと飛ばされたのか、ということです。台風が強かったとしても、通常台風が来ることは予測できるのですから、その対策をしておくのが当然ということになります。

その場合、ハウスとコンクリート基礎工事をした業者がその台風（強風）対策をどう考えたのか、ということが問題になると思います。工事を施工している専門業者であれば、強風で飛ぶような基礎工事をしてはならないと考えられます。もし仮に質問者が工事の内容まで細かい注文をつけ、業者はその注文通りに工事をしたという場合でも、業者は当然、専門業者としてその工事の強度については確かめる義務があります。もし注文内容が強風には耐えられないと判断すべきだったのであれば、当然質問者にその旨を伝え、強化するよう助言するべき義務があった、と思います。工事の施工業者が強度についての検討を正しくしたのかどうかが問題点なのだと考えます。

もし業者がその検討を怠り、強度の判断を誤っていた場合には、施工した業者も損害の賠償の一部、事情によっては全部を負担する責任が生じる場合もあり得ると思います。施工業者とよく話し合ってみることが必要ではないでしょうか。

同じ被害に遭った農家と一緒に声をあげる必要も

また、その台風では他にも同様の被害を受けた方がいらっしゃるのではないでしょうか。市や農協の担当者は一定の補償などの手当てはない、との意見のようですが、私たち有明海の漁業被害をめぐる問題に取り組んでいる有明訴訟弁護団は、漁業被害が大きい場合、国や自治体に対しそれまでの借入金の返済の猶予と、新しい借り入れが可能となるような援助を要求する取り組みを行なっています。

被害を受けた方が多数いらっしゃるようでしたら、被害者の力を合わせて、自治体や農協に皆さんが望む対策を取るよう要望する声をあげることも必要なのではないでしょうか。

Q

ハウス加温機のA重油が漏れたのに、業者がミスを認めない

ハウスで冬季にナスをつくっています。厳寒期に向けて新しい加温機の稼働テストをするため、燃料タンクのコックを開いておいたところ、翌日までA重油がこぼれ続けて半径数mが汚染されてしまいました。

このままではナスの栽培ができません。汚染土を取り替えましたが、処理費用に500万円以上かかりました。

原因を調べてみると、重油タンクと加温機をつなぐパイプが、夏場のハウス内が高温になったことによって変形し、折れ曲がっていることがわかりました。

夜、気温が下がると真っ直ぐに戻ります。明らかに、設計、または施工業者のミスだと思いました。農業用ハウスが昼間高温になるのは当たり前で、普通はそこを計算に入れて設計・施工するはずです。同業他社からも、「伸縮対応継手がないと危険。伸縮対応の施工がないのは通常考えられず、継手部分から破損すると予想できる」と意見されました。

しかし、業者はミスを認めず、交渉にも応じてくれません。相手が大手ということもあってか、農協や他の生産者も協力してくれません。

普通に使っていて、こちらに落ち度はないはずです。なのに、A重油がハウス裏の用水に流れ込んだことで周りからは白い目で見られ、今後、ナスに影響が出ないとも限りません。それでも、このまま泣き寝入りするしかないのでしょうか?

A

弁護士を通じて業者の責任を追及したい

業者に賠償義務があるはず

大変ひどい話です。まず問題になるのが、設計と施工の、それぞれの業者に責任があるのかということです。

この事故の原因は、ご質問でも指摘されている通りだと考えられます。すなわち、パイプが設置されているハウス内が高温になったために、パイプが伸びて変形し、折れ曲がったために重油が漏れ続けた、ということではないでしょうか。

この事実は同業種の他社からも、「伸縮対応継手がないと危険。伸縮対策がなされていないのは、通常考えられない」といった見解が説明されているということです。

この事故原因の見解が誤っているというのであれば、質問者の加温機を設計・施工した各業者は、その根拠の提示と、真の事故原因の究明、検証を自ら行なうことが必要とされます。今後の事故発生防止のためにも、設計・施工を行なった業者としては、当然その義務があります。

その結果、質問者の主張が正しいと認められるのであれば、当然設計業者も、施工業者も、質問者の受けた被害のすべてを賠償する義務があります。

また、たとえ原因が別の理由（高温によるパイプの破損以外の理由）であった場合でも、その本当の原因が設計や施工上の瑕疵《かし》であり、業者が責任を負うべき原因であれば、当然にその業者は損害賠償をすべき義務を負うことになります。

業者の責任を明らかにすべき

業者はミスを認めず交渉にも応じてくれないとのこと。しかしこの事故は、同じ加温機を使用している他の生産者にも同様の被害が発生する心配があります。今後の被害防止のためにも、ぜひ業者に原因究明の対応を行なうよう強く要求することが大事だと思います。質問者個人では応対してもらえないということでしたら、ぜひ信頼できる弁護士にご相談ください。弁護士から交渉を申し入れてもらい、解決を目指すことが考えられます。

さらに、簡易裁判所に調停の申し立てをすることも考えられます。調停は裁判とは違い、基本的には調停員が両当事者それぞれの立場の話を聞いて、適切な解決を相談していくことになります。もちろん、その場合でも業者があくまで応じる気がないという立場を取り続ける場合は、正式に裁判をする他ないことになります。

本件は因果関係の立証についても、それほど困難ではないと考えます。すべての被害者のためにも、ぜひ業者の責任を明らかにするよう頑張ってください。

Q 鉄骨ハウスの鉢花栽培に高い固定資産税を掛けられている

A 農地利用なのは明白、明らかに不合理な課税

鉄骨ハウスで鉢花栽培をしています。花の根がハウスの地面に張っていないため、農業利用の土地とは認められず、また鉄骨ハウスは基礎を打っているため建物とみなされるなどの理由で、高い固定資産税を掛けられています。養液栽培も同じで、ハウスが物置きとしてみなされるようです。パイプハウスであれば農地利用とみなされるとも聞きましたが、私の地域は台風常襲地であり、パイプハウスでは被害を受けやすくなります。

昨年からベンチの下など、ハウスの地面にタネを播き、多少日陰でも育つ野菜を栽培し、直売所に出荷するようになりました。売れ行きは悪くないので、今年はもっと野菜の作付けを増やそうと考えています。この場合も、鉄骨ハウスである限り農地利用とはみなされないのでしょうか。ちょっと不合理な気がします。

先生のご意見をご教示ください。

明らかに「耕作」「農地」と判断できる

私も明らかに不合理な課税だと考えます。

農地法によると、「農地」とは「耕作の目的に供される土地」と定義されています。

そこで「耕作」の意味が問題になりますが、鉢花栽培のために、根が地面に張っていないので「耕作」と認められない、などという解釈は明らかに誤っていると思います。

一般的には、耕作とは「土地に労働力を加え、資本を

投下し、栽培管理を施して作物を栽培することを指す」といわれています。これは、自作農創設特別措置法以来の行政解釈です。

花の栽培が「耕作」であることは異論がありませんので、問題はこの栽培が、「地面」ではなく鉢で行なわれているため「花の根がハウスの地面に張っていない」ということを、「土地」自体に労働力を加えたり、資本を投下したりしているわけではない、という形式論理によって、「耕作」とは認められないと判断されたと考えられます。

しかし実質的に考えれば、質問者の鉢花栽培に利用している「土地」は、明らかに「耕作」に使用されている（耕作、すなわち農作物の栽培に供されている）と認められているのであって、形式論理で否定されることはおかしいと思います。

ましてその鉢花を置いてあるベンチの下などで野菜を栽培し、出荷販売しているという事実があれば、問題なく「農地」と判断できると考えます。

建物敷地でも耕作していれば「農地」と考えたい

また、鉄骨ハウスも基礎が打ってあるため建物とみなされ課税されるということですが、この問題もハウスの構造や堅固さなどが、現実に取り壊しや移動することが容易に可能かどうか、という事実認定の判断だと思います。

近所のパイプハウスと比較して、取り壊しや移動などを行なうことについて、とくに本質的な差がないのであれば、「建物」と判断するのはおかしいと思います。もし本質的に差があり、「堅固な建物」と判断されるということであれば、その場合、建物敷地なので全体が農地と認められないのかという問題が生じますが、その「建物」のなかではまさに耕作が行なわれているのですから、私は「農地」と判断するのが正しいと考えます。

いずれにしても、法律解釈上問題となりうることなので、信頼できる弁護士や税理士にご相談されて、固定資産税課税額に対し、正式に不服申し立てをし、公的な判断を求めることも必要ではないかと考えます。

Q ポンプ小屋の処分費用をどう分担するか

A 残ったメンバーで費用を負担するしかない

私の集落には田んぼの水を引くポンプ小屋があります。30年以上前に、10軒の農家がお金を出しあって建てました。建てた場所はそのうちの1軒の土地です。

ところが、年をとって田んぼをやめる人が相次ぎ、現在は3軒でポンプ小屋を維持しています。ポンプ小屋の土地の持ち主もやめてしまいました。

そこで問題が出てきました。地主さんから、ポンプ小屋を廃止する際には、更地にしてから土地を返すよう、確約書を出してほしいといわれたのです。

確かに、残るメンバーも歳をとり、ポンプ小屋を処分する事態を考えざるを得なくなりました。しかし、ポンプ小屋を作る際、壊す時の約束事は決めていません。そのための積み立てもしてきませんでした。

最初のメンバーのなかには、もう亡くなってしまった人もいるのですが、ポンプ小屋を処分するとなったら、その費用の分担はどうすればいいのでしょうか。また、確約書などは本当に作る必要があるのか。法律上の判断を、どうか教えてください。

ポンプ小屋は利用し続けられる

私は、諫早干拓地の問題に取り組んでいますが、農業でも漁業でも継続者の問題が大きな悩みになっています。漁民の間で、「われわれは漁を稼業として、親代々家業としてやってきた。それをつぶすわけにはいかない」と話し合われています。しかし「稼業」として成り立たない状況では、「家業」として続けることもできない、というのも現実の姿です。今回のようなご相談をお聞きするたびに、日本の農政の「無策」に対し、無念の思いがします。

この問題で最初に確認すべきなのは、田んぼに水を引くためのポンプ小屋を現在使用している3軒の農家には「水利権」があり、地主はポンプ小屋の使用をこの3

軒の同意なしにやめさせることはできないということです。もちろん、地主さんもそれを求めているわけではありません。3軒のうち、ポンプ小屋の使用を続けたいという方が1軒でもある限り、ポンプを使用し続けることが可能だということになります。

借地は更地にして返すべき

問題は、最後の一軒が使用をやめたいと希望した場合です。当然、ポンプ小屋の土地の賃貸借を解約して地主に返すことになります。その場合は原則として、小屋を片付け、更地にして返還することになると思います。「原則として」というのは、更地にせず現状のまま返すことがあらかじめ約束してあれば、それに従うということです。

したがって、更地にして土地を返してほしいという地主の要求は当然のことであって、決して無理をいっているのではないということが基本だと思います。すなわち、確約書を提出するか否かに関わりなく、仮に提出しなくても、更地にして返すことにならざるを得ないのだと考えます。

やめた人には請求できない

そこで、ポンプ小屋を処分する費用の分担をどう考えるのか、ということになります。本来は最初にそのことを10軒で相談しておいて、処分のための費用を定期的に積み立てておくべきだったと思います。しかしそれをしないまま次々とやめる方が出てきてしまった現状では仕方ありません。

すでにやめた方に今から処分の負担をお願いしてみてもいいかもしれません。しかし、その負担に応じてもらえない場合に、法的に強制することは難しいと考えます。

ポンプ小屋を利用し続ける必要があった農家が残り、必要な費用を負担し続けてきたと思うからです。逆にいえば、利用をやめた方はこのポンプ小屋に対し、自分が有していた権利を自ら放棄して、残った農家はそのことを承認していた、ということにならざるを得ないと思います。

そこで、ポンプ小屋の処分の費用の分担については、現時点で残った3軒で相談し、合意しておくことが必要だと思います。それをしないでおくと、結局最後の方が全部負担するということになりかねません。

もちろん、すでにやめた方にも処分の負担をお願いし、応じてもらえればありがたいことだと思います。その場合は、任意となります。

Q 家庭菜園の畑に太陽光パネルを設置したい

A 家庭菜園でも「営農型発電設備」が認められるはず

隣の市内に両親が残した家と菜園畑があります。何年も耕作放棄地だったのを、2年前から週末に通っては家庭菜園を楽しんでいました。通い始めて1年、せっかくだからと太陽光発電のパネルを設置することにしました。その下でも野菜は育つと聞いたからです。

ところが、支柱を建てる工事が終わったところで、地元の農業委員からクレームがきました。宅地だと思っていた菜園畑はれっきとした畑で、太陽光パネルを設置するには、転用許可の申請が必要だというのです。また、「営農型発電設備」といって、畑にも太陽光パネルの設置が可能ですが、その場合は収穫物を出荷するのが前提で、家庭菜園は認められないといいます。

明治時代からあるという蔵が3棟も建っているし、てっきり宅地とばかり思っていた土地です。いっそのこと宅地に転用したいと申し出ましたが、それも認められないとのこと。すでに支柱を建ててしまったというのに、パネルを設置できずに大変困っています。宅地にできれば問題はないはずですが、いったい、どうしたらいいでしょうか。

宅地なのか農地なのか

福島原発事故などを経験したこともあって、太陽光発電を希望する方が増えていますが、同時に、いろいろな問題も生じています。本件もその具体例だと思います。

まず、問題となる論点を整理してみます。

第一に、太陽光パネルを設置する土地が、登記の地目上は農地だとしても、現状では宅地なのか農地なのか、ということです。家庭菜園として使用しているということも併せて考えてみることになります。

第二に、仮に農地だとして、そこが家庭菜園であっても「営農型発電設備」の設置を認めてもよいのではないか、という問題があります。

まず、太陽光パネル設置を希望している土地は「農地」

なのかということについて考えてみます。

確かに、一筆の土地に明治時代からの建造物が3棟あるのだから、その全部が宅地だと思っていた、という質問者の気持ちもよく理解できます。

しかし同時に、建物があるのはあくまでも土地の一部分であり、残りの大部分は以前からの農地、周辺農地との一体利用も可能なので、この土地は現時点でも農地だと考える農業委員会の意見もまた理解できるように思えます。

質問者はあくまで宅地の一部で、家庭菜園として使用しているという主張ですが、それが認められるためには、宅地のごく一部が菜園として利用されていること、かつ面積が小さく、その土地のみでは農地としての存在価値が認められない土地であることが要件となる。そのような農業委員会の説明も合理的だと思えます。

分筆して宅地部分に設置

そこで、以上の現状を前提とした解決案としては、農業委員会の意見に従い、宅地利用部分と残りの農地部分を分筆することにして、宅地部分に太陽光パネルを設置できる程度の面積（あくまで宅地の一部だと判断できる程度の面積）を残すことが可能だろうかということが考えられます。

もしそれが可能なら、分筆した宅地部分についてだけ地目変更手続を行なって、家庭菜園の一部分に太陽光パネルを設置するということになります。

家庭菜園にパネルを設置する

その案では必要面積が足りず解決できないかもしれません。その場合、第二の論点として、家庭菜園であっても農地として「営農型発電設備」の設置を認めてよいのではないか、ということが考えられます。あくまで農地として積極的に利用しているということが、質問者の主張の根拠となります。今後も栽培を継続することが条件となりますが、農水省は基本的には設置を認める考え方だと思います。

この判断の仕方については、「営農型発電設備」の販売業者が全国的な情報を確認していると思うので、質問者も農水省や周りの自治体の対応などで、全国的に認められた事例を業者に確かめてみてください。その事例を参考にして、ぜひ地元の農業委員会とよく相談してみることが必要だと思います。

Q 借りた農機具を壊してしまった

A 使用可能年数で換算した額を賠償する

近所の知人から借りた農機を壊してしまい、全額補償するよう請求されて困っています。

壊してしまったのは、せん定枝などをチップにするエンジン式粉砕機（チッパー）です。知人は以前からそのチッパーをほしがっていましたが、定価約20万円と高いため、なかなか手が出せずにいました。それが3年前、特別セールかなにかで、約15万円で買えることになったのです。非常に喜んでいたのを私も覚えています。

そのチッパーを私もたびたび借りて使っていたのですが、誤って金属片を入れてしまい、壊してしまいました。弁償を申し出たところ、新品の機械を買って返すか、定価の20万円払うよう請求されました。

15万円で買ったものですし、3年間使った後なのですから、私としてはその分を差し引いた10万円くらいが妥当だと思うのですが、どうするべきでしょうか？

交通事故の物損補償が参考になる

厚意で使用させてもらっていた、それも知人が大事にしていた農機を壊してしまったということで、両当事者とも困ってしまっている状況がよくわかります。双方ともそれぞれのお気持ちがあり、なかなか割り切った考えは難しいのだと思います。

このような場合の解決の仕方として、参考にできると考えられるのは、交通事故の物損補償のやり方です。

例えば、新車に追突され重大な損傷を負ったという事例です。この場合は、補修が可能ならその補修費金額の支払い（もちろん次に述べる現在の価格を超えることは認められません）、補修が不可能で買い替えなければならない場合は、現在の価格を算定して支払うということになると考えられています。

新品を買って返せ、は認められない

問題はこの「現在の価格」をどうやって算定するのか、ということになります。車であれば、中古車の市場相場というものがある程度細かく確立していますから、その「相場」に合わせて考える、ということも可能ですが、本件では相場というものはないのではないかと考えられます。

参考になると思うのは、いくら新車だったからといっても、一度でも使った以上は決して購入時の価格ではなく、「中古車」の価格でしか算定されないということです。

したがって、本件でも新品の機械を買って返せという要求はまず認められないと考えます。問題は、15万円の購入価格から、3年間使用した分をどう差し引いて算定するのか、ということになります。

使用可能年数から考える

その一つの考え方として、例えば、あと何年使用可能だったのか確認してみるということもあるのではないでしょうか。使用可能年数で15万円を割ってみるということになります。

本件は中古品なので算定が少し難しくなりますが、新品の場合、一般的には何年使用すれば次の新品と買い替えるのか、メーカーには平均的な使用年数を算定した資料があるのではないでしょうか。

さらに別の考え方としては、税金申告の際の「減価償却」を何年で考えているのか、ということも参考にできそうです。

算定の考え方は他にもまだあると思いますが、知人同士のことですし、ここで例示したような算定方法を双方から出し合って、納得のいく合意をするのがよいのではないかと考えます。

Q トラクタに追い越される時、シニアカーが路肩の凹凸《おうとつ》で転倒した

A トラクタの運転手だけでなく、道路の管理者の責任も問える可能性

80歳になる私の父は電動のシニアカーを愛用しています。

先日、後ろから来たトラクタにクラクションを鳴らされ追い越される時に、横に寄ったところ路肩の凹凸に車輪をとられて土手下に転倒してしまいました。幸い軽傷で済んだのですが、シニアカーでまた事故に遭わないか心配です。

この場合、単なる自損事故になるのでしょうか。

道路幅に余裕があれば双方の運転態様が問われる

大変ご心配のことと思います。

まず事実として、道路幅がどれだけあるのか、次に路肩の凹凸の程度がそれぞれ問題になると思います。

シニアカーと他車（トラクタ）が互いにすれ違い、あるいは追い越す場合、道路幅に十分な余裕があるかどうかによって、判断が異なってくると思います。

まず、十分な余裕がある道路幅だということであれば、当然、他車の追い越し方がシニアカーに接近し過ぎてなかったか、スピードの出し過ぎでシニアカーに畏怖感を抱かせなかったかなど、他車の運転態様がまず問われると思います。またシニアカーの方の運転態様（必要以上

に路肩に寄り過ぎなかったか、一時停止の必要はなかったかなど）との相関関係で、それぞれの過失の問題が生じるように考えます。

道路幅に余裕がなければシニアカーが端に寄るのは当然

次に道路幅に余裕がなかった場合ですが、まずは他車の運転態様が問われると思います。徐行、場合によっては一時停止の必要があったのではないかという判断です。さらにシニアカーの運転態様は問題にならないと思います。道路幅に余裕がなければ、できる限り道路端に寄ろうとするのは当然ですし、うかつに一時停止もできないでしょう。

路肩の凹凸が問題。道路管理者にも一定の責任

そこで道路端に寄らざるを得なかった場合に、路肩の凹凸が問題となります。道路幅から考えて、二台の車両あるいは一台の車両と自転車、場合によっては歩行者も路肩に寄らざるを得ないことが明らかであれば、当然のこととして、路肩の凹凸によって事故が生じることが想定されることは明らかだと思います。道路は（路肩部分も含めて）当然のこととして、安全に通行できるよう管理されなければなりません。

以上の検討の結果として、この道路の管理者（国道なら国、県道なら県、それ以外の市町村道なら各市町村）は、質問者の父の事故について一定の責任を負うし、その責任の程度に応じた損害賠償の責任を負います。

さらにこれもまた当然のこととして、そもそも事故がおきてからの賠償では取り返しがつかないわけですから、道路管理者は速やかに道路を補修する義務がありま す。ぜひ管理者に直ちに修理するよう要求してください。

Q 草刈り中に石が跳ねて車を傷付けた時の責任は？

私の田んぼは県道に沿って両側にあります。中山間地ですが、集落に続いており、交通量の多い道です。

この県道は毎年1回、集落のみんなで草刈りをしています。しかし、雑草の生長は早く、放っておくと左右から伸びた草で道幅が狭くなるほどです。そこで、集落の草刈りとは別に年2回、個人的に草刈りをするようにしています。

しかし最近、ヒヤッとすることがありました。草刈り機の音が大きいため、後方から車が近付いているのに気付かず、私のすぐそばを走り抜けました。その直後、草刈り機が石を跳ね飛ばしたのです。あやうく車に石をぶつけるところでした。

善意で行なっている草刈りですが、草刈り中に石を跳ね飛ばして車を傷付けたり、誤って人をケガさせたりしてしまった場合、いったいどうなるのでしょうか。どうか、教えてください。

A 危険は事前に予見でき、作業者の責任が問われる

故意なのか過失なのか

ご質問のような問題について定めている条文が、民法第709条です。「不法行為」による損害賠償と呼ばれています。

「第709条　故意または過失によって他人の権利または法律上保護される利益を侵害した者は、これによって生じた損害を賠償する責任を負う」

ご質問の場合がこの条文に該当するのか、という判断になります。「故意」というのは、例えば自分の行為の結果、被害が生じることが十分予見できているのに、あえてその行為を行なったために、予見された通りの結果が生じてしまい被害が発生した、という場合です。

「過失」というのは、例えばその行為をすることによっ

て、一定の被害が発生することが普通は予見できるにもかかわらず、不注意のため、結果を予見することができない状況でその行為を行ない、その結果、被害が発生したという場合です。

ご質問では、草刈り機を使用中、石を跳ね飛ばすことがあることは当然予見できています。その石が県道に飛べば通行してくる車両や通行人にぶつかり、被害を与えることが有り得ることは、当然に予見できるのだと思います。

草刈り中の飛び石は予見できる

草刈り作業中、石を跳ね飛ばして車を傷付けたり、人をケガさせてしまった場合というのは、まさにこの民法第709条が規定する「不法行為」に該当することになります。そして、その結果生じた被害を賠償する責任がある、という結論になると考えます。

その場合に「みんなのためになるようにという善意の気持ちで草刈りを行なっていた」という事情は、残念ながら責任の有無を判断する条件にはならないのです。

だからこそ、草刈り作業をする場合には、車両や人の通行には十分に注意を払って、被害が発生しないように気をつける必要があるのだと思います。

例えばこの草刈り作業が、質問者の個人的な善意で行なわれるのではなくて、通路管理者である、地方自治体の依頼によって行なわれる場合には、その作業中に発生した損害については、もちろん依頼した自治体が損害賠償義務を負うことになるのだと考えられます。

Q 水田放牧の牛が脱柵し車両と接触事故を起こしたら

A 飼い主に賠償責任がある

近所の転作田を集めて繁殖牛の水田放牧をやっています。

放牧地に隣接して幹線道路が走っているのですが、万一、牛が脱柵して事故を起こさないか心配です。

もし牛が脱柵して一般車両と接触事故を起こした場合、牛の管理者である私にも賠償責任等が発生してしまうのでしょうか。

原則として賠償責任はある

農地の有効利用という点からも、牛の放牧がうまくいくようにと私も願っています。

ご質問のように、万一牛が脱柵した場合、発生した事故の責任ということが大切な問題となります。

これまでも自分が支配管理している土地やその付属物によって第三者に被害を与えた場合の責任問題について、いろいろお答えしてきました。

原則として、自分が管理する土地やそれに付属している物によって第三者に損害を与えた場合には、その損害を賠償する責任がある、ということがあります。自分の支配下にある土地や物については安全に管理して、第三者に被害を与えないように防止する義務を負っているのです。

したがって本件の事例でも、質問者が管理する牛が脱柵することがないように注意して適切に管理する義務が質問者にあります。

「続　農家の法律相談」　978-4-540-23190-2

知らなきゃ損する
新 農家の税金（第21版）

鈴木武・林田雅夫・高久悟 著

978-4-540-23134-6

●2200円

累計25万部を超えるロングセラーで、家族経営農家や集落営農、任意組合などで愛読されている。農業経営基盤強化準備金制度の延長、空き家に係る譲渡所得の特別控除の改訂、インボイス制度開始にも対応する。

知らなきゃ損する
農家の年金・保険・退職金
上手な加入・掛け金で税金も安くなる

林田雅夫 著・比良さやか 監修

978-4-540-18185-6

●3080円

各種年金・保険・退職金制度などの仕組みを知らないために掛け金や税金面で損している人が非常に多い。損しない加入の仕方、掛け金のかけ方、結果、税金も上手に減らす方法等々を豊富な図解、表でわかりやすく解説。

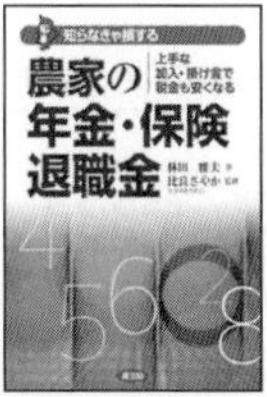

知らなきゃ損する
新 農家の相続税

藤崎幸子・高久悟 著

978-4-540-20144-8

●2640円

平成30年7月に「相続法」が38年ぶりに大改正された。本書はその全容をわかりやすく解説すると共に、いわゆる「生産緑地22年問題」や耕作放棄地の相続問題等も含め全面改訂。約40ページ増やした増補・新訂版。

法人化塾 改訂第2版
インボイス制度対応と農業の経営継承・組織再編

森剛一 編

農業経営の法人化を考えたときに読んでほしい法人化への教科書。集落営農の法人化、農業経営の承継の方法、さらにインボイス制度の内容や、農業経営基盤強化準備金制度など税制特例の活用のノウハウを解説。

価格は2024年2月現在の定価（税込）です。

使い切れない農地活用読本

荒らさない、手間をかけない、みんなで耕す

農文協 編

978-4-540-22203-0 ●1980円

田園回帰ブームの今、農地を余らせておくなんてもったいない。半農半Xや有機農業で人を呼び込み、手間のかからない品目で遊休農地をフル活用。「25のおすすめ品目」や「64の用語集」「農地制度のQ&A解説」付き。

「集落の教科書」のつくり方

移住者を助けるガイドブック

田畑昇悟 著

978-4-540-20140-0 ●1540円

良いことも、そうでないことも、ちゃんと伝えたい！『集落の教科書』は地域と移住者のミスマッチを防ぎ、「移住するまで知らなかった」を「移住前から知っていた」に変えるガイドブック。そのつくり方を徹底解説。

むらの困りごと解決隊

実践に学ぶ　地域運営組織

農文協 編

978-4-540-15126-2 ●2200円

人口減、高齢化、後継者不足、耕作放棄、保育園や学校の統廃合、ゴミの不法投棄、空き家問題などさまざまな地域の「困りごと」への取り組みから自主自立の「地域運営組織」に発展した全国の事例と識者による解説。

中山間地域ハンドブック

NPO法人中山間地域フォーラム 編

佐藤洋平、生源寺眞一 監修

978-4-540-21237-6 ●1980円

人口減少・高齢化をいち早く経験した中山間地域は、課題先進地であり、新しいライフスタイルとビジネスモデル提案の場である。そこでの課題を36テーマにコンパクトに整理し、事例と提言とあわせて未来社会を展望。

雑誌

創刊 100 年　★農家がつくる 農業・農村の総合誌

月刊 現代農業

定期購読をおすすめします！

● A5 判、平均 290 頁　● 定価 1,100 円（税込）
● 年間購読料 13,200 円（税込）/ 年 12 冊

全国の農家の知恵と元気を毎月発信しています。減農薬・高品質の栽培・新資材情報や、高齢者・女性にもできる小力技術・作業改善のための情報や、直売所や定年帰農などの新しい動きを応援する雑誌です！

<最近のバックナンバーの特集記事>

2024 年 1 月号● 地球沸騰化時代に農業を続ける方法
2023 年 12 月号● ワクワク！　農家のお手軽土木
2023 年 11 月号● レモンとユズと香酸カンキツで稼ぐ
2023 年 10 月号● がんばらなくても土が育つ　耕さない農業最前線
2023 年 9 月号● 夏播き　輪作　珍豆　マメで稼ぐ！
2023 年 8 月号● 雑草を売るノウハウ
2023 年 7 月号● 人気沸騰！　ニンニク＆ラッキョウ
2023 年 6 月号● 生きものと仲良く防除　虫には虫を 菌には菌を

●『現代農業WEB』公式サイト⇒https://gn.nbkbooks.com/

◎当会出版物はお近くの書店でお求めになれます。
直営書店「農文協・農業書センター」もご利用下さい。
東京都千代田区神田神保町 3-1-6 日建ビル 2 階
TEL 03-6261-4760　FAX 03-6261-4761
地下鉄・神保町駅 A1 出口から徒歩 3 分、九段下駅 6 番出口から徒歩 4 分
（城南信用金庫右隣、「珈琲館」の上です）
平日 10:00 〜 19:00　土曜 11:00 〜 17:00　日祝日休業

そこで万一、脱柵した牛が車両と接触事故を起こした場合とか、通行する子どもたちとぶつかって子どもたちが負傷したなどの事故が発生した場合には、質問者は原則としてその損害を賠償する責任を負うことになるのです。

相手方にも賠償責任がある場合も

もちろん具体的事情によって、当然相手方にも責任を負うべき行為があることもあり得ます。その場合双方の過失割合によって賠償すべき損害額が減額されることにはなりますが、それでも一定額の賠償責任は残ることになります。

例えば脱柵した牛が道路上を歩いているのが見えているのに通行車両は減速もせず牛の横を通り過ぎようとし、驚いた牛が車両に接触してしまったという事例です。当然車両にも、事故を起こさないように注意を払って通行する義務がありますから、過失責任があることは当然ですが、しかし牛が人の管理なしに道路上を歩いていたことの責任自体はなくなるわけではないと思います。

結論として、放牧牛の管理には十分注意することが必要となりますし、柵の安全性についても注意を怠らないよう、適切に点検管理をすることが必要だと思います。

Q 無人運転の農機、事故の責任は誰に？

トラクタや田植え機、自走式草刈り機など「ロボット農機」の無人運転（自動走行）が実現しつつあるようです。私の地域でも農機メーカーを呼んで実演会を催し、いわゆるスマート農業に強い関心を持った友人もいます。近い将来、無人トラクタが当たり前に走り回るようになるかも知れません。

すでにGPSを搭載した自動操舵トラクタは実用化していて、導入した北海道の農家によると、キャビンにただ座っているだけで耕耘作業が終わってしまうとか。ずいぶん、気楽になったと喜んでいました。

無人運転となれば、自分は家にいながら、他の作業をしながら、耕耘作業をロボット農機に任せることができます。夢のような技術だと思いますが、どうしても気になるのが事故です。もちろん安全性の問題をクリアしてから市販されるはずですが、例えばアメリカでは、自動操舵中の自動車が高速道路で中央分離帯に激突し、運転手が亡くなる事故も発生しています。無人走行中のトラクタが農道を走行中、もしも事故を起こしてしまった場合、その責任は所有者にあるのでしょうか。それとも、開発した農機メーカーにあるのでしょうか。ぜひ、教えてください。

A 事故の態様によって、責任の有無や責任者の判断が異なる

所有者、運転者、メーカー

ご質問のような事態が現実問題として発生する日も近いようです。まず、現在の車両事故で生じる損害賠償問題の責任者について考えてみます。第一に車の所有者（乗用車の自賠責保険では保有者と呼んでいます。賃貸借を

含むなど、「所有者」より対象の範囲が広い)、第二に事故の時点で車を運転していた運転者、第三に車の製造・販売メーカー。以上の三者だと考えられます。

おそらく通常の事故であれば、自動操舵の場合でも、現在と同様にこの三者の責任問題と考えられると思います(ドローンによる事故も、まったく同様の責任問題が生じると考えられる)。

事故の原因が問われる

責任を負う場合というのは、民法第709条が規定する不法行為に該当する行為(いわゆる故意過失行為)があった場合です。相手側の行為によって一方的に発生した事故であれば、そもそも賠償責任を負うことはありません。

そこで自動走行中の車両が事故を起こした場合、その原因がなんなのか(故意過失行為がなんなのか)ということが問題となります。その原因がそもそも車の構造上、機能上の欠陥によって生じた場合は、当然に製造、販売メーカーの責任ということになります。一番わかりやすい例は、ブレーキの機能に問題があったなどという場合です。

次に、車の構造上、機能上に本来的な欠陥はないのだが、車を運行しているなかで、管理や点検不備によって運行に支障が生じたことを原因として事故が発生したという場合。その場合は、車の所有者(保有者)の責任が問われることになると思います。もちろん事故の際の運転者(自動走行車両を操作していた人)も、運転時にその支障をきちんと確認しなかった責任を問われる場合もあると思います。

最後に、その事故が自動走行車両の単純な操作ミスや判断ミスなど、人の過失行為による場合は、運転者の責任が問われることになると考えられます。

結論としては、個別具体的な事故の態様によって、責任の有無とその責任者の判断がそれぞれ異なってくると思います。新しい技術や技能が使われ始めた場合、十分に安全に配慮したとしても、現実には「想定外」と考えられるような新しい問題も生じることがあり得ます。十分に注意して使用することが求められていると思います。

4—4 その他

Q 農作業小屋を解体して燃やしたら罰金をとられた

A 建築廃材などは勝手に焼却せずに、きちんと処理することが望ましい

古い木造の作業小屋にシロアリの被害があり、自分で解体、何度かに分けて土手で焼却処分していました。すると、近隣住民に警察を呼ばれて、罰金をとられてしまいました。

作業小屋は、農業資材を置いたり、なかで収穫物の選別をしたりするためのものでした。野焼きが禁止されていることは知っていましたが、イナワラや収穫残渣など、農業に関わる野焼きは例外として認められているはずです。

農作業に必要な作業小屋を焼くことは、それらの例外には認められないのでしょうか。

農家の野焼きは認められるが……

「廃棄物の処理及び清掃に関する法律」（廃掃法）第16条の2は次の通り規定しています。

「第16条の2　何人も、次に掲げる方法による場合を除き、廃棄物を焼却してはならない。

1　（中略）

2　他の法令またはこれに基づく処分により行なう廃棄

物の焼却
3　公益上もしくは社会の慣習上やむを得ない廃棄物の焼却または周辺地域の生活環境に与える影響が軽微である廃棄物の焼却として政令で定めるもの」

個人がゴミを燃やせるのは、法16条の2、3号で定められている政令の規定に合致する場合だけということになると思います。規定は次の通りです。

「第14条　法第16条の2第3号の政令で定める廃棄物の焼却は、次の通りとする。
1　国または地方公共団体がその施設の管理を行なうために必要な廃棄物の焼却
2　震災、風水害、火災、凍霜害その他の災害の予防、応急対策または復旧のために必要な廃棄物の焼却
3　風俗慣習上または宗教上の行事を行なうために必要な廃棄物の焼却
4　農業、林業または漁業を営むためにやむを得ないものとして行なわれる廃棄物の焼却
5　焚き火その他日常生活を営むうえで通常行なわれる廃棄物の焼却であって軽微なもの」

ご質問の「作業小屋を解体した建材」は、法が規定する廃棄物の木くずに該当し、原則、個人が勝手に燃やすのは禁止されていると考えます。しかし、その例外として焼却が許される「農業を営むためにやむを得ないとして行なわれる廃棄物の焼却」として認められないのか、という疑問が生じます。

建築廃材は燃やすべきではない

私は基本的に、「周辺地域の生活環境にどの程度の影響を与えるか」という、ことの程度の判断だと思います。また、その量の問題とも考えられます。

しかしさらに考えると、わずかな木くずといえども、その材料次第ではポリ塩化ビフェニルが浸み込んでいたり、アスベストが付着していたり、環境に問題が生じかねないものもあり得ます。したがって、建築廃材などは勝手に焼却せずに、きちんと処理することが望ましいと考えています。

もちろん、田でイナワラや収穫残渣などを燃やすのは、周辺に迷惑を与えない範囲であれば「違法」とはならず、許されると考えます。さらに、落ち葉焚きなども「焚き火など日常生活を営むうえで通常行なわれる廃棄物の焼却であって、軽微なもの」ということで、当然に許されると思います。

Q 牧草を野焼きしたら罰金を取られた人がいる

北海道で酪農をやっています。機械で牧草をロール状に巻く時、小さい半端なロールを牧草地に残しておいたところ、雨で傷んでしまいました。かなりの量でどうすることもできず燃やそうと火をつけました。しかしすぐに通報があり、パトカーがかけつけて厳重注意を受けました。

私の住む町（農業は酪農のみ）では野焼きはしないよう、農協や役場からいわれます。消防署に届けを出そうとしても許可されません。仲間のなかには罰金を取られた人も10人ほどいて、40万円も払わされた例もあります。

「農業・林業などを営むためにやむを得ない野焼きは法律で認められている」と聞いたことがあります。げんに、隣町の畑作地帯や水田地帯では、みんなダイズ殻を燃やしたりアゼ草を燃やしており、なんのおとがめもありません。酪農だけは野焼きをしてはいけないのでしょうか。

A 「農業を営むための焼却」は認められるはず

牧草の焼却は「やむを得ない」はず

私は、日常的に廃棄物問題に取り組んでいますが、農業を営むうえでやむを得ない焼却は罰則の対象にはならない、と考えてきましたので、どういう理由で罰金を科されたのだろうかという疑問が浮かぶのです。

廃棄物を野焼きすることを禁止する法律は「廃棄物の処理及び清掃に関する法律」第16条の2で規定しています。大事な条文なので全文引用します。

「何人も、次に掲げる方法による場合を除き、廃棄物を焼却してはならない。

1　一般廃棄物処理基準、特別管理一般廃棄物処理基準、産業廃棄物処理基準または特別管理産業廃棄物処理基準に従って行う廃棄物の焼却

2　他の法令またはこれに基づく処分により行う廃棄物の焼却

3　公益上若しくは社会の慣習上やむを得ない廃棄物の焼却または周辺地域の生活環境に与える影響が軽微であ

る廃棄物の焼却として政令で定めるもの」

この3号で規定されている「政令で定めるもの」というのは次の政令第14条です。

「法第16条の2第3号の政令で定める廃棄物の焼却は、次の通りとする。

1　国または地方公共団体がその施設の管理を行うために必要な廃棄物の焼却

2　震災、風水害、火災、凍霜害その他の災害の予防、応急対策または復旧のために必要な廃棄物の焼却

3　風俗慣習上または宗教上の行事を行うために必要な廃棄物の焼却

4　農業、林業または漁業を営むためにやむを得ないものとして行われる廃棄物の焼却

5　たき火その他日常生活を営む上で通常行われる廃棄物の焼却であって軽微なもの」

そこで本件では、政令第14条4号に該当するかどうか、という判断になります。「農業を営むためにやむを得ないものとして行われる廃棄物の焼却」であれば、法律違反の焼却ではなく許されるのです。もちろん、罰金を科せられることはありません。例えば下草刈りの草や果樹園のせん定枝を燃やしたり、あるいは質問のダイズ殻やアゼ草を燃やしたりする行為は「おとがめなし」となるのです。そこでこれら許される焼却と、ご質問の「雨で傷んだ牧草を燃やしたこと」とになんらかの法律上の差異があるのだろうかという判断になると考えます。私には「農業を営むためにやむを得ない焼却」という限りで、これらの焼却に本質的な差異があるとは考えられません。したがって当然に、法に違反しない許される焼却だと思います。

仲間と一緒に担当者に説明を求めてみては

もちろん、燃やす量の問題はあり得ると思います。あまりにも多量であれば、当然危険性もそれだけ高くなりますし、周りの皆さんに与える影響も違ってきます。しかしもし量の問題であれば、一度に燃やさずに少量ずつ数回に分け、日時を掛けて燃やすようにという指導をすればよいのであって、罰則を科すという判断は納得できないという質問者の考えに私も同感します。

そこで、困っている仲間の皆さんと相談して、皆さんで一緒に町の担当者や警察署、消防署の担当者によく説明を求めてみたらいかがでしょうか。許される焼却と、許されない焼却とをどう区別しているのか、その判断要件の根拠はなんなのか（法律適用上合理的な根拠があるのか）、納得がいくよう説明を求めてみてください。

Q コンピュータ管理の農業も労働時間等の労働基準法適用除外は当てはまる?

養鶏場に勤める男性が未払い分の残業代を払ってほしいと雇用主を訴えました。労働基準法で、農業は割増賃金などの支払いを適用除外とされているはずですが、ケージ飼いの養鶏業は採卵などの工程がコンピュータ管理され、天候などに左右される一般的な農業を想定した法の趣旨に当てはまらないと訴えていました。

この問題について、つい最近、雇用主が和解に応じて、男性に解決金を払ったという報道があり驚きました。私はハウスでトマトを栽培し、従業員も雇っています。養鶏ほどではありませんが、父の代に比べると温度やかん水などの管理は自動化が進み、天候などに左右されにくくなっています。

いったい、コンピュータ管理がどこまで進むと、労働基準法の適用除外に当てはまらなくなるのでしょうか。例えば植物工場などでは、さらに光もコントロールしています。今後、大きな問題になりうると思います。ぜひ、教えてください。

A 従業員とよい労働環境をつくるために一緒に考えていくべき問題

なぜ適用除外なのか

ご質問の内容は、現在重要な問題だと思います。まず、当然のことですが「農業の従事者であれば労働基準法が適用されない」ということではありません。労働者を一人でも雇用すれば事業内容が農業であっても、労働基準法は適用されます。しかし、労働時間等についてだけは、労働基準法第41条で例外的に適用除外が規定されています。

第41条（労働時間等に関する規定の適用除外）では次に該当する労働者について、労働時間や休憩及び休日に関する規定について適用しないと規定しています。以下抜粋です。

「6、土地の耕作もしくは開墾または植物の栽植、栽培、採取もしくは伐採の事業その他農林の事業

7、動物の飼育または水産動植物の採捕もしくは養殖の事業その他の畜産、養蚕または水産の事業」

このような規定がされた理由は、一般的には次のように説明されています。

「天候、気候、その他季節等の自然的条件に強く影響される事業においては、一日ないし一週の労働時間を、画一的に規制されること、また休憩や休日についても同様にこれを厳格に規制されることは、事業経営上甚だ不便なことが起こり得る。場合によっては事業そのものの存立さえも困難ならしめることもある。のみならず、規制してみても監督は甚だ困難である。そこで、このような事業、主として農業と漁業については全般的に広く労働時間の規制を加えないでおく（略）ことが各国で見られるし、国際的にも承認されている」（有泉亨著『労働基準法』より）

農業では労働時間、休憩、休日に関する労働基準法上の規制は受けないことになるので、時間外労働や休日労働という考え方自体が適用されないことになり、割増賃金を支払うことは義務付けられないというわけです。

「支払う必要がない」のではない

しかしここで注意しなければならないのは、この意味は「割増賃金の支払いがなくても法律違反にはならない」ということであって、決して「支払う必要がない」とか、ましてや「支払うべきではない」などという意味ではないのです。

雇用主と従業員との間で雇用契約を結ぶことが当然必要ですが、できる限り合理的な算定方法を相談して決めておくことが望ましいと思います。例えば繁忙期の労働時間・出勤日数を少なくして、閑散期の労働時間・出勤日数を多くして、1年間を平均して1週間40時間を実現するという方法など、できるだけ農業においても、一般企業と同じように週40時間労働を基本として、これを超えた時はそれに相当する割増賃金を支払うことにするのが望ましいのです。

従業員にできるだけよい労働環境で長く働き続けてもらえるように、できる限り労働条件を改善するように努

力していただきたいと願っています。

これは決してコンピュータ管理がどこまで進んだか、さらには労基法が改正されるか、という問題ではなく、現在の条件の下でも従業員と一緒になってよい労働環境をつくっていくためにどうすればよいのか、ということを考えていくべき問題だと思います。

さらにこれも当然のことですが、例えば時間給が１０００円の従業員に所定労働時間外に勤務させた時は、その1時間につき１０００円の賃金を支払う義務があります。時間外や休日に、ただ働きをさせることまでは許されていませんので注意してください。

第5章

食品、資材の製造・販売などに関するQ&A

Q 山菜を売る際に薬効を掲げるのは違法か
A 「このようなこともいわれています」程度なら範囲内

山菜などを直売所で販売しています。タラノメやヤマウドなど、地元でとれたものですから大変よく売れます。販売する際、山菜の薬効・効能がわかりやすいよう、インターネットの情報を印刷して商品の近くに掲げています。また、本の情報は「〇〇より抜粋」と明記したうえで、効能を書いています。ところが、同じ出荷者のなかに「薬事法違反だ」という人がいます。本やインターネットで紹介されている内容を、そのまま掲示するのに法律違反なのでしょうか。ならば、その本は法律違反とならないのでしょうか。

山菜や薬草は薬にも毒にもなる

大変難しいご相談です。地元で栽培している山菜や薬草を、自分たちの手で広く販売したいと宣伝していたら、その宣伝が薬事法（現在は「医薬品、医療機器等の品質、有効性及び安全性の確保等に関する法律」。薬機法）違反だということでは当惑してしまいます。

このような問題が生じている理由として、薬というのは役に立つ一方で、毒にもなるということがあります。思わぬ危険を引き起こすこともあり得ます。サリドマイドやスモンほどの大事件でなくとも、「健康食品」と称してあやしげな商品を売り込む人もいます。

このように薬や「健康に役立つ」と称する商品が、国民の生活・健康に与える影響が極めて大きいことから、国は薬品の製造販売について、薬事法で厳しい規制を行なっているのです。

健康によいことが強調されれば「医薬品」

第2条にある医薬品の定義をみてみます。

「この法律で『医薬品』とは、次に掲げる物をいう。

1、日本薬局方に収められている物

2、人、または動物の疾病の診断、治療または予防に使

用されることが目的とされている物であって、機械器具等でないもの（医薬部外品及び再生医療等製品を除く）
3、人または動物の身体の構造または機能に影響を及ぼすことが目的とされている物であって、機械器具等でないもの（略）」

ここでとくに問題になるのが、「人の治療または予防に使用されることが目的とされているもの」です。健康によいことの強調の仕方で、この項に該当することになります。センブリなどの健胃効果がまさにそうなのです。

ちなみに次の判例があります。

「自然の粘土を掘り出した『細胞土』であっても、社会一般の通常人をして人の疾病の治療・予防に使用される目的性を持つものであることを認識させるものである時は、本状1項2号、本法24条1項にいう『医薬品』に当たる」（1979年9月30日。津山簡・判例タイムズ263・350）

「牛胆、羊胆及びエキスは、本状1項2号にいう人の疾病の治療または予防に使用されることが目的とされているものに当たる」（1971年12月17日。最高裁第二小法廷・最高裁判所刑事判例集25・9・1066）

したがって、「人の疾病の治療または予防になる」という目的をかかげれば、医薬品に該当し、薬事法の適用を受けるという判断になると考えられます。

薬事法の適用を受ける「医薬品」に該当すると、その製造・販売については許可を受けないとできないことになります。製造については法12条によって厚生労働大臣、販売は法24条によって県知事の各許可が必要です。

許容範囲のなかで

そこで許可を受けないで山菜などを直売所で販売するためには、その山菜が「医薬品ではないこと」が条件になります。つまり、「人の疾病の治療または予防になる」ということを強調してはならない、ということなのです。

薬効・効能が本やインターネットで強調されているのは違法ではないのか、という疑問が生じます。しかし、例えばテレビのコマーシャルなどでは、有名人が効能をしゃべっている場面で、「個人の体験に基づくもので、一般的に効果があることを保証しているものではありません」という趣旨のテロップが流されます。これも、薬事法違反を避けるためなのだと考えられます。

実際問題としては、例えば本の内容を、効果が認められていると断定するのではなく、「このようなこともいわれています」という程度の紹介を掲示することは許される範囲内ではないかと考えます。

Q 地域の在来品種を、その名をつけて販売できない

地域在来のダイコンをつくっています。ところが、その品種名は地域の生産組合によって商標登録されてしまいました。江戸時代から地域でつくられているダイコンで、わが家でも代々つくり続けてきました。それなのに、その品種名を付けて売ることができないなんて残念です。

商標登録をとられてしまった場合、販売以外では、その名前を使ってもいいのでしょうか。例えば、ホームページ上で「〇〇ダイコンをつくっています」と紹介したり、直売所でお客さんに口頭で伝えたりする場合はどうなるのでしょうか。

A 地域名や産地名は使用できるはず

地域団体商標なら登録できる

まず、問題の考え方を整理してみたいと思います。「商標登録」を定めている法律は、「商標法」です。質問の「〇〇ダイコン」の〇〇は、特定の地域名であり、ダイコンは普通名称です。このような地域名と普通名称の組み合わせはいくらでもあるので、それらすべてを「登録商標」として認めれば、他の生産者に大変な被害と混乱を引き起こすことになります。そこで法3条1項3号は、このような地名と普通名称を単純に組み合わせただけでは、原則として登録を許さないと規定しているのです。

しかし、法3条2項は「前項第3号に該当する商標であっても、使用をされた結果需要者が何人かの業務に係る商品または役務であることを認識することができるものについては、同項の規定にかかわらず、商標登録を受けることができる」と規定しているのです。

わかりやすくいえば、例えば「夕張メロン」のように、「メロンが特定の出所であることを示すのが、全国的に知られていますよ（出所識別力）」という要件を満たした場合、商標登録が認められるということなのです。

そして、この法3条2項が規定する全国的認知度の要件が、さらに地域団体商標を登録するという制度（法7

条の2、第1項）によって、よりハードルを下げた形で認められています。

すなわち、「事業協同組合その他の特別の法律により設立された組合（法人格を有しないものを除き、当該特別の法律において、正当な理由がないのに、構成員たる資格を有する者の加入を拒み、またはその加入につき現在の構成員が加入の際に付されたよりも困難な条件を付してはならない旨の定めのあるものに限る）、商工会、商工会議所（中略）は、その構成員に使用をさせる商標であって、次の各号のいずれかに該当するものについて、その商標が使用をされた結果自己またはその構成員の業務に係る商品または役務を表示するものとして需要者の間に広く認識されている時は、第3条の規定にかかわらず、地域団体商標の商標登録を受けることができる。

1、地域の名称及び自己またはその構成員の業務に係る商品または役務の普通名称を普通に用いられる方法で表示する文字のみからなる商標」

つまり、この地域団体商標の登録には「需要者の間に広く認識されている」もので足りるということです。ただし、その権利主体となれる「地域団体」は、「法律上構成員の自由加入が要求されている団体に限られている」（すなわち、加入希望者を拒否できない）のです。

そして、この地域団体商標が登録されていても、第三者は指定商品や役務の普通名称、産地、販売地、提供場所などを普通に用いられる方法で使用してよいのです（法26条1項2号）。

「○○ダイコン」の名は使える

そこで結論として、地域団体商標が登録された地域において、登録商標（○○ダイコン）を使用しようとする人は、この「生産組合」に加入するか（組合は拒否できない）、普通名称（ダイコン）や産地など（○○）を「普通に用いられる方法で」使用することができる、ということになると思います。

ご質問にある紹介は、いずれも構わないという結論になると考えます。

しかし、この問題は地元の生産組合との関係が重要な問題点ですし、地域のブランド名を生産者みんなで大切に護り育てていく、ということが根本的な法の理念だと考えます。組合ともよく話し合い、双方が成り立つように、相談しながら生産販売を続けていくことが必要ではないかと考えます。

Q 品種登録と商標登録、苗を売るのに必要なのは？

A 新品種の苗販売に登録は必要ない

ワラビの栽培を始めて20年になります。素人ながら育種に興味があって、山から育ちのよさそうなものを持ち帰って殖やし栽培していました。

5年くらい前、芽が特別大きなものが見つかり、育成して殖やし、有望な株を選抜しました。従来の品種と比べて葉数が多いため重量が重く、形状もきれいです。従来品種との比較は、栽培データもとりました。

せっかくいいものができたので、広く栽培してもらいたくなりました。そこで弁理士のイベントに参加して、種苗販売を前提として相談してみました。すると、品種登録は専門的な知識が必要で、協力者がいないと難しいといわれました。その点、商標登録ならば許可が下りるのが早く、それだけで種苗販売している人もいるといわれました。

ところが、無事に商標登録をとり、地元の農協に相談したところ、種苗を販売するには品種登録が必要だといわれました。商標登録のみで種苗の販売はできないのでしょうか。また、種苗販売において、品種登録と商標登録は同等に考えることはできないのでしょうか。さらには、他の人が似た品種を選抜して品種登録した場合はどうなるのでしょうか。

品種登録しなくても販売できる

せっかく有望な品種を栽培し始めたのに、その権利を守れるかどうか不安が生じては、大変困ってしまいます。

まず、商標登録は無事にとれたということです。しかし、地元の農協では品種登録が必要とのこと。私は、この農協の方の回答が誤っていると思います。ぜひ農協の担当者に、品種登録をしないと種苗販売ができない理由をもう一度尋ねてみてください。その場合、できないという回答の法的根拠（法律の条文上の根拠）について、説明を求めることが必要だと思います。

まず、種苗の販売は、特定の権利者がすでにいない場合は、種苗法や商標法に基づき、原則として誰にでも自由にできることだと思います。権利者がいなければ、品種登録をしなくとも、販売可能だと考えます。

独占販売には品種登録が必要

しかし、せっかく努力して改良した品種の販売を始めたとしても、他の人もまた同様のものを自由に販売できたとしたら困ってしまいます。そこで自分が改良した品種については、自分だけが独占的に業として利用（種苗の生産、販売など）できることを権利として認めたのが、種苗法が規定している品種登録なのです。

つまり品種登録されている品種については、登録者以外の人は種苗の生産販売などを勝手にすることが許されない、ということなのです。もちろん品種登録した育成者権者は、他の人が許可なく、業として登録品種の種苗や収穫物の利用などの行為に及んだ場合には、その行為の差し止めを求めたり、損害賠償の請求をすることができます。

自分の品種を守るには、品種登録もしたほうがいい

一方、質問者がした商標登録は商標法に規定されていて、商標とその商標を使用する商品やサービス（役務）が指定され特定されています。そこで商標登録されていれば、他の人はその指定商品、指定役務内容に競合する行為は許されない、ということになります。したがって、商標登録をした内容については上記の権利が保護されています。

さらに商標登録と品種登録との関係について検討します。商標登録された品種について、他の人が新たに品種登録をしたいと考えて出願した場合、出願された品種の名称が登録商標と類似の商品や役務と同一、または似たものである場合は、品種登録できないとされています。したがって、その限りでも質問者の権利は保護されていると思います。

ただし、農林水産大臣は品種登録の出願者に対して、品種の名称を登録商標に類似しないよう変更すべきと命ずることができます。その命令に従って名称を変更すれば、品種登録が認められる、ということも考えられます。

ぜひ質問者は、農協の担当者ともう一度相談するだけでなく、県庁の例えば種苗法、商標法担当者に相談してみてください。適切に指導をしていただけるのではないかと思います。

Q 取り込み詐欺には泣き寝入りするしかないのか

受託も含めて水稲を約20 ha栽培しています。米はJAに出荷する他、インターネット等で直接販売しています。最近、お米を送ったのに代金を支払ってもらえない、いわゆる「取り込み詐欺」に遭ってしまいました。

相手は老人ホームにお米を卸しているという会社で、お米が足りないので継続的に売ってくれる農家を探しているという話でした。電話での話しぶりは温厚そうで、インターネット上にホームページもありました。すっかり信用して、まずはサンプルのお米を送ることにしました。

すると、おいしくて大変好評だったとお礼が届き、25日締めの月末払いという約束で、すぐに注文が来るようになりました。最初は5袋の注文（1袋30kg）で、代金の振り込みもすぐにありました。ところが、翌月は合計30袋送ったのですが、期日になっても入金がありません。不思議に思って担当者に何度電話しても繋がりません。

まさかと思っていると、弁護士から「債務整理開始通知」という手紙が届きました。その会社が倒産し、代金は払えないというのです。調べてみると、似たような被害に遭った農家が複数います。どうやら計画倒産による取り込み詐欺のようです。警察にも相談しましたが、最初から騙すつもりであったと立証できないと、詐欺罪での立件は難しいとのこと。泣き寝入りするしかないのでしょうか。

A 詐欺罪での刑事責任は問えるが、損害は取り戻せないだろう

代金の支払いは期待できない

ご相談のような詐欺行為があると、営農者にとっては大変な打撃です。問題点は2点だと思います。

まず、このお米の代金をなんとか支払わせる方法はないだろうか、ということです。ご相談では、相手の会社は弁護士に依頼して債務整理の手続きをとっているということです。この会社から依頼を受けている弁護士は当

然、会社の現存する資産を自らの管理の下に確保したうえで、会社の営業記録上判明している取引相手に対して、債権を申し出るよう求めます。

ご質問の「通知」は、その手続きを開始したというお知らせだと思います。その債権申し出の結果、判明した債権額に応じて、会社の保有資産を案分して支払い手続きをとることになります。

そこで会社が一定の資産を保有していれば、なにがしかの支払いは行なわれるのですが、質問者がご心配されているように、計画的な取り込み詐欺だとすれば、会社の資産はすでに隠し込まれてしまっている可能性が大きいのだと思われます。その通りであれば、お米の代金を支払ってもらえることは、残念ながらあまり期待できないことになります。

詐欺罪での刑事責任は問える

そこで第二の問題点として、会社の代表者など役員の刑事責任を追及することが考えられます。この取り込み詐欺を共謀した代表者などの役員に対して刑事告訴を行ない、その刑事手続きのなかでいくらかでも支払わせることはできないか、ということです。

もちろん刑事告訴は、犯罪として処罰を求めるものですから、刑事手続き自体において、代金支払いが予定されていることはありません。しかし、もし役員たちが、自らの刑が少しでも軽くなるようにと考えるのであれば、自分の資産からでもなにがしかの支払いをするのではないか、ということです。

その場合、もちろん騙すつもりであったという意思の立証が必要です。これは困難ですが、質問者と同じような被害に遭った方が数多くいて、被害者同士の連携が取れるのであれば、騙す意思があったという立証は可能になると考えられます。

しかし、刑事罰を科することが可能になったとしても、損害の回収はいずれにしろ困難だと思えます。残念ですが、支払い能力（資産）がない相手に対しては、隠されている資産（役員の個人資産も含めて）を見つけ出す以外、損害分を支払わせることは難しいと思います。

取り込み詐欺に遭わないためにも、一定金額以上の場合は前払いにしてもらうなど、新しい取引に対しては用心に用心を重ねるしかありません。

Q 団地内での引き売りをやめろといわれた
A お客さんと一緒に説明を求めたい

私は20年前から、近隣の団地内で野菜や米の引き売りをしています。週に1度、軽トラに野菜を積んで行くとお得意さんが集まってきます。配達サービスもあり、高齢者の方々に喜ばれています。もちろん、団地の自治会の許可を得て、駐車場を1回500円で借りています。

ところが、その団地の自治会に、近くのスーパーマーケットと団地の管理団体（都市再生機構、UR）から、野菜の引き売りを禁止するよう申し入れがありました。自治会としても、その申し入れに従う意向のようで、同じく引き売りをしていた仲間はすでに販売を中止しました。

しかし、長くルールを守って続けてきた引き売りです。一つ200円以下と、販売額からいえば近隣のスーパーに迷惑を掛けているとは思えません。なぜ、急にやめろといわれなければならないのかわかりません。お客さんとも長年の付き合いで、「やめないでくれ」といわれています。私もやめたくありません。どうか、助けてください。

「営業の自由」が認められるべき

URも団地の自治会も、一体誰の利益を守ろうとしているのか疑問になる、大変困った問題だと思います。

まず確認しておきたいのは、質問者や同業の方が、軽トラで野菜などの農産物を販売して回る行為は、道路交通法など関係する行政法規定に違反していない限り、当然に認められる営業の自由だということです。

質問者は団地の自治会の許可を得て、駐車場もお金を払って借りているということです。当然、従来20年近く続けてきた販売について、なんの違法の問題もなかったのだと考えられます。

そこで、現在生じている問題は、団地の管理団体（都市再生機構、UR）の野菜販売禁止という意向と、それに従う自治会の意向の正当性、合理性があるのかということだと思います。

確かに、団地のなかで販売するためには、団地の管理権者と自治会の許可が必要だと考えます。他人の管理地内で、その管理者の意思に反して販売を行なうことはできないからです。しかしすでに指摘した通り、質問者は20年前から管理権者の許可の下に同じように販売してきており、顧客からも喜ばれて、なんの問題も生じなかったという事実があります。

販売禁止に合理的理由があるか

そこで、団地の管理者であるURと自治会が、急に質問者の販売を禁止する根拠（その理由）について、きちんと説明をしてもらうよう話し合いを求めることが必要だと考えます。

あまりにも当然のことですが、近くのスーパーマーケットの申し入れがその正当な根拠となることなど、まったく考えられません。営業の自由の問題であり、スーパーマーケットが他人の営業をやめさせることを、URに要求する権利などないことは自明です。

URとしては、団地の管理上で現に問題が生じているなど、URとして禁止する必要があるという問題点を質問者に指摘し、その対策として販売を禁止するという合理的理由、その正当性があることを、きちんと説明する義務があると思います。

合理的な説明なしに禁止できない

もしその合理的な理由が説明できないのであれば、URは販売を禁止することはできないと考えます。また、自治会がそのURの意向に従うというのも、不当であり、おかしいということになるのだと思います。

仮に、禁止する理由が単に「URの私有地内での販売行為はそもそも認めていない」ということであれば、これまで20年近く販売行為を行なってきたこと、その間なんの問題も生じていないこと、自治会が駐車場使用の許可もしていたという事実に対して、まったく反した答えをしていることになります。そして結局、今回禁止することについて、その合理性不当性については、なにも答えたことにはならないと考えます。

さらに、他のURの団地でも同様な販売行為が行なわれていないか、確かめてみるのもよいのではないでしょうか。もし他の団地でも販売行為が行なわれていれば、有力な反論材料になるのだと思います。

ぜひ、販売をやめないでほしいというお客さんとも一緒に協力して、URと自治会に対し、説明を求めて話し合いを行なうことが必要だと考えます。

Q お米の出荷、皆掛重量30・5kgは適正か

A 袋に入れるお米を必要限度量まで減らすよう、当然要求できる

東京で働いていましたが、三年前に実家に戻って農業を始めました。田んぼをつくり始めておかしいと思ったことがあります。お米の出荷規格についてです。

お米を30kg袋で出荷する際、うちのJAでは30・5kg入れるのが決まりとなっています。皆掛《かいがけ》重量といい、正味重量に袋の重さを足した重量とされています。

ところが、袋の重さは230gです。検査で少し抜かれ、含有水分量の変化で正味重量が軽くなったとしても、それでもまだ200gほど余計に入れていることになります。支払われるお金はもちろん、30kg分だけです。

たった200gといえど、500袋近く出荷するので、全体では約100kgのお米を対価なく出荷していることになります。

正味重量が30kgを割っていると、取引所で罰金を取られるため、その対策のためとJAはいいますが、納得がいきません。このようなことは、法律上、問題ないのでしょうか？

消費者の信頼は裏切れない

当惑されるお気持ちはよくわかります。正味重量に袋の重さ以上の重量を余分に入れて出荷しなければならないのはおかしいというご指摘は、私も確かにその通りだと思います。

しかしその一方で、消費者の手元に販売される時点で、正味重量が30kgを割ることは許されない、という説明も当然その通りだと思います。これは「取引所で罰金を取られる」のかどうかということ以上に、消費者に対する生産者の根本的な信頼の問題だと考えるからです。

このところ、農業生産者や各種工事の施工業者などに

対する消費者の信頼が揺らぐような事例が、問題になることが起こっています。外国産の輸入作物も問題になるかもしれない今だからこそ、消費者の立場から見れば、国内の農産物に対する信頼はなにものにも代えがたい、大切な宝ものだという気持ちもしています。

最終正味重量が30kg以上なら皆掛重量を減らすよう要求できる

そこで、正味30kgを割らないようにするためには、出荷時にいったいどれだけの正味重量を確保しておくべきなのか、その事実の検証が必要だと私は考えます。

質問者のJAだけではなく、他のJAはどのような取り扱いをしているのか、そもそも実際に販売までに減量する程度の検証をした実例があるのかどうか、JAにも確かめてみる必要があると思います。

質問者のご指摘通り、200g以上を余分に詰めなくとも、最終的に消費者の手元にわたる時点で30kgを保つことが可能であれば、袋に入れるお米を必要限度量まで減らすよう、当然要求できると思います。

Q お米に小石が混入していた責任は問われるか

A 問われない。負傷者の請求はおそらく認められない

稲作を8反ほどしております。

先だって、小売先のほうから私どもが販売したお米に小石が混入していて、先様のお孫さんがご飯を食べた際にその小石で歯を欠き、歯医者通いをしているということで、治療費の負担をしてもらいたいとの申し入れがありました。また取り置きしていた残りの分も不要とのこと。

たしかにお米の生産過程で小石が混入した可能性はありますが、実際のところはどうかわかりません。

お米はすべて私どもで収穫し、乾燥し、脱穀をしていますが、精米については地域の農家組合で所有している小石取り機能付き精米機でしております。

どのような高性能な精米機を使用したとしても、小石を100%取り除くことは不可能でしょうし、そのことについて私どもはどうすることもできません。私どもが販売したお米に小石が混入していたとして、即座に責任を問われる立場にあるのでしょうか。また責任が問われるような場合、メーカーには求償できるのでしょうか。

責任が問われるのであれば、今後は保険に入ったり、細々とした特約事項を盛り込んだ売買契約書を作成し、契約に基づいて販売するなどしなければならなくなると思います。新たなコストの負担、煩雑な手続きなくして今回のようなトラブルが起こらないようにするための方法はないものでしょうか。

負傷者の請求が認められるのは難しい

本質的に大変重要な問題がある質問だと思います。いったいどう考え、解決すべきなのか、私も考え込んでいます。

純粋に法律の議論として考えれば、答えはかなり明確です。

第一に、このお孫さんの歯の損傷の原因となった小石

は、いったいどこで混入したのか、その原因がなんなのかが問題になります。これが法律的には因果関係とよばれる議論です。しかもその原因は、一般的には負傷者側が証明しなければいけないとされています。質問者がおっしゃる通り、小石が混入する場面はいろいろ考えられることになりますから、質問者の行為が原因だという証明は一般論としては困難だと思います。

次に、因果関係が証明できた場合には、さらに責任問題が検討されることになります。ご指摘のように、本来は「小石取り機能付き精米機」で除去できるはずではないのか、本当に質問者の責任なのか、という疑問も当然生じます。

以上のような種々の問題点が生じるために（もちろんそれ以外にも考えられる問題点はあります）、おそらく負傷者の請求が認められることは法律的にはかなり難しいと思います。また、仮に請求が認められた場合、メーカーへの求償は当然あり得ると思います。

国内産米は安全だと信頼されている

しかし消費者の立場からこの問題を考えてみると、また別の考え方もあるのではないのだろうか、と私には思えます。

私たちは普通、ご飯を食べる時に、小石などの異物が混入していることはまずないと思っています。そう思っているのは、異物の混入は極めてまれにしかない、という事実があるからだと思います。だからこそ以前、国内産米が不足して、輸入米に頼らざるを得ないという事態に陥った際、その輸入米に異物が混入しているという事実に私たちは驚きました。

私は、消費者の国内産米の「安全性」への信頼（それは異物の混入にとどまらず、農薬や添加物なども含めた総合的な信頼だと思いますが）は、とても大切なものだと確信しています。食料自給率をもっと高めるべきだ、という声は、このような国内生産農作物の「安全性」への信頼に支えられている、という側面が大きいと私には思えます。

生産者・流通業者全体で受け止めたい

そのような視点から本件を考えると、法的な原因や責任はともかくとしても、消費者（とりわけ負傷したお孫さん）の立場からは、広い意味での「生産者」（流通業者も含めて）側が、消費者の信頼に反する結果を生じさせた、ということになるのだと思えます。

したがって「残りの分ももういらない」という申し入

れにもなってくるのだと思うのです。これは法律上の責任判断の問題を超えてなされることになります。

本件自体はささやかな問題かもしれませんが、日本の農作物生産にとって、本質的に非常に重大な問題点が示されているように思います。消費者に農作物を提供する立場にある広い意味での生産者がこのような農作物に対する消費者の信頼をどうやって守り、高めていくのか、大切な問題だと思えます。質問者のご指摘の保険加入や、契約書作成によるコスト増大の問題も、個人の生産者のコストの負担と考えると大変ですが、生産者全体、流通業者全体で負担するべきコストと考えると、個別の生産者の生産現場の努力と併せて、全体の制度としての解決の方向があるのではないか、と私には思えます。

第6章

隣近所に関するQ&A

Q 土地の境界線を勝手に変更されてしまう

A 証明する義務は相手側にある

わが家の所有する竹やぶは、祖父が昭和30年代に隣人（Aさん）から購入したものです。祖父もAさんも10年くらい前に亡くなっているのですが、2〜3年前、Aさんの奥さんより、その境界線について突然申し入れがありました。

なんでも、Aさんが亡くなる前に、正しい境界線は現状の境界線（溝が掘ってある）よりも十数cmずれた位置（わが家の竹やぶに少し入った位置）にあるといわれていたというのです。そう一方的にいうと、奥さんはそこに、勝手に杭を打って、壁を作ってしまいました。

Aさんとは生前、私も土地について話し合ったことがありますが、その時は溝が境界線であることについて、とくに異論はなさそうでした。奥さんにそう抗議しましたが、認めてもらえません。このままでは、相手の思うように、完全に地形を変えられてしまいます。

問題の竹やぶは、Aさんが所有する土地の一角にあり、そこへ行くにはAさんの土地を通る必要があります。争いになれば通行を禁止されてしまうのではないかと思い、あまり強く抗議もできません。こうした場合、どうしたらいいでしょうか。

境界線を変える根拠が必要

境界についてては原則として、まず、現状を前提として検討を始めるのだと考えています。したがって、境界線の位置に溝があったのであれば、そこが境界線だと推認することが可能だと思います。

「そこではない」と主張するならば、当然、A氏の奥さんのほうが、その主張する境界線が正しいことを証明する責任を負うことになるのだと考えます。もちろん、A氏が生前そういっていたということだけでは、主張が正当だとは認められません。もっときちんとした根拠が必要です。

作られた壁は放置しない

しかし今回、A氏の奥さんが一方的に自分の主張する境界線に壁を作ったということです。これをこのまま放置していれば、それが「現状」ということになり、今後はそこが境界線だと推認されることになってしまう、ということがあり得るのだと思います。

そこで本来ならば、その工事中に止めるよう強く抗議し、壁を作らせるべきではなかったと思います。

すでに話し合って認めてもらえないのであれば、壁をそのまま放置するのではなく、法的に境界の確認と、壁の撤去を求める裁判をする他ないと思います。具体的には、壁の撤去を求める仮処分の申し立てでよいのではないかと思います。

なお、通行を禁止されるのではないかと心配していますが、竹林に行く方法が他にない、いわゆる袋地であれば、通行を禁止することは法的に許されません。当然に通行できます。

いずれにしても、法的手続きを取るのかどうか、まずは近くの弁護士によく相談してみてください。地元の弁護士会で、無料法律相談をしているのではないかと思います。

Q 隣地の立木が台風で倒れそうなので伐採してほしい

住宅の隣の土地に30年生の立木があります。台風などの強風で倒れる危険があると思い、立木の所有者に伐採を申し入れましたが、当方の依頼を聞き入れてくれませんでした。相手には被害予防措置の義務があると思います。

もしも台風等で立木が倒れて、住宅に被害があった場合には、相手に損害賠償を求めるつもりでおります。しかし口先だけでは訴訟での立証が弱いので、内容証明書を相手に送付しておく必要があると思います。

先生のご意見をご教示ください。

A 通常の台風で倒れる危険性があれば、対策を要求できる

隣地所有者には安全性を保つ管理義務がある

ご質問の問題については、これまでにも何回かご相談がありました。

まず、法律の考え方を整理しておきます。自分が支配管理している土地上にある建物などの構造物や立木などについては、安全性を保つように管理すべき義務があります。そこで、管理が不十分だったために、隣地に被害を与えた場合には、当然、損害賠償をすべき義務があります。

したがって、ご質問のように台風などで隣地の立木が倒れて、質問者の住宅に被害を与えた場合は、立木の管理者（所有者）は当然、原則として質問者に損害賠償をしなければなりません。「原則として」というのは、例

えばこの立木が倒れた理由が不可抗力によるものだったなど特別の事情があれば、隣地所有者には責任はない場合もあり得るということです。具体的には、通常ではあり得ない強風だった場合などが考えられます。

そこであえて隣地所有者に対し、被害を生じた場合には損害賠償を求める旨の内容証明などを、あらかじめ送付しておく必要はないと思います。

通常の台風で倒れる危険性があるか

さらに次に、隣地の所有者に対し、危険を防止するよう必要な対策をとるべきであることをあらかじめ申し入れしておく必要があるのか、ということを考えてみます。ご質問では、立木の所有者に伐採を申し入れたが応じてはもらえない、ということです。

私は、この立木が通常あり得る台風で倒れる危険性があると判断できるのかどうかによって、対応が違ってくるのだと考えます。倒れる危険性があり得る、と判断できるのであれば、当然のことですが、この立木を伐採するか、あるいは万一倒れた場合でも、質問者の住宅に被害を与えないような対策をとるように（例えば質問者の住宅へは倒れないように反対方向へ引き綱や支えとなるものをつけるなど）請求できます。どうしても聞いてもらえないようでしたら、裁判所に必要な対策を求める仮処分を申請することも考えられます。

しかし逆に、通常の台風程度でこの立木が倒れるとは判断できない、ということであれば、わざわざ対策をとる必要はない、という結論になると考えられます。

以上の通り、この立木が倒れる危険性がどの程度あるのか、という判断になるのだと思います。もちろん、住宅が被害を受けるだけではなく、状況によっては人命にもかかわる問題なので、立木の所有者とよく話をされて、この立木が倒れる危険性について、一緒に専門家の意見を聞いてみることも必要ではないでしょうか。

Q 空き家にハクビシンが棲みついている

A 所有者不明でも打てる手はある

私のブドウ畑の隣に1軒の空き家があります。高齢のご婦人が独りで住んでいましたが、3年前に亡くなって以来、ずっと空き家のままです。

そこにハクビシンが棲みついたようで、ここ2年、収穫目前のブドウが被害に遭うようになりました。もちろんネットを張るなど対策は講じていますが、被害はゼロになりません。

また、去年は軒下に大きなスズメバチの巣ができて、畑で作業中に何度か怖い目に遭いました。

空き家には誰か住む様子もなく、とても古いので、できれば取り壊してもらいたいです。しかし家主とは生前あまり交流がなく、後継者の方の連絡先もわかりません。こうした場合、いったい、どうしたらいいでしょうか?

まずは所有者を特定する

現在、このような問題は各地で生じており、皆さんが大変困っています。

考え方としては、第一に、質問者が個人的にできる範囲で行なえる方法を検討してみること。第二として、近くの住民の皆さんと協力した対策を検討してみること。第三に、その延長として自治体に取り組みを要請すること、などがあると思います。

まず取り組みの前提として、現時点での所有者を確認することが必要です。質問者が個人で調べるのが難しいということでしたら、司法書士や弁護士に調査を依頼することが可能です。もちろん、弁護士に本件の全体の解決を依頼することが一番簡単な方法です。しかし、その費用の全額負担が難しいということであれば、とりあえず調査だけを依頼すればそれだけ費用は少なくて済むと思います。

場合によっては、所有者は一人でなく、数人の共有ということも考えられます。次にその全員に質問者の要望を伝える手紙を出して、話し合いを申し入れるのがいいと思います。できれば所有者の代表者を決めてもらい、話し合いに応じてもらえるようお願いするのがいいでしょう。

話し合いで要望に沿う合意が成立すれば、それで解決となりますが、もし応じていただけない場合は、次の方法を検討することが必要になります。近くの皆さんと協力する対策です。

所有者が不明な場合

そもそも所有者が不明、所在が明らかでない場合も、この方法による解決を考えてみることになります。

近所の皆さんにとっても、古い家屋が管理されないまま放置されるのは、極めて危険で、被害が及ぶことが予想されます。そこで周辺の皆さんと協力して弁護士に相談し、解決のために必要な費用を分担して負担することも考えられます。また、自治体の担当者や消防署、保健所などに対応を相談してみることも必要だと思います。

この場合、予想される危険性を具体的に指摘することが重要だと思います。例えば、強風によって傷んだ家屋の一部が道路上に飛散する恐れや、庭の雑草の繁茂による、蚊や害虫の異常発生、スズメバチの巣の存在など、周辺住民の健康や生活に重大な被害が及ぶ具体的な指摘が大切です。行政の関係機関や自治体が必要な対策を講じるよう要請する取り組みを広げることです。強制撤去も、最後の手段としては考えられるかもしれません。

同種の問題は周辺にたくさん生じていると思います。皆さんの声によって、近くの空き家だけではなく、自治体内に生じている全体の問題として、市町村の首長の会議や議会でも討論してもらうことの必要性を痛感しています。

Q
A

近所に家が建って、景色が悪くなりそう
一定の譲歩はお願いできるが……

５年前に新規就農し、一昨年、念願だった農家レストランを開店しました。テラスから望む名山が自慢で、雑誌などに取り上げられたこともあって、ゴールデンウィークともなると、ランチタイムは予約でいっぱいになります。

ところが、１００ｍほど先に2階建ての家が建つことになりました。このままだと、その2階部分がうちのテラスからの視界をちょうど遮り、山の稜線がほとんど見えなくなってしまいそうです。

開放感のある景観を気に入って選んだ物件だっただけに、とてもショックです。その家が建つことで日陰になるなどの被害はないのですが、景観やレストランの営業を邪魔するといった理由で、２階部分の建築をやめてもらうようなことは可能でしょうか。どうぞ、教えてください。

民法が示す「合理的な譲り合い」

せっかく好評だったレストランの営業が、重大な打撃を受けることになりかねないという事態に、どう対応したらよいのか、私も頭を抱えています。

私たちが、今、生活する社会を規制している法律の基本となる考え方（近代市民法、民法の基本）とは、市民一人一人がそれぞれ独立した立場で、自由な意思に基づいて、自分が所有する財物（もちろん不動産も含む）を自由に利用し、自由に処分することができる、ということです。例えば、私が私の所有物を自由に支配し、自由に利用する場合、私の隣人もまた同様に、自由に行動することによって、当然、互いの行動がぶつかり合うことがあり得ます。市民のお互いの自由な権利行使が衝突する場面です。

民法は、このような場合の解決方法として「相隣関係」

という考え方による、いくつかの条文を例示しています。その基本は、互いの所有財物を最大限有効に活用できるよう、お互いに合理的な譲り合いをしよう、ということです。

例えば、上流から下流に流れる流水（生活排水や雨水なども含む）について、「土地の所有者は隣地から水が自然に流れて来るのを妨げてはならない」と定めています（民法第２１４条）。下流に排水できなければ、その土地で生活することが不可能となるからです。

また、民法などの法に明文規定がない場合でも、市民間でお互いの権利行使が衝突する場面では、互いに譲り合うことが当然に尊重されるべきです。

名山を望む景観は権利ではない

そこで、本件について検討してみます。まず、質問者が営業している農家レストランについて、確かにテラスから望む名山が有名になっているとしても、質問者がこのレストランを経営する権利の一部として、名山の眺望が含まれるということにはならないと思います。質問者が、この眺望を支配する権限が確立されているとはいえないでしょう。

一方、新しい２階建ての家の建築について考えてみます。例えば、この建築物が数十階の高層ビルだったり、とんでもない形や色彩だったりして、地域全体の調和を根本的に乱すようであれば、それは質問者だけではなく、周辺の住民にとってもとうてい認められない、という立場もあり得ると思います。

しかし、ごく普通の２階建ての家を建てるということであれば、一般の土地所有者にとって極めて当然に認められる権利の行使であって、基本的には周辺住民の権利を侵害するとは認められないのではないでしょうか。

つまり、本件は元々、双方の権利が有効に行使できるよう互いに譲り合う、という場面ではないと思えます。質問者が自らの権利行使（レストランの営業）を守るために、新しい２階建ての家主に法的に譲歩を求めるのは難しいと考えます。

そこで質問者としては、新しい家主に対して、テラスからの眺望を妨害しないためにどのような対策を取ってもらうことが可能なのか、代わりに金銭的負担をすることも含め、よい案を考えて、それを実行してもらえるよう相談するのがいいと考えられます。質問者のお気持ち、立場をよく説明して、一定の譲歩をお願いすることが必要だと思います。

Q 新住民が角地に石を置いた

水田に入る路地の角に建っていた家が売りに出され、春に新しい家族が入居しました。農家ではありません。その家の敷地の塀の角は、車両が曲がりやすいように斜めにカットされていましたが、新しい家主はある日、その角に直径1・5mほどの大きな石を置いてしまいました。今まで曲がることができた4t車が内輪差で引っかかって、水田に入れなくなりました。そのためコンバインはかなり手前から自走で入っていかざるを得なくなり、またグレンタンク（モミ輸送タンク）も2t車に積めるタイプを新しく買うしかありません。

塀ギリギリに大きなトラックが通られるのは困るというのが、家主の主張です。同じ区画の田んぼを使っている他の農家は、私ほど大規模ではないので、2t車か軽トラックで難なく入っていけており、私だけ都合が悪くなった状況です。これ以上文句はいえないのでしょうか。

A 通行地役権の妨害に当たる可能性あり

前の家主が通行を承認していたのかも

大変お困りのことと思います。

ご質問の塀の角が斜めにカットされている（いわゆる隅切り）とのことですが、そのカットがいつ頃、どういう経過でカットされたのか、事実確認をしてみるといいと思います。塀を作った最初からカットされた形で作られていたとか、最初は違ったのだが通行する人たちの要望に応じて、通行の便利のために当時の家主（地主）が塀をカットすることに同意した、などの事実があれば、このカットされた通路部分を第三者が通行することについて家主（地主）が承認していたといえるのだと考えます（いわゆる通行地役権）。

もちろん、このカットされた部分がこの道路の一部として所有権が移転されている（道路所有者の所有になっている）ということであれば、そもそも家主（地主）には石を置くことはできないことは自明です。

10年以上通行していたなら、通行地役権の時効取得も

さらに、質問者がこの部分をいつから通行していたのかということも問題になります。10年以上通行している、ということであれば、通行地役権の時効取得という主張もできると思います。いずれにしても、質問者がこれまで長期にわたって使用してきた行為（すでに権利となっていると評価できる行為）が、相手の一方的行為によって妨害されるということは許されないと思います。

家主（地主）の方とどうしても話ができないのであれば、地元の簡易裁判所に調停の申し立てをして、調停委員の第三者に入ってもらって話し合いを行なうのもよいのではないでしょうか。

どうしても急いでこの石を取りのけさせたいということでしたら、弁護士にご相談いただいて、石を除去するよう求める妨害排除の仮処分の申請を検討していただくことも必要だと思います。その場合は、地元の弁護士会が法律相談をしていると思うので、ぜひ相談してみてください。費用などもお聞きになるといいと思います。

Q 隣の市民農園に来る車が作業の邪魔になる

A 状況を率直に具体的に示して、解決策を相談したい

私が借りて耕作している田んぼの隣の農地30ａを、同じ地主が貸し農園にして市民に開放したのは5年前のこと。なかなか盛況で、とくに土日は利用者でにぎわいます。

しかしこの貸し農園には駐車場が5台分しかなく、車で来ても駐車場に停められない利用者が、農地の周りにずらりと路上駐車の列を作ります。挙句の果てには私が借りている田んぼの横にまで駐車されることもあり、農作業の邪魔になることが多々あります。

地主になんとかしてほしいとお願いしたところ、「土日だけなので我慢してほしい」といわれました。

借りている立場としてはこれ以上強くはいえないのでしょうか。

駐車違反や通行に危険性はあるか

大変お困りの事情はよくわかりますが、どう解決するのがいいのか、いろいろな考え方があるように思えます。

まず、路上駐車で質問者の農作業を邪魔することが許されないのは当然です。したがって、例えばこの道路が駐車禁止であれば、警察に相談して違法駐車を取り締まってもらうことも可能だと思います。しかし駐車禁止の道路ではなく、駐車自体も取り立てて通行の危険を生じることもなく可能だというのであれば、警察の取り締まりを要請する問題ではないとも考えられます。

一方、貸し農園は、30ａの広さがあるのならば、その一部を必要な台数分の駐車場にすることは十分に可能だと思えます。

農作業の邪魔の程度による

そこでご質問の答えは、地主がいっている「土日だけなので我慢してほしい」ということが、本当にそう判断

される状況なのか、という判断にかかってくるように思えます。

たとえ土日だけの駐車としても、質問者の農作業の邪魔になる程度がひどいのであれば（例えば一年中の土日のほとんどが日中ずっと駐車されているなど）、当然、質問者の法的権利として、農作業の邪魔にならないように必要な措置を地主に求めることが可能だと思います。

しかし逆に、極めて限定された農作業の時期（例えば田植え、イネ刈りの期間数週間）だけ、せめて駐車を避けてほしいということであれば、その期間の限られた時間帯だけの対応（例えば、その期間だけ駐車場を借りるなど）を、地主と相談してみるということで解決可能なのではないでしょうか。

邪魔になる状況を地主に説明して話し合う

市民の皆さんが貸し農園で農作業をすることも大切だと思いますし、一方質問者の農作業の邪魔になるのが困るという事情も地主は十分考慮されるべきことだと思います。

邪魔になる状況を率直に具体的に（単に邪魔になるということではなく）地主に示して、それに対するよい解決方法を具体的に相談してみることが必要ではないかと考えます。

Q 隣の貸し農園利用者の迷惑駐車をやめさせたい

A まずは立て札を立てる

私の田んぼの隣に貸し農園があり、30人くらいの方が利用されています。

この貸し農園には駐車場や駐輪場がないため、車や自転車で来た人は路上に駐車、駐輪されるのですが、この道がうちの田んぼへの通路になっているので通行の妨げになります。

利用者に直接注意しても、なかなか改善されません。迷惑駐車、駐輪をしている人は毎回違うのであまり罪の意識はないようですが、頻繁に通行の邪魔をされるこちらとしては非常に迷惑です。

とくに土日は車で来る人が多く、ひどい時には田んぼの入り口にまで停められてしまい、草刈り機などを車にぶつけないかずいぶん気を使います。

また、貸し農園の区画がうちの田んぼ側に割り当てられている方のなかには、勝手に私の田んぼから出入りしている人までおり、アゼが低くなったり崩れたりして迷惑しています。

そこで、貸し農園の地権者に事情を伝え、なんとかしてほしいと伝えましたが、「私自身が迷惑を掛けているわけではないから知らない。直接本人にいってほしい」と取り合ってもらえませんでした。

地主さんが悪いわけではないのでしょうが、借り主が近隣に迷惑を掛けていることになんら責任もなく、改善のための措置をとる義務もないのでしょうか。

損害賠償請求も可能だが

ご質問の通り、農園所有者が改善のための措置をとる義務がないのだろうか、という疑問が思い浮かびます。

この迷惑駐車のために、具体的に計算が可能な損失が生じた、という場合には、貸し主が質問者から苦情をいわれたにもかかわらずなんの措置もとらずに放置していたという理由で、貸し主に対し損害賠償請求が認められる場合もあり得るのではないかと思います。

一方で、貸し主が被害発生防止のために、具体的になにをすればいいのか、と考えるとなかなか難しいと思います。

例えば、貸す際に迷惑駐車はしないように注意するとか、貸し農園内に注意を促す立て札を立ててもらう、とかが考えられます。しかし、それでも注意を守らない人が出てきた場合にどうするのか、違反者には貸すことを中止することまで求められるのかなど、いろいろな疑問が出てきます。

もちろん、駐車・駐輪が禁止されている道路なのに、それに違反して駐車・駐輪しているとか、禁止はされていないが駐車・駐輪によってこの道路を通行できないという事態が発生しているというのであれば、警察に相談して、取り締まってもらうことが当然可能です。田んぼの入口に駐車して通行を妨げる車両も同様に、取り締まってもらえると思います。

しかし、通行に「気を使わねばならず迷惑」という程度ならば、取り締まりを要請することもためらわれます。

立て札を立てて注意するのが有効

そこで、貸し農園の地主さんとよく話し合われて、農園と道路の境界地点に、迷惑駐車やアゼの通行を注意する立て札を数枚立てるとか、質問者の田んぼの入口付近にも、通行を妨害したりアゼ道を通行しないように注意する立て札を立てたりするのが、とりあえず考えられるのではないでしょうか。

迷惑の程度がひどい車については持ち主を特定し、直接駐車をやめるようお願いすることも必要かと思います。

さらに、道路の管理者（県、市町村）と、駐車禁止の道路にすることが可能か、相談してみることも考えられるのではないでしょうか。

いずれにしても、これで解決という、いい方法があるわけではないと思うので、粘り強く働きかけていくことが必要だと思います。

その他人間関係、被害など

Q 中学生が田んぼにゴミを投げ入れる
A 学校や町に損害賠償請求は難しい

私の田んぼは町立中学校の正門前にあります。昔は辺り一面が田んぼだったのですが、20年前に中学校が建ちました。

最近、この学校の生徒が荒れていて、私の田んぼにゴミを投げ入れられることが増えてきました。紙クズなどなら可愛いものですが、ほうきやスリッパ、空き缶や瓶、はたまた木製の椅子まで投げ入れる始末で、春の作業は、これらの片付けから始めなくてはいけません。もう、この田んぼに作付けるのをやめようかとも思いますが、親から引き継いだ田んぼを荒らすわけにもいきません。

学校側には、指導を徹底するようにこれまで何度もお願いしてきましたが、ゴミの投げ入れは止まりません。昨年は、収穫直前に投げ入れられた空き缶で、とうとうコンバインを傷付けてしまいました。

もう我慢できません。ゴミを投げ入れた生徒には、故障したコンバインの修理代を請求したいと思います。しかし、不特定多数の生徒を相手に犯人を特定するのは難しいと思います。この場合、学校や町を相手に賠償請求することはできますか。また、学校にはフェンスの設置や監視カメラの設置など、今後の対応も徹底してもらいたいのですが、直接お願いしても予算を理由に対応してもらえません。どうしたらいいですか。

学校が生徒に指導しているかどうか

大変困ったことです。中学校や町でも、生徒に完全にやめさせるように指導を徹底することは、難しいかもわかりません。

そこで、学校や町を相手に損害賠償を請求できるか、ということですが、それもなかなか難しいと思います。もちろん、学校や町が質問者の要求をまったく無視して、なんの手立ても取らずに放置しているという状況であれば、それは公的施設としてとうてい許される態度ではありません。請求すれば、一定の損害賠償義務が生じることはあり得ると思います。

しかし、中学校として、防止のために考えられる指導を一応行なっているが、結果として完全に防止することができないでいる、という場合には、学校や町の責任を問うことは難しいのではないかと考えます。

同様に、フェンスや監視カメラの設置を学校や町に要求しても、応じてもらえないのであれば、設置をそれ以上強制することは困難だと思います。

加害者を特定し、賠償請求する旨の掲示を

そこでどうしたらいいのか。なかなか適切な効果的な方法が考えにくいのですが、基本的には加害者を特定することが大切だと思います。質問者自らフェンスを設置したり、さらに監視カメラを設置して、投げ込んでいる状況と加害者を特定することができれば、その加害者の両親を相手に損害の賠償を請求できます。

加害者を特定できた場合は、もちろんコンバインの修理代だけではなく、フェンスの設置や監視カメラの設置などに伴う出費についても、損害として請求できると思います。

とりあえず、下校時などには現場を監視するようにして、「加害者が特定でき次第、刑事事件として告発するとともに、損害賠償金を請求する」という旨の掲示をしておくことも一つの方法ではないでしょうか。

Q

果樹園でせん定枝を燃やしていたら子どもがやけどしてしまった

A

市道から入った農地内であれば、農家に過失はない

私は市街化区域の農地で果樹栽培をしています。10年前の秋、市道から5～6mくらい入った畑で、2m四方、深さ1・5mくらいの穴を掘ってせん定枝を燃やしていました。燃やし終え、付近には誰も見当たらなかったので少しの時間畑を離れました。するとその間に、近くのマンションに住む幼稚園児の女の子が、母親が目を離した隙に友だちと畑に入り、石などを投げて遊んでいるうちに穴に滑り落ち、右手の甲にやけどをしてしまいました。

事故の後は病院へ見舞ったり、退院後も4年間くらいは手土産などを持って何度か見舞い、見張りを怠った落ち度を詫びて、幾度か示談を申し入れました。しかし、子どもの成長が止まる17～18歳くらいまで傷がどの程度治るかわからないので、その時まで示談には応じられないといわれ、今日に至っています。なお、文書等はいっさい取り交わしていません。

このまま相手方の話を待つべきでしょうか。女の子は皮膚移植の手術などもしたようですが、治療費や慰謝料等、待っていた年数分を請求されるようなことにはならないでしょうか。また、母親の保護責任はないのでしょうか。早く解決をしたいのです。

基本的には過失なし

大変ご心配のことだと思います。

まず、質問者が本件について責任を負うべきなのか、ということが問題になります。

私は、基本的には責任（過失）はないのではないか、と考えます。発生場所が道路（市道）から5～6mほど離れた農地内ということですから、本来子どもたちが遊

ぶことが予想される場所ではありません。また、農地で遊ぶなどしてはならないと当然考えられているべきです。しかし、仮に、幼稚園児なので農地に入って遊んではならないという判断が十分できなかった、と考えても、掘られた穴で火が燃えていれば、近寄れば危険だという判断は少なくともできるのではないかと思います。

もちろん、母親も近くにいたわけですから、母親の注意も不十分だったといえると思います。

したがって、仮に質問者が一定の責任を負うと判断される場合でも、その責任割合は、5割以下だと評価できると考えます。治療費（実費です）、通院治療中の慰謝料（1カ月通院したとしても20万円以下と考えます）などの経費のうち、半額程度をお支払いすればよいのではないかと思います。

すでに時効も成立している

しかし、事故後10年間経過した現時点でも具体的な請求はなく、質問者の示談の申し入れについても応じていただけないとのことです。この事故の場合の損害賠償支払い義務は、被害者が「損害及び加害者を知った時から3年間行使しない時」は、「時効によって消滅する」と定められています（民法第724条1号）。現時点ではもう4年以上経過しているので、この消滅時効が成立していると判断できると思います。

もちろん以上の説明は、やけどを負った傷の治療についてです。やけどのあとが傷跡として残って、後遺症と認められる場合には、その賠償の請求は別に可能となります。しかし、やけどの程度が後遺症と認められるのは、基本的には「外貌」、つまり、頭部・顔面部・頸部などの部分に傷跡が残った場合です。やけどは、「右手の甲」ということなので、その場合は「上肢の露出面に掌の大きさの醜いあとを残すもの」に該当した場合に認められることになります。おそらくこの大きさはないと思われるので、後遺症の請求は認められないのではないかと思います。

いつまでも解決しないままでいるのは辛いというお気持ちもよくわかります。しかし、質問者の立場からは、十分誠意は尽くしていらっしゃるのだと思いますし、相手の方が話し合いを望んでいない以上、仕方がないのではないでしょうか。こちらからこれ以上いろいろ申し出ることはしないで、このまま様子を見るのがよいと思います。今後、大変な損害の請求を受けることはないはずですし、仮に請求を受けたとしても、それが認められるということはないと考えます。

Q 隣地の竹で倉庫の屋根が傷む

去年、農機用具倉庫の屋根を張り替えました。アルミ粉を溶着したトタンで、耐久年数20年という代物です。

ところが、倉庫の隣地は竹林で、伸びた竹が絶えず屋根を擦ります。施工した業者によると、放っておけば屋根が傷ついて、寿命が半減してしまうとのこと。

隣地の地主は当地域に住んでおらず、ようやく連絡がついても、なかなか対応してくれませんでした。そこで去年は、邪魔になっている竹を数本、勝手ながら切らせてもらいました。

すると、地主がすごい剣幕で怒鳴りこんできました。私は事情を説明し、今後はご自身で切ってもらうよう、よくお願いしました。

しかし、今年も新たな竹が伸びて、また倉庫の屋根を擦り続けています。調べてみると、すでに5カ所ほど傷がついています。再度、地主にお願いしたのですが、どうにも対応してもらえないようです。また竹を切れば怒られそうな気がしますし、私は高齢なので、急斜面での作業はただでさえ大変です。どうしたらいいものでしょうか。

A 隣の地主には被害防止の義務がある

隣の竹は勝手に切れない

大変困った状況です。隣地との紛争は、精神的にも嫌な思いを強く感じてしまいます。

確かに、隣の土地の竹木によって被害が生じるのは、許されることではありません。隣の地主は、被害を防ぐために必要な措置をとらなければならない義務があります。

しかしその一方で、隣の地主がなにもしてくれないからといって、勝手に隣の竹木を切ることは許されません（138、146ページ参照）。

そこで、よく話し合いをする必要があるのですが、隣の地主との話し合いがスムーズにできないとのこと。そうであれば、仕方がありませんので、地元の簡易裁判所に、調停の申し立てを検討してみたらどうでしょうか。

裁判所に申し立てをするということには、抵抗感も大きいとは思います。調停というのは、相手方と直接話し合いをすることが難しい場合であっても、第三者である裁判官や調停員に間に入ってもらって、適切な話し合いがスムーズにできるようにするための制度です。お互いの意見を十分に聞いてもらいながら、解決の方針を一緒に検討してもらえるのではないかと思います。

被害額を算出して調停に臨む

その際、質問者の方は、倉庫の屋根の張り替えに要した費用や、傷んだ箇所の修理に必要な費用の見積もりなどを準備しておきます。そして、もし竹林をそのまま放置し続けるのであれば、被害が重大なので、その費用の弁償を請求することにならざるを得ない事情などを、よく理解してもらえるように努力することが必要だと思います。

法律的には、隣の地主は自分の所有地の竹林によって、隣地の所有者である質問者に被害を与えることは許されません。裁判官も調停員も、問題が解決するように、隣の地主に対して話を進めてくれるのではないかと考えます。

調停申し立ての方法は、地元の簡易裁判所の窓口でお尋ねになれば教えてもらえると思うので、それに従ってください。

Q 貸し農園の利用者が迷惑行為、貸し主に責任はないのか

A 貸し主が責任を負う場合もある

私の田んぼは国道から少し奥に入った場所にあり、隣には近所の農家が始めた貸し農園があります。国道からは細い道が延びているだけなので、私たち農家も、貸し農園を借りている人たちも、自転車や徒歩で田畑に通っていました。

ところが最近、国道に面した田んぼ一枚が潰されて、ファストフード店ができました。それ以来、畑を借りている人(借り主)たちが車で来て、ファストフード店の駐車場を利用するようになりました。駐車場に車を停めて、そのフェンス越しに肥料や資材を畑に持ち込んだり、逆に収穫物を運び出しているのです。完全なマナー違反で、ファストフード店との間でいずれトラブルになると思います。

しかし畑の地主に注意を促したところ、トラブルが起きてもファストフード店と畑の利用者との間で解決されるべき問題で、貸し主である自分には関係ないといいます。また、ファストフード店の利用者が畑にゴミを捨てることもあり、こちらも迷惑を被っているのでかまわないともいいました。

ファストフード店からすれば、農家も貸し農園の利用者も、区別がつきません。今後、地域の農家組合が迷惑を被ることも考えられて心配です。駐車場内に関係ない車をとめるのは立派な営業妨害だと思いますが、法律上、畑の貸し主には本当に責任がないのでしょうか。

責任を問われるケースとは

最近、貸し農園も増えてきて、ご質問のようなトラブルも増えてくるのではないかと心配になります。

ご質問は、畑の借り主が行なう迷惑行為について、貸し主には法的に防止すべき責任がないのだろうか、という疑問です。なかなか微妙な問題を含んでおり回答が難しいのですが、とりあえずの結論としては、「個別の状況によって責任を負うべき場面もある」ということだと考えます。これだけでは納得のいく回答にならないと思うので、責任を負うべきだと考えられる事例を想定してみます。

例えば、ファストフード店が地主に対し、畑の利用者が店の駐車場に車を停めて行なっている迷惑行為の証拠を具体的に示して、畑に掲示板を設置するなど、その防止対策を求めている場合です。対策をお願いしたにもかかわらず、地主がその要望を拒否し、なんの対策も取ろうとしなかった場合は、責任を問われると考えられます。

迷惑行為防止の対策をすべき

私は、畑の借り主の行為について、地主が全面的に責任を負うべきことにはならないと考えていますが、逆に、まったくなんの責任も負わないということもあり得ないと考えます。

借り主の行為によって店が被害を受けていることが明らかであれば、地主は当然に、被害の発生を防止するよう、店と協力して対策を取るべき義務があると思います。

また、借り主の迷惑行為があまりにひどい場合には、当然、畑の賃借契約を解除すべき義務を負っていると考えます。畑を貸す行為は、本質的には、地主が自ら畑を使用する方法の一つの形態だと考えるからです。

地域の農家組合が法的責任を負うことは、もちろん、原則としてないと考えますが、実質的な迷惑を被ることはあり得るでしょう。店の責任者と相談して、農家組合の立場から迷惑行為防止対策を検討してみることも有効ではないかと思います。

例えば、迷惑行為をやめるよう呼び掛ける看板を、店と農家組合と連名で設置することなども考えられるのではないでしょうか。

Q

A

放置自動車に困っている

ナンバーが付いた車は勝手に処分できない

小さな直売所の運営を任されています。その駐車場の端に去年からずっと、古い車が停めっぱなしになっていて困っています。

置かれて数日後に警告文を張ってみましたが、反応がなく、どうやら放置されたらしいとわかりました。

警察に通報して所有者を調べてもらうも連絡がつかず、処分をお願いするも、私有地であることを理由に断られました。そして、放置自動車だからといって、勝手に処分すると、後で所有者から損害賠償請求される場合もあり得るといわれました。

それで手が出せずに、1年近くたってしまいました。専門の業者もあるようですが、費用が10万円近く必要とのこと。小さな直売所に、そこまで払えません。どうしたらいいでしょうか。

ナンバーがなければ処分できる

みんなに迷惑を及ぼすことをなんとも思わない人には、本当に困ってしまいます。

法律的に問題が生じないように解決する方法としては、やはり車両の所有者に対し、撤去を請求することになると思います。

まず、駐車している車にナンバープレートは付いているかどうか。取り外してあれば、それは正式な所有者がいて、登録されている車両ではない。すなわち放置した人、車の所有権を放棄する意思を表明していると考えていいのだと思います。

その場合は駐車場に投げ捨てられている空き缶などと同じで、ゴミ（廃棄物）として判断し、質問者が自由に処分してかまわないと考えます。念のために、ナンバープレートが外されている状態の写真を記録しておくといいと思います。

車を合法的に処分する方法

ナンバープレートが付いている場合は、登録されている所有者とその住所を調べることが可能なので、所有者に撤去を求めることになります。質問では所有者と「連絡がつかず」ということですが、そもそも該当の住所にいない（手紙その他連絡ができない）という場合と、住所地にいるのだが（手紙などは届くのだが）返事をしてもらえない、という場合とがあります。

住所地にいるのだが返事をもらえない場合は、やむを得ないので車の撤去明け渡しを求める裁判を提訴する方法が考えられます。

その場合、これまで駐車していた期間の賃料相当損害金額（例えば1カ月3000円など、近くの相場を参考に）を併せて請求しておくのがよいでしょう。所有者はこの提訴にも応答せず、出廷しないと予想されるので、すぐに質問者の請求を認める判決が出ると思います。そうすれば、賃料相当損害金の支払いに充てるため、放置車両を競売手続きによって処分できます。

車が安値で実際に損害金額を回収することはできなくとも、つまり、この手続きによって合法的に処分することができるということなのです。

では、所有者が住所地におらず、行方不明という場合はどうするか。この場合は、判明している最後の住所地以後が不明という証明を行なうことによって、裁判を起こすことができます。証明手続きが大変であれば司法書士に相談してください。

いずれの方法をとるにしても、無駄な手間と一定の費用は必要になります。大変不条理なことですが、法的に問題が生じないようにするためにはやむを得ないこととして、きちんと法的な手続きをすることだと思います。

Q

ナス畑を囲ったソルゴーにハチや鳥が寄ってきて近所迷惑に

A

栽培するものを決める自由はあるが……

露地でナスをつくっています。なるべく農薬を使いたくないので、畑の周りにソルゴーを植えて、害虫の天敵の棲み家（バンカープランツ）としていますが、このソルゴーが近所迷惑となっています。

私の畑は住宅街の近くにあるため、登下校時に子どもたちがそばを通ります。そこに、ソルゴーに花がつく7月下旬になると、ハチがわんさかやってくるのです。人間が危害を与えなければ、ハチが襲ってくることはないと思います。しかし、万が一を考えて不安に思う人もいるようです。

また、9月になるとソルゴーに実がついて、今度は鳥がひっきりなしに飛んできます。その鳥の糞害もあって、近所の方からはソルゴーを撤去するように促されたこともあります。

ソルゴー障壁は、余計な農薬散布が必要なくなる、すばらしい農業技術です。しかしハチや鳥の被害も怖いのです。子どもがハチに刺されたら私に責任が生じるのか、ソルゴーを撤去するよう要請されたら応じるべきなのか、教えてください。

なにを栽培するか自由に決められる

大変難しい問題で、私もどう判断すればいいのか、考え込んでしまいます。とても大事な問題だと思うので、これが正しいという答えを示すことはできませんが、どうすべきなのか、考え方を整理してみたいと思います。

まず、所有する農地でどのような農作物を栽培するかは、その所有者の自由な判断にまかされている、ということが大原則です。そして、農地の周囲をどのように囲うのかも、原則として所有者の自由です。

しかし一方で、自分の所有地内の作物栽培によって、周辺住民の生活や健康に被害を与えることが許されないことも、また当然の原則です。

そこで問題は、本来ならば自由なはずの作物栽培が、周辺住民の生活、健康に被害を与える可能性があるという場合はどうなるのかということです。すなわち、本来の原則どうしがぶつかる場合にその調整をどう考えるか、という判断になるのだと思います。

公害問題の考え方に通じる

同様の問題が社会的に大きく取り上げられたのは、日本経済の高度成長に伴って激化した「公害被害」でした。

企業が「自由」な経済活動（生産活動）を行なうことによって、周辺住民の生活、健康、生命が被害を受けるという事例が続出しました。そしてこのような事例では住民の生活、健康、生命を侵害することは許されない、という原則が、経済活動の自由よりも優先される、という裁判所の判断が示されました。

もちろん本件は、このような大規模で重大な被害を発生させる「公害」とは根本的に異なるものです。しかし、基本的な考え方はやはり共通するものがあると思います。

周辺住民の不安は無視できない

そこで、本件で私が一番気になるのは、畑が住宅地の近くにあるということです。そして、子どもたちや住民が、通学路や生活路としてそのそばを毎日通っているという事実です。もちろん、それ以外にも多数通行があるのだと思います。

「襲ってくるハチ」の危険性がどの程度なのか、ということがまず問題だとは思います。しかし、子どもたちが通学に不安な気持ちや恐怖感を持っているということであれば、仮に法的責任を問われるものではないという考え方があるとしても、やはり望ましくなく、できれば避けたほうがいいと考えられるのではないでしょうか。

もちろん鳥の糞害も、それによる被害の程度の問題だと思いますが、近所の方の声を無視して構わないとはいい難いと思います。

法的責任は被害の状況による

質問者に法的責任が生じるのかという判断は、その被害が生じた状況によって異なり、場合によっては法的責任を問われることもあり得る（逆に責任を問われないこともあり得る）、という回答にならざるを得ないと思います。

そこで、ご近所の住民の方たちとよく話し合って、その要望についてはできる限り双方に納得がいくような合意形成の努力を尽くすことが必要なのではないか、と考えています。

第7章

集落や組合、法人に関するQ&A

Q

「コミュニティ助成事業」で神社の鳥居を改修していいのか

A

助成金の利用は政教分離の原則に反する

私の集落では「コミュニティ助成事業」（宝くじの社会貢献広報事業）を利用して、神社の鳥居を建て直すことになりました。前の相談と少し似ていますが、これは政教分離の原則に反しているとはいえないでしょうか？

助成事業のお金は、税金や住民の自治会費とは違い、公費といえるかわかりませんが、地域の自治組織で申請する以上、特定の信仰の対象に使うべきではないと思います。どう考えればいいか、ぜひ教えてください。

集落と氏子

「集落」と呼ばれる地域の集団は、大きく二つの種類に分けられます。一つは、一定の地域の範囲内に居住する住民の全員が原則として加入し（転入者がいれば無条件に会員として加入することになる）、地方自治体の下部組織として活動する集落（自治会）です。

しかし、一定の地域で生活してきた住民間には、本来それぞれ固有の目的を持った特定の人々だけが参加する組織がありました。例えば、なかでも田畑を耕作する農家の皆さんは、営農のために必要な農業用水や里山（入会地）の維持管理のために必要な組織（いわゆる村落共同体と呼ばれる集落）が必ず存在しています。

もちろんこの組織（集落）は、農業をしない人にとっては参加する必要がありませんし、組織の方々からいっても、参加してもらう意味はありません。

まったく同様に、一定の集落の地域には、昔から氏神様としての神社があります。そして、この神社を維持管理する集団（いわゆる氏子と呼ばれている人々）も古くから集落のなかに存在していたと考えられます。

しかし、これら特定の目的のために存在する集団と、行政の下部組織としての集落（自治会）とを同じ組織体として、「集落」の呼び名でごちゃまぜに同一視することはできないのです。

明治維新後、天皇家を中心とした「国家神道」が、廃仏毀釈などを伴って全国的に強力に展開され、行政組織の下部組織である「自治会」がそのなかに組み込まれていきました。

日本国憲法は、このような歴史的経過も貴重な教訓としながら、「政教分離」の原則を規定しているのです。だからこそ「自治会費から神社の一定の経費を支払うのはこれまでの慣習だ」というような解釈は許されないのです。まさに、この「慣習」が誤っているのだ、という憲法の規定なのです。

助成金の利用は憲法違反

したがって、「コミュニティ助成事業」を申請し、交付を受けた「集落（自治会）」が、原則として地域の住民全員が参加する、行政機関の下部組織として活動している集落（自治会）である場合。その構成員である住民の宗教に対する考え方、思い入れがそれぞれ異なっている以上、助成金を（特定の宗教である）神社の鳥居の費用として支出することは、政教分離の原則に反しており、憲法違反だと考えます。

この判断は、支出されるお金が税金や会費などの「公金」かどうかということでは決してありません。多様な思想信条の持ち主である全住民参加の組織（自治会）が、特定の宗教活動をしてはならない、ということなのだと思います。

以上のことは、例えば自治会の代表者がたまたま熱心なクリスチャンで、集落に古くからある教会の修理費用にこの助成金を使おうとした、と仮定して考えてみれば自明のことだと思います。必ず強い反対意見が出てくるのではないでしょうか。

その、反対する思いこそが、まさに政教分離の原則の基本だと考えます。

Q 神社の必要経費を集落の会計から払っていいのか

集落にある神社の太鼓が壊れてしまいました。区長の判断によって、その修理費約30万円を集落の一般会計から出すことになりましたが、問題ないのでしょうか？ 神社は集落に、無くてはならない存在です。しかし、その必要経費を行政区である集落の会計から拠出するのは、憲法の定める政教分離の原則に違反してしまうのではないでしょうか。地元の無料法律相談では「慣習となっているため問題ない」といわれましたが、集落には新住民もおり、信仰はさまざまだと思います。法律上、どう考えたらいいでしょうか。ご教示ください。

A 信仰活動の強制に当たり、憲法違反である

「集落」が行政組織か否か

同様の相談がよくあります。前提として整理が必要なのは、この「集落」が法律でどのような制度として考えられているか、ということだと思います。まず、市町村の行政の下部組織ということが考えられます。例えば、市町村の広報などが区長のところにまとめて渡され、区長が集落の住民に回覧板を回したりするところです。

このような行政組織の一部の下部組織と考えられる「集落」は、原則として地域の住民全員が参加し、一員になるものと考えられています。そこで新しい転入者がいると、区長の仕事として、その方にあいさつに行き、自治会費納入のお願いや、ゴミの出し方など、その集落の住民の生活上のルールを説明し、それに従っていただくようお願いすることになると思います。

一方、行政組織としての集落とは別に、地域住民の生活上の各種の組織として、古くから存在する伝統的な「集落」があります。例えば、営農を行なううえで農業用水の手当ては欠かせませんし、営農上必要な物資を入手するための「里山」（入合地）の確保も必要です。この水と里山を管理する農業者の団体としての「集落」（村落共同体）が必ずあります。この集落は、その性質からいっ

て誰でも参加することはあり得ません。その地域に新しい転入者があったとしても、この営農者の団体としての「集落」には、参加する必要性がそもそもないのです。

ちなみに私が暮らす福岡県久留米市郊外のある農村集落では、農業用水を管理する団体を「水の神の座」、里山を管理する団体を「山の神の座」と呼んで、行政組織の「集落」とは区別した組織として活動していました。

まったく同様に「里山」の一つの役割で、「山の神」としての「神社」を管理している場合があります。また、街中では氏神様として地域のなかで昔から管理してきた神社もあると思います。しかし、いずれにしてもこの神社は、行政組織の下部組織としての、原則として全住民参加の自治会（集落）が管理するものではありません。

政教分離の原則に反する

住民のなかには、「神」を信仰しない考えの方も当然いて、その方に神社の活動への参加を強制することは憲法上許されないことは明らかです。

したがってその方も納入している自治会費から神社に関する必要経費を支出することは、政教分離の原則に反し許されないと考えます。本来、「神社」の維持管理のためには、行政組織としての全員参加の集落（自治会）とはまったく別の組織として、神社を管理する地域住民の団体が歴史的にあるはずだと考えます。その区別をあいまいにして、本来まったく別の団体であるべき農業用水を管理する地域団体、里山を管理する地域団体、神社を維持管理する団体などをひっくるめた一つの「集落」、一つの行政組織（自治会）として活動することは許されないと考えます。

地元の無料法律相談では、「慣習となっているため問題ない」という回答があった、ということです。しかしこの回答は、村落共同体としての集落の歴史的な成り立ちや、明治維新以来の天皇家を中心とする統一された「国家神道」の成立の経過、「廃仏毀釈運動」などによる、国民の統一された国家神道への参加の強制などに関する歴史的な認識が不十分だと思います。

この問題を指摘したすぐれた解説として、中島晃弁護士の「梨木香歩『海うそ』を読む―廃仏毀釈のもたらしたもの」（かもがわ出版『仏教と歴史に関する19の断想』）があります。日本国憲法が規定する「政教分離」は、まさにこのような「慣習」による神道（宗教）の強制が行なわれないように求めているのだと思います。

Q

A

不在地主が万雑費用を納めてくれない

未納分も含めて全額請求できる

集落の生産組合には万雑制度があります。用水路の修繕や草刈り、林道の維持などの費用を、土地所有者や田畑耕作者全員で負担する制度です。ところが集落の山林を所有するAさんが、その万雑費を払ってくれません。

山林はAさんの祖父が購入し、7年前から、都市部に暮らすAさん所有となりました。万雑費不払いはAさんが所有する前から、約20年間続いています。山林から収益を得ていない、万雑費用が変動（約1万〜7万円）するのはおかしいというのが、Aさん側の主張です。

しかしAさんの祖父の代には、山林の一部を売却して莫大な代金を得ましたし、万雑は経年劣化やその年の気象にも影響をうけるので費用の変動は仕方ありません。しかし、何度催促してもAさんからの支払いはありません。

そこで、民事裁判を提起したいと考えています。裁判は可能でしょうか。また、裁判が可能な場合、Aさんには未納分を全額請求できますか。

意義を感じられない人も出てきた

日本の農業は、村落の皆さんの共同作業によって営まれ維持されてきたのだと思います。里山をはじめとする入会地や水利施設の維持管理など、村落共同体の努力なしには、農作（稲作）はこれまでやってこれなかった、といっても過言ではないと思います。

そこで、例えば私の住んでいる久留米市の古い集落では、行政組織としての集落とは別に、農作業を行なう人たちが、年の初めに里山（山林）を維持管理する「山の神の座」と、農業水利を維持管理する「水の神の座」という集会をそれぞれ開き、その年のいろいろな決まり事を確認していました。もちろんみんなで参加してみんなで決めたことですから、それに従わないということもまずあり得ないことでした。

しかし、転出して集落とはすっかり縁がなくなったり、山林だけを所有していたりする方々の場合には、共同作業の意義も感じられなくなります。そのための必要経費も、自分とは関係ない、不必要な出費の強制と受け取られるようになっているのだと思います。

先代からの経緯を説明する

私は、これまで村落共同体が持っていた役割や、それを現在も維持していくことの重要な意義を痛感しています。だからこそ、共同体みんなで行なった決定や慣行は、その地域内の山林所有者や農業をされる方にとっては、当然に守られるべき規範として有効だと確信しています。山林所有者としてAさんが一定の利益を得ているのであれば、定められた経費負担は実行してほしいという気持ちもわかるように思います。

しかし一方で、いわば仲間内での取り決めや慣行が、その直接当事者でなかったAさんに対しても法的強制力を持って適用を主張できるか、と考えると疑問がないわけではありません。少なくともAさんとしては、自分がその決定にまったく関与していないわけです。突然そんな金額を請求されても、という気持ちもあるでしょう。


近代市民法の契約の考え方の大原則は「自分の自由な意思で約束したからこそ契約は守られなければならない」ということだと思います。Aさんにとってはその前提を欠いているのです。

私は、Aさんの祖父が山林を取得し、共同体の一員として参加してきた経過などをAさんにきちんと説明して、理解を求める努力が必要だと思います。

未納分全額の請求が可能

しかしどうしても応じてもらえないようであれば、まず生産組合として裁判所の農事調停の申し立てをするのもよいのではないかと思います。裁判の調停(話し合い)のなかで、質問者の立場もAさんの立場も双方が理解しあえるよう、合意点を見いだす努力を尽くしてみることが可能だと思います。

それでも一方的に拒否されるようでしたら、やむを得ません。生産組合を当事者として、民事訴訟として請求するのも一つの考え方だと思います。私はこれまでの未納分全額の請求が可能だと考えています。もちろん時効制度によって一定期間に限定されることはあり得るとしても、基本の考え方はあくまで未納分全額の支払いを求めるということだと思います。

Q 集落のお金の配分をめぐって揉めている

A 集落外に暮らす人も受け取れる可能性がある

私が生まれる前、集落には炭鉱がありました。炭鉱会社はもう半世紀以上前になくなりましたが、解散する直前まで、集落には毎年お金が支払われていました。水が汚れることなどに対する「迷惑料」だったそうです。そのお金は私の家で代々預かり、集落内の水路補修などに使ってきましたが、現在も約150万円残っています。

先日、寄り合いの場で、最年長の方からこのお金について意見がありました。集落で暮らす人は減り、残る人も年をとったため、残金をみんなで分けたらどうだという提案です。

賛成多数で決まったのですが、一つ問題が起きました。集落外に暮らす分家の人が、自分にもお金をもらう権利があると主張しだしたのです。彼の家は炭鉱があった当時から集落外にありました。集落内に田んぼはありますが、それも20年前に取得したものです。しかしこれまで、その近くの水路も「迷惑料」で修繕してきたため、自分にも権利があると考えたわけです。

私はやっぱり、当時から田んぼを持っていた人たちでお金を分けるべきだと考えていますが、どうすればいいのでしょうか。教えてください。

「集落」は行政機関か否か

第一に、「集落」をどう考えるのか、ということです。第二に、この集落代表者が預かり、水路補修などに活用した「お金（迷惑料）」の意味をどう考えるのか、が問題解決の中心と思います。

まず「集落」についてですが、一般的に大きく二つが考えられます。

一つは自治体（市町村）の下部の行政機関として考えられている「集落（区）」です。行政機関としての集落の代表者は、市町村から住民に対する連絡事項を受けたり、各種の配布資料などを預かったりして、集落の構成員に伝える活動をしています。

したがって集落の地理的な範囲も明確で、新しい転入者があった場合には、無条件に集落の構成員となり、従来の住民と同一の扱いを受けることができます。自治体の下部の行政機関としては当然のことで、構成員として加入を認めるか否かは、最初から問題にされません。

しかし、この「集落」内には、必ずしも行政機関の活動とはいえない、一部の特定の問題に関する活動を行なっている団体があります。その代表例が、農業用水路等の維持管理をしている農民の団体や、里山の管理をしている団体、氏神様のお社（神社）の維持管理をしている住民の団体などです。古くからの住民が圧倒的に多数いる「集落」では、ほとんどの方が農民であり、これらの各種の団体の活動と行政機関としての「集落」の活動との区別が意識されないまま､そのすべてが同じ「集落」の活動として行なわれてきた状況が見られます。ただしこれらの活動は、本来それぞれの特定の住民の活動を行なうための団体がそれぞれあるのであって、決して行政機関としての「集落」と一致するものではないのです。

その一例として、例えば農民ではない住民がこの「集落」に新しく移住するようになった時、行政機関の「集落」には無条件で加入が認められるべきですが、農業用水の維持管理や、里山の維持管理のための団体には加入の必要がありませんし、団体の側としても加入を認めることはないのです。

管理団体の構成員も分けてもらえる

以上の考え方を前提として、今回の問題は、そもそもこの150万円のお金を預かっている「集落」が、これまで説明したなかのどの団体なのだろうか、ということになります。行政機関としての「集落」であれば当然「集落外」の地域で暮らす「分家」は団体の一員として認められず、権利はありません。

しかしこのお金が「迷惑料」であれば、農業用水を維持管理し使用する農民の団体の保管するお金と考えられます。その場合は、農業用水路を維持管理する団体の構成員が権利を持っていることになります。そうであればこの分家の方も構成員として認められ、かつ農業用水の維持管理に参加してきた事実があれば、当然、お金を分けてもらえる権利があると考えます。

この方が農地を取得したのが20年前であり、迷惑料が支払われた時期は農地を所有していなくても、この農地を取得したことで迷惑料についての権利も前所有者から受け継いだ、と考えられると思います。

Q 水利組合を不当に除名された

A 除名取り消しと賠償請求ができる

水利組合を除名処分されてしまいました。理由は組合費の未払いです。約20戸が参加している水利組合なのですが、運営が非常にずさんで、総会も会計報告もありません。組合長は長年代わらず、会計もその親類がやっているため不明瞭でした。そういったことに異議を唱えて、あえて組合費の支払いを拒否していたのです。

その運営については裁判を行ない、組合が会計報告などをしっかりする代わりに、私も組合費を払うという約束で和解が成立しました。しかし、その後も運営が変わらないため、私も支払いを引き続き拒否。すると、組合は多数決で私の除名を決めてしまったわけです。他のメンバーは組合長のいいなりです。

その結果、田んぼに水を引き揚げるポンプが使えなくなり、去年と今年は大減収、大変な痛手を負いました。

ところが最近、新たな事実が発覚しました。私が支払いを拒否していた組合費を、高齢の親父が内緒で払っていたのです。組合に反発していた私には知らせず、裁判を行なう前からずっと払っていました。ちゃんと、組合長名義の領収書も残っています。

組合長は、わが家が（私の父が）組合費を納めていることを他のメンバーに知らせず、除名という処分まで下し、水の利用を禁止していたわけです。許せません。

除名処分を取り消し、水を使えず減収した損害は組合に請求したいです。また組合長は、父が納めたお金をポケットに入れていた可能性もあります。どのように闘えばいいでしょうか。

組合長はいい逃れできない

質問のような組合長が、小さな水利組合だけでなく日本各地の各種の大きな組織、団体のトップにたくさんいらっしゃるように思える報道が続いています。「真摯に受け止める、という言葉を安売りするな」という論説まででされています。質問者の、大変残念な怒りの思いはよくわかります。

まず、除名理由が会費不払いというのであれば、除名取り消しの請求と減収した損害の賠償請求は、当然に可能だと考えます。その際、組合長が万が一、（組合員本人である）質問者自身が組合費を支払っていないから、といういい逃れをしたとしても問題ありません。父親が組合費を支払い、それを組合長が受領し、領収書まで発行していたのであれば、質問者の組合費として支払われたことは自明だと思います。そうでなければ、組合長は受け取る根拠のないお金を父親に支払わせ、それを着服横領したことになるからです。

組合長が処罰される可能性もある

質問のように、組合長が父親の支払った組合費を会計処理せず、組合に隠して自らが着服していた、ということもあり得ます。この場合、組合長の行為は横領などの犯罪に当たります。組合長のその行為に対しては、刑法上の犯罪として刑事処罰を求める告訴、告発の手続きを行なうことができます。また、組合に対し、組合長を告発するように求めることも可能だと思います。

いずれの場合も、組合費が支払われた事実は明らかですから、組合が知らなかったといっても、除名処分は取り消されると考えます。

次に、減収した損害賠償の請求ですが、私は基本的に、組合よりも組合長個人が支払う義務を負うべきだと考えます。水利組合自身が損害賠償義務を負うのは当然ですが、おそらく予算上、賠償金を負担する余裕はないだろうと思うからです。つまり実質的には、組合員一人一人が支払い義務を負担することになるということです。

そこで質問者は、組合長に個人として支払い義務を負うよう求めるとともに、組合に対しても、組合長個人に対し損害賠償金を支払うよう求めることを提案されたらいかがでしょうか。質問者が今後も組合員として活動を続けていくために、よい解決案を組合員の方々と一緒に相談していくことが必要だと考えます。

もし話し合いによる解決ができない状況になれば、やむを得ないので、法的手続きを検討することになります。

Q 組合長のパワハラで転作を押し付けられた

A 転作の根拠に合理性がなければ従う必要はない

私の地域では、いくつかの集落で転作組合を組織して、大豆のブロックローテーションに取り組んできました。私も役員として参加してきましたが、大豆は儲かりません。飼料用米をつくれば、補助金を含めて10a10万円くらいになり、資材費など引いても手元に約7万円残ります。大豆では、その半分くらいにしかなりません。

組合員の多くは兼業農家ですが、私は稲作専業で、田んぼに生活がかかっています。このまま大豆をつくり続けるわけにいきません。そこで去年、組合に頼んで大豆の割り当てを一部外してもらい、飼料米を作付けました。もちろん転作面積は守りました。大豆の代わりに飼料米をつくっただけです。

すると今年、組合から、私のすべての転作割り当て面積で大豆をつくる旨、通知が届きました。私が飼料米をつくりたいのはわかっているはずなのに、まるでいじめです。組合長は「従わないなら組合を抜けろ」といい、組合で話し合いの場もつくってくれません。じつは組合長とは昔から折り合いがよくありません。組合から抜ければ、地域で浮いてしまうこともわかったうえでのイジワルなんです。役員らは私の事情も理解してくれますが、ことなかれ主義で味方にはなってくれません。県や市町村も力になってくれません。どうしたらいいのでしょうか。

質問でもご指摘の通り、そもそも「組合から抜ければ地域から浮いてしまう」ということがあります。普通に考えれば、大豆をつくらないのなら転作組合に入り続ける必要はないわけです。しかし地域の組合を一方的に抜けられない、という問題をどう解決すればいいのか。それだけでは解決しないところが問題点だと思います。

法的な解決が逆の結果をもたらす

この問題解決のためには二つの方向から考える必要があると思えます。法的な考え方の整理は必要ですが、それだけでは解決しないところが問題点だと思います。

の答えによっては、法的に解決することが逆の結果をもたらし、かえって地域から排除されることになりかねない、という心配もあります。

昔、薩摩の武士には「議を言うな」という言葉があったそうです。上役が決めた結論には異議や疑問を唱えず黙って従うのが美徳だ、ということなのでしょう。また以前のNHKドラマで見ましたが、最初の女子留学生としてアメリカに渡った津田梅子が現地で学んだのは「相手の目を見て自分の意見をしっかり伝えよ」ということでした。日本に帰って、おかしいと考えたことに意見をいって改善を求めたら、逆にその態度が悪いと拒否され、集団からは排除される結果になりました。

転作割り当ての決定方法

しかし、法律では「おかしいことはおかしい」のであり、それは正さなければなりません。組合の運営は一部の役員や有力者の勝手な意思で左右できることではありません。あまりにも当然のことですが、物事を決定するのは組合員の「総意」によるのです。

そこで第一に、各自の転作割り当て面積の決定方法が、組合の規則としてどのように定められているのか、ということが問題になります。もし決められていないのであれば、そのことが大問題だと考えます。役員のその時々の勝手な考えで組合員の転作面積が決められるなど、とうてい認められません。

第二に、規則通り割り当て面積が決定された場合でも、各自の事情によって作付け作物を変更することを認めるか否かの判断手続きが問題になります。

一般論でいえば、大豆を必ずつくるべき合理的理由があるのか、という判断になると思います。そしてその判断を誰がするのか、あらかじめ決めてあるのかということです。質問では、昨年度は大豆以外に飼料米の作付けを一部認めてもらったということです。ぜひ組合長に、今年はなぜ認められないのか、その根拠を正式に質問してください。回答に合理性がなければ、質問者は割り当てに従う必要性が認められないことになります。

そしてぜひ、他の役員や組合員の皆さんにも組合長とのやりとりを報告して、勝手な決定は認められないと共感してもらう必要があると思います。

もし組合長が質問者に脱退を求め続けるようでしたら、やむを得ません。地元の簡易裁判所に解決を求める「調停」の申し立ても検討してみてください。地元の県庁所在地にある弁護士会が定期的に無料法律相談をしているのでぜひ相談してみてください。

Q 地域組織内の嫌がらせ、罪に問えないものでしょうか？

部落でイネを共同育苗しているのですが、その組合内で一部の人からパワハラを受けているのです。私と仲良くする友人らを「村八分にする」と脅したり、怪文書を流したり、組合で所有する農業機械を貸してくれなかったり、さまざまな嫌がらせをしてきます。きっかけは、集団転作を抜けたり、米の農協出荷を大幅に減らしたり、部落のみんなと違う方向に進み始めたからです。米価が下落する今、専業農家の私としては、兼業農家のみんなとは異なる経営方針を立てる必要があるわけです。

決定打となったのは一昨年の組合総会です。私は当時、育苗センター長を務めていたのですが、たまたま欠席したのをいいことに、全員一致で解任が決められてしまったのです。育苗センターでは農協からの依頼も受けているため、米の農協出荷を大幅に減らしている私は不適任だというわけです。部落で生きていくうえで、こうした嫌がらせは本当にきついです。悪口などは証拠も残りませんが、名誉棄損や侮辱罪や脅迫罪など、なにか罪に問うことはできないものでしょうか。

A 村の民主主義を確立してほしい

「法的解決」では解決しない

これも大変つらい悲しい思いがするご質問です。どのようにお答えするのが本当の問題解決に役立つのか、何度も検討し直しています。

ご質問はあくまで「法的解決方法」を知りたいということであって、「運動論」とか「生活上の教訓」とか、そういう回答を求めているのではないということは、十分承知しています。しかし、それでもあえて申し上げたいのは、農村における生活の共同体であり農業生産の共同体である集落の一員として、この問題を法律の規定に基づいて解決することが、必ずしも適切な方法とはなり得ないということです。

「(質問者と)仲良くする友人らを『村八分にする』と脅したり、怪文書を流したり、組合所有の農業機械を貸してくれなかったり」といった嫌がらせに法的に対応することは、当然ですが、それなりに可能だと思います。

とくに「農業機械を貸してくれない」などについては、法的手続きを取ることは極めて簡単です。しかし、そのことによって、今度はかえって別の嫌がらせがよりひどくなるのが心配です。

「村八分」という脅しも同じです。村八分などあってはならないのは自明のことです。なんらかの注意を促す法的手続きを取ることは当然可能です。しかしこれも、より陰湿な形で繰り返し「仲間はずれ」にされれば、それを法的に完全に止めることは極めて困難だと考えられます。

嫌がらせは組合内の一部の人

幸いそういう「嫌がらせ」をする人は(これも当然のことだとは思いますが)、「組合内で一部の人」だということです。たとえその人々が一定の力を持った有力者であったとしても、あくまで一部の人だと思います。

一方、質問者には「仲良くする友人ら」がいらっしゃるということです。もちろん質問者も十分に理解されていることだと思いますが、あえて再確認するためという意味でいえば、村落共同体の一員として生活していくうえで大事なことは、お互いに理解し合えるよう努力する必要があると、私は痛感しています。

それまで務めていた育苗センター長を辞めさせる決定があったという問題でも、他の組合員の皆さんに質問者の立場をしっかり説明し、同じような問題を持っている他の人の共感と支持賛同を得られるように話しかけていくことが必要なのではないかと、私には思えます。

その努力によって仲間を増やすことで、有力者の理不尽な行動を止めていく力が形成されるのだと考えています。また、そのことこそが「民主主義」ということではないでしょうか。

もちろん、怪文書や根拠のない悪口については、その内容次第によって、刑法上の犯罪行為として告訴や告発を行ない、厳重な処罰を求めることは当然に可能です。怪文書などは文書そのものを保存してあれば、狭い集落内で発行者を特定することは十分に可能ではないでしょうか。一方で、他の組合員との話し合いを重ね、村落内で民主主義を確立していくために頑張ってください。

Q 果樹の共同防除組合を抜けたい

A 組合員の自由意思による運営であるべき

果樹農家ですが、地域の共同防除組合に強制参加させられて困っています。防除組合には祖父の代に加入しましたが、去年、父親が亡くなり私の代となったため、脱退を申し込みました。組合の防除はＪＡの防除暦に沿って行なうのですが、ネオニコチノイド系の殺虫剤を3連発するなど、自分が理想とする防除体系に合っていないと感じたからです。また、農薬も組合を通してＪＡから購入するよりも、個人で商店から買ったほうが安くつきます。

ところが、組合として設置したスプリンクラーを使う以上、脱退は認められないといわれました。設置は30年近く前で、費用の3分の2は自己負担（組合を通して国から3分の1補助を受けた）。しかも設備の修理費用も自分持ちです。また、私自身は加入の意思がなく、誓約書などにサインもしていません。何度も話し合いましたが、抜けられないとのこと。法的に、問題はないのでしょうか？

加入を強制する法律はあるか

自分の目指す営農と、組合の方針とが違っている、という状況をどう解決したらよいのか、私も大変難しい問題だと考えています。まず組合から脱退することはできないのか、という疑問から検討してみます。

「地域の共同防除組合」ということですが、この「組合」の法的な制度がどのようなものか、ということが問題となります。私たちが、組織を作ったり、すでにある組織に加入する場合、原則として自分の自由な意思で決定しています。もちろん脱退も自由に決められることが原則です。しかし、特定の人の加入を法律的に義務付けたり、脱退を制限したりする組織もあります。

例えば私たち弁護士は、「弁護士会」に加入することが法律によって義務とされており、弁護士をやめない限り脱退できません。また、農家の皆さんは、法律によって地域の土地改良区に強制的に加入し、基本的に自分の意思で脱退することはできません（268ページ参照）。

つまり、加入を強制するためには法律による規定が必要なのです。そこで第一に、ご質問の「組合」が法律の規定による制度として脱退を認めないとされているのか否か、その事実を組合の役員に質問してください。

脱退が認められるべき

次に、法律の規定によるものではなく、組合の規約や、スプリンクラーなど施設の利用上の規定によって、脱退が認められないのだという説明が考えられます。その場合、原則として脱退を許さない、という規定の仕方は違法と判断されやすいと考えます。団体の脱退は原則自由であり、例外として許される特別の条件の場合のみ制限されるべきだと思います。

質問から考えられるのは、スプリンクラーを使う以上脱退は認められない（組合員しかスプリンクラーは使用できない）という規定がある、ということです。私もその規定が設置当初からあるのであれば、規定自体は有効ではないかと考えます。たとえ質問者が設置費用を負担し、支払いを終わっており、修理費用も個人負担であったとしても、設置時点で組合の所有物として設置し、使用規定を作成し、それに基づいて使用してきたのであれば、その規定に従うべきなのだと思います。

ただしその場合は、スプリンクラーを使わないので脱退する、という選択は当然認められるべきだと思います。

なお質問者は、組合に加入したのは祖父であり、自分自身が加入したのではない、とも指摘しています。父親の後を継いで組合員を続けるかどうかは、もちろん本人の自由な意思で決めるべきことです。したがって、父親の死亡によって自動的に組合員を続けることになり、脱退は許されない、という規定はあり得ないと考えます。

ぜひ役員の方と、脱退がなぜ許されないのか、その法律上の根拠についてよく説明を求め、話し合うのが大切だと思います。もし納得いく説明をしていただけないようなら、ぜひ近くの弁護士にご相談してみてください。

「こうした問題がいつまでもなくならないのはなぜか」という疑問も生じますが、私は基本的には組合員一人一人が、自分の意思をきちんと表明して、自由に議論し、組合員全体の合意を作り上げていく、という民主主義の基本的な組合運営を目指していく努力が、それぞれの組合員にもっと必要なのではないか、と考えています。

Q 農事組合法人の構成員が足りない!?

A すでに解散状態で、新たに立ち上げる必要がある

肉牛を飼育しております。20年前に集落の仲間7人と、放牧地の管理をする農事組合法人（牧野組合）を立ち上げました。その存続に関する相談です。

仲間も年をとって1人減り、2人減り。5年前に残ったメンバーと話し合って、有志2人で改めて登記をすませ、組合活動をスタートしました。

ところが、今年に入って大変なことに気付きました。行政書士さんに指摘され農業協同組合法（農協法）を確認してみると、第72条の34に、組合員が3人未満になり、半年間で補充できなかった場合に解散すること。そして、解散の日から2週間以内に、その旨を行政庁に届け出なければならない。とありました。

2人になったのはとうの昔です。私たちはどうすればいいのでしょうか？　これからでも1人補充すれば農事組合法人として存続できるのでしょうか？　また、農事組合法人として存続できない場合、株式会社に移行することはできるでしょうか。どうか教えてください。

すでに解散したことになる

営農のために仲間の皆さんと協力して事業を行なってきたのに、その仲間も高齢となり、後継者もなかなかいないので困っている、という状況が各地でひどくなっています。私が取り組んでいる諫早干拓事業では、農業者にも漁業者にも同様の問題が生じています。

ご質問の通り、農業協同組合法（農協法）第72条の34、1項は「組合員が3人未満になり、そうなった日から引き続き6カ月間その組合員が3人以上にならなかった場合においても、その6カ月を経過した時に解散する」と規定されています。さらに2項は「解散の日から2週

間以内にその旨を行政庁に届け出なければならない」とされています。

この項が規定する「解散する」の意味は、解散するためになんらかの手続きが必要だということではありません。3人ではなくなった日から6カ月間という時間が経過したというだけで、なんの手続きをとることもなく自動的に解散したことになるという意味です。

したがって質問者の農事組合法人は、とうの昔になくなっていたということになります。2週間以内に行政庁(質問者の場合は所在する県。複数県にわたる広域組織の場合は農林水産省)に届け出なかったからといって、解散したという事実にはなんら影響も与えないことになります。

「農事組合法人」は名乗れない

解散している以上、残念ながら、農事組合法人とは名乗れません。その名称で営業することによって一定の利益を受けることになり、組合ということに対する信用を確保することも必要なので、農協法第72条の5、2項は「農事組合法人でない者はその名称中に農事組合法人という文字を用いてはならない」と規定しています。

したがって、解散後の現在も従来の名称を使用し続けていれば、当然この規定違反になり、一定の行政罰(いわゆる過料の支払い)を課せられる可能性があります。

また、2週間以内の届け出もしていないわけですから、この違反にも一定の行政罰を課せられることがあります。今からでもいいので、急ぎ、届け出てください。

新たに法人を立ち上げられる

以上のことから、「今からでも1人補充して農事組合法人として存続できるのか」という質問には、継続はできないという回答になってしまいます。

しかし、農事組合法人を新しく設立することは可能です。もし今からでも3人以上の仲間で営農していきたいということであれば、改めて農事組合法人を設立して活動を続けることは当然に可能です。

「株式会社に移行する」ことができるのか、という質問に対しても同じ答えになります。「移行」という意味が不明ですが、従来の農事組合法人としての活動を継続する、という意味であればそれはできません。

しかし、新しく株式会社を設立して、その可能な範囲内で会社として営業していくことはできる、ということになるのだと考えます。

Q 集落営農法人の役員が交付金を山分けしている

A 臨時総会を招集し、使い方を改めるべき

私の集落には約30haの田んぼがあり、集落営農法人が管理しています。去年、農地集積の事業を活用し「地域集積協力金」という交付金を約700万円受け取ったのですが、その使い道に疑問があります。法人の役員9人で、そのお金を分け合ってしまったのです。

事業を申請する際は、交付金を利用して地域に農業倉庫を建てる予定でした。しかし倉庫は別の事業を利用して建てることができたため、お金が余ってしまいました。そこで役員らは、交付金全額を草刈りなどの労賃（従事分量配当）の上乗せ分として、オペレーターに配ってしまったのです。オペレーターは役員ら自身です。

彼らには、草刈りなどで時給1000円、イネ刈りなどの機械作業で時給1500円がすでに支払われています。今回の上乗せは、いわばボーナス。多い人で100万円近くになります。

これはおかしいと市の農政課に相談したところ、県に相談しろといわれ、県に相談したところ「制度上の違反はない」という回答でした。

農水省の実施要項を読んでみると、地域集積協力金の使途は「地域が話し合いによって自ら決定」することができるとあります。しかし、今回の上乗せボーナスは、組合員約50戸には知らされず、役員らだけで決めてしまいました。これでは、交付金をポケットに入れてしまったようなものです。

本来であれば、新たな野菜栽培に挑戦したり、米の売り先の開拓費用に充てたり、地域の未来のために使う交付金です。納得がいきません。ひっくり返す方法はないでしょうか。

決定的に誤っている

ご相談のようなことが依然として行なわれていることに、改めて驚きます。

県の担当者が「制度上の違反はない」と答えたそうですが、これもとんでもない、到底許されない回答だと考えます。県の担当者はおそらく、「草刈りなどの労賃として使用するのは違法ではない」という意味で回答したのだと考えます。しかしこの問題の本質は、使用目的とともに、その使用方法を決定する手続きが正しく行なわれたのかどうか、ということです。質問者の問題提起も、まさにそこにありました。

制度上、使用方法を決める正しい手続きは、「組合員の総意による」ことなのは自明だと思います。県の担当者がその問題提起には「目をつぶって」（あるいは触れないことにして）、「制度上問題ない」と答えたのであれば、役員が自分たちに交付金を分配する、それを役員だけで決めたというお手盛りの使用方法を、「問題ない」と認めたということになってしまいます。

これは決定的に誤っていると思います。質問者の指摘通り、組合員約50戸の総意によって使用方法を決定すべきです。

臨時総会を招集すべき

今からでもぜひ組合員の仲間と相談して、この交付金の使い方について改めて決定する臨時総会を招集するように請求することが考えられます。

当然、法人の規約には一定数の組合員により、臨時総会の招集を求めることができる規定があると思います。組合員皆さんの力によって、この不当不法な配分をぜひやめさせるよう頑張ってください。

7—3 土地改良区

Q 不在地主が土地改良費償還金を払ってくれない

県営の土地改良事業の工事が完成してしばらくたちます。借入金の償還期間は当初25年でしたが、途中から短縮され、10年、もしくは一括で返済することになりました。あと2年で償還を終えなければなりませんが、私たちの工区のなかで、2戸が未納になっています。その未納金は工区で責任を持って納めるように地区の役員のほうから強く迫られています。未納者は少し離れたところに住む不在地主で、何回か足を運んでいますが、なかなか払ってもらえません。

私は工区役員をしています。工区や地域の役員は、未納金に対してどこまで責任を持たなくてはならないのでしょうか。なお工区の役員のなかには工事費の借入時に保証人として印鑑を押している者もいます。

A 法に則って強制的に取り立てることもできる

借入時の定めに従って未納者に支払いを求める

大変困っていらっしゃると思います。

まず前提として、この問題の借入金の返済について、土地改良区は元々借入の時点で、各組合員はどのような方法で金員を負担するよう定めていたのか、ということが問題です。

当然、各組合員が返済のために負担する金額とその支払い方法が定められていたと思います。もちろん25年償還が10年償還に変更されたことによって、各組合員の支払い方法と支払い額も修正されていると思います。

そのうえで、もし支払えない組合員が生じた場合は、土地改良区としてどう対応するのか、その方法が定めてあったかどうかということも問題となります。

以上の定めにしたがって、未納者に支払いを求めることになると思います。

もちろん当然のことですが、未納者が支払うことが可能であるのに（支払い能力はあるのに）支払いをしようとはしないのであれば、土地改良区は、法の規定に従って、強制的に取り立てることが可能です。

さらに、未納者に支払い能力がないという場合でも、とりあえず支払う現金がないということであって、未納者の所有農地自体はあるということだと思うので、その農地の処分まで考えれば、論理上は強制的な取り立てが可能だということになると思います。

いずれの場合でも、工区の役員のなかで保証人となっている人は、保証の責任に相応する支払い義務を負うことになるのはやむを得ないと考えます。

土地改良区全体の問題

以上のように考えた場合、未納者に対する責任は、土地改良区が負っているのです。工区や地域の役員は、土地改良区の役員の一人として、土地改良区自身が負っている責任の実行に協力すべきであることは当然ですが、それ以上に役員個人が未納金を未納者に代わって支払う義務までを負うことはないのです。もちろん、工区が支払う義務を負うこともないと考えます。

土地改良区全体の役員会で、どう対応するかよく話し合いをすることが必要だと思いますし、もしその役員会のなかで、工区や工区役員が未納者に代わって支払うよう求められた場合には、そうすべきであることの法律上の根拠の説明を求めることが必要だと思います。

Q 土地改良区を脱会したい

私たちの地区は昭和40年代に土地改良区に入りました。しかし、水を引くといっても、地区の全面積を潤すには水量が足りませんでした。結局、大半の農家が稲作を諦め、畑作や果樹栽培となりました。それから40年、一滴の水ももらわないまま毎年の賦課金を払い続けています。しかし、このまま子孫まで賦課金を払い続けるわけにはいかないと、脱会希望者を募り、土地改良区に脱会の申し立てをしました。

ところが、法律上認められない、の一点張りで、脱会を認めてもらえません。しかし、土地改良法には脱会の規定があります。私たちのケースはこれに当たらないのでしょうか。脱会するには、地区全員の同意が必要だといわれました。さらに、脱会には反当3万4000円の賦課金が必要だそうです。納得がいきません。

A 無利益なら脱会を認める規定がある

利益を受けているかどうか

まず、問題になることを検討してみます。「土地改良法に規定がある」というご指摘の条文は第66条です。

「地区内にある土地が、その土地改良区の事業により利益を受けないことが明らかになった場合において、その土地についての組合員の申し出がある時は、その土地改良区は、その土地をその地区から除かなければならない」

事業による利益をなんら受けない土地を改良区に編入して、組合員に各種の強制を行なうことなどできません。

そこで、質問者の脱会（地区除外）が認められるかどうかは、脱会を申し出た組合員各人ごとに、それぞれの土地が「土地改良区の事業によって利益を受けているかどうか」を、客観的に判断することによって決まります。

利益を受けていなければ、当然、脱会（地区除外）が認められるべきなのです。したがって「地区全員の同意が得られれば脱会できる」というのは、この条文が規定する脱会についての説明としては誤りで、あくまで個人の土地ごとの判断をすることになるのです。

そこで次に「事業によって受ける利益」がなんなのかが問題になります。質問者は農業用水について問題にされています。その用水の利用が必要ないというご主張です。しかし、これまで問題になった事例では、必ずしも農業用水だけの問題ではないことが示されています。例えば次の判決です。

「本件土地改良事業による控訴人ら（除外を求める土地所有者）の現実の受益の有無につき判断するに、当裁判所も右受益の有無は、事業の種類（工種）によって判断すべきものであること、被控訴人（土地改良区）は事業として、かんがい・排水施設、改修、区画整理、農道整備を目的としているところ、控訴人らは右事業によって道路の新設、拡幅、排水路排水溝の新設・回収による利益を受けていることを認定する」（名古屋高裁1985年判決）

つまり、区画整理や農道整備等々の利益を受けている、という判断なのです。質問者はこれらの利益を受けているかどうか、ということで結論は決まることになります。

「脱退金」は認められない

また、脱会する際の賦課金の問題は、法42条2項が規定しています。

「土地改良区の組合員が、組合員たる資格に係る権利の目的たる土地の全部または一部についてその資格を喪失した場合において、その者及び土地改良区は、その土地の全部または一部につきその者の有するその土地改良区の事業に関する権利義務について必要な決済をしなければならない」

ここでいう「必要な決済」とは、これまで事業計画において、質問者が負担すべき事業の負担金、分担金、賦課金などの未納分の納入が考えられます。しかし、これら以外に、さらに脱退金を課すなどの新たな支払いを加えて求めることはできないと考えられています。

そこで、脱会に必要な「3万4000円の賦課金」が、脱退に際して「必要な決済」の金額なのかどうか、よく証明を求めることだと思います。もし違うのであれば、その支払いを請求する根拠がなんなのか、担当者によく証明を求めることが必要だと考えます。さらに、賦課金のそもそもの算定についても疑問があれば、こちらもその額の算定方法について、説明を求めてみてください。

Q 土地改良区の賦課金、非農家の息子も払うのか

A 水路がない事実を組合員に理解してもらう

高齢になり、あと何年農業を続けられるのか考えてしまいます。そこで、今から心配しているのが、土地改良区への賦課金の支払いです。賦課金は、私が農業をやめても支払い続けなくてはいけないのでしょうか。

本人が農業をやめると、代わりに耕作する人が賦課金の支払いを続け、耕作者がいなければ、所有者が支払う義務を負うと思います。ここは山奥で、畑を借りてくれる、買ってくれるような人はいません。将来、私が死ねば、子どもが義務を負うと思うのですが、農業にまったく携わらない子どもに、土地改良区への賦課金を払い続けさせるのはおかしいと思います。そもそも、水路がないのに、水路がある地域と賦課金が同じなのも、納得いきません。

土地改良区から「利益を受けていない」場合は賦課金を払わなくてもいいそうですが、農業をしていない子どもが所有者となった場合はどうなるのでしょうか。そもそも、私の地域の土地改良区はなにも活動しておらず、今現在も恩恵を感じません。区画整理や農道整備も過去の話ですが、「土地改良事業によって利益を受けていない」とは、どのように証明すればいいのでしょうか。なにとぞ教えてください。

「利益」の特定は難しい

私も大変困った問題だと思います。農業を続けていくことができないという事情がますます増えてくるにつれて、土地改良区を維持管理していく費用の負担者も、次第に少なくなっていくということが考えられます。今後どうしていくことがよいのか、今問われているのではないかと思います。

賦課金を規定しているのは、土地改良法第36条です。まず第1項で「土地改良区は、定款の定めるところにより、その事業に要する経費に充てるため、その地区内にある土地につき、その組合員に対して金銭、夫役または

現品を賦課徴収することができる」と定めています。次に同条第3項は「第1項の規定による賦課に当たっては、地積、用水量その他の客観的指標により、当該事業によって当該土地が受ける利益を勘案しなければならない」と規定しています。

そこでご質問の「利益を受けていない場合は賦課金を払わなくてもいい」ということが問題となるわけです。一般的にはこの条文、とくに「勘案」という意味について、次のように説明されています。すなわち、各土地が「事業により受ける利益」といわれる内容とその程度は、その土地のいろいろな条件によって差異があるし、事業の内容も変化していく。それらの事情を考え合わせれば、土地ごとの「利益はこれだけだ」と正確に特定することは困難に思われるということです。

この法36条第3項の規定が、受ける利益の程度に応じて（比例して）賦課する、という考え方をとらず「勘案」する、という定め方にしているのは、厳格な利益の判断ではなく、類型的、一般的な基準による、おおまかな利益の判定を求めている、ということになります。

そこで「まったくなんの利益も受けていない」という主張は、なかなか認められないのではないかと思います。

もちろん、そもそも水路がなく、用水を利用することもあり得ないのに、水路があって用水を使用している地域と賦課金が同じというのは合理性を欠く、というご主張は認められてよいのではないかと思います。その点は、同じく水路のない地域の皆さんの意見として、強く主張されていいのではないでしょうか。

話し合いで規定は変えられる

質問にもある通り、賦課金はまず農地の耕作者が負担すべきで、耕作者がいなければ所有者が支払う義務を負います。農業にまったく携わらない子どもに、賦課金を払い続けさせるのはおかしい、というご意見も理解できます。しかし逆に、その周りで農業を続ける組合員の立場からは、地域の農地全体を営農にふさわしい状態で維持管理していくため、一定限度の費用負担は一緒にしてほしい、というお気持ちもあるのではないかと思われます。

いずれにしても、この賦課金については土地改良区の「定款で定めるところ」によって決まります。質問者の立場、ご意見には当然、共感される方も多数いらっしゃると思うので、組合員の皆さんでよく議論していただいて、より合理的な規定に変えていくことも必要だと考えます。

Q 農業をやめても土地改良区の賦課金は払うのか

A 土地を貸した人に払ってもらえないか

水田2300㎡の兼業農家です。年をとり、農業を続けることができなくなりました。長男はサラリーマンとなり、東京で働いています。もう農業を継ぐことはないでしょう。

祖父の時代に土地改良を行ないました。私が高校生の頃でしたか、自分は土地改良に参加したくないといっていました。説得に説得を重ねられ、不承不承、加入させられたようです。当時、改良区で受けた政府補助金のうち、地主負担分の支払いをすませれば事後の負担金は生じないとのことでした。

ところがいつの間にか私の時代も払い続けることになっていました。米づくりをやめても改良区の賦課金は払い続けなければならないのでしょうか？　ご教示ください。

土地改良区は、できてしまえば強制加入

ご質問者の困っていらっしゃる事情はよくわかります。土地改良区が法律的に正しく作られると、その土地改良区地域内に農用地を所有している人は、原則として法律上に強制的に土地改良区の組合員とされます（土地改良法第11条、第3条）。そしてこの土地改良区を作るときに、組合員資格者のうち、賛成する人が3分の2以上の多数でなければなりません。

この限りでは、「賛成・反対」は意味があったのですが、正式に改良区ができてしまえば土地改良区への参加に賛成したか反対したかは関係がないことになってしまうのです。反対した人も当然に組合員とされてしまうからです。

組合員にされると、当然組合員としては支払うよう求められている組合費やその事業に必要な各種の負担金、

賦課金などについて、支払い義務を負うことになります（法第36条1項は「その組合員に対して金銭、夫役または現品を賦課徴収することができる」と規定しています）。そして、この土地改良区による徴収は、原則として税金と同様の扱いがされることになります。例えば、法37条による過怠金の賦課、第38条による賦課金やそれに掛かる延滞金などの徴収を市町村に委任することなどです。

したがって、今のままでは今後もずっと支払いを強制され続けることになります。

田んぼを貸した相手に払ってもらう方法を

問題は、この農用地の耕作をしていない状態で、たとえ米づくりをやめてもいつまでも支払いを続けなければならないのか、ということです。

一つの解決方法として考えられるのは、この農用地を賃貸することによって、その貸借人に土地改良区の組合員になってもらうことです。一定の要件が認められれば可能です。その要件の具体的内容及びその要件を満たすかどうかは農業委員会によく相談して説明を聞いてみてください（法第3条各項など）。

もちろん、組合員として代わってもらうことはできない、という場合でも、賃貸の条件として、賃借した人に賦課金などの支払いを負担してもらうような約束を相談してみるのもいいと思います。

Q 土地改良区への賦課金、時効はないのか

A 賦課金の徴収には5年の時効がある

退職後、細々と自給農業を営んでいます。ご教示いただきたいのは、土地改良区の賦課金についてです。

当地で土地改良の事業が始まったのは昭和30年代です。しかし、私はそれ以前から自分で井戸を掘って、田畑のかん水に使っていました。そこで、土地改良事業は自分には必要がないと、事業開始前に拒否したのですが、地域の3分の2以上の同意があって強行されてしまいました。

設備投資が無駄になってしまいましたが、その後は仕方なく賦課金を払い続けてきました。しかし10年前、田植え機が壊れて水稲作を一切やめました。そして、「受益」がなくなったと判断して賦課金の支払いもやめました。

すると土地改良区から毎年賦課金の催促があり、とうとう先日、差し押さえ調書が届きました。調書では支払いを止めた10年前に遡って賦課金を徴収するとあります。

そこで質問です。（1）このように勝手に賦課金を設定し、毎年徴収するのは、憲法における財産権の侵害に当たりませんでしょうか？（2）仮に支払うとしても、賦課金に時効はないのでしょうか？（3）今後も稲作を再開する予定はありません。例えば地目を変えるなどして、土地改良区から外れる方法はないものでしょうか。

事業による利益は特定困難

まず賦課金を徴収する目的と根拠ですが、賦課金の徴収を規定しているのは、土地改良法第36条です。第1項で「土地改良区は、定款で定めるところにより、その事業に要する経費徴収に充てるため、その地区内にある土地につき、その組合員に対して金銭、夫役または現品を賦課徴収することができる」と定めています。次に同条3項は「第1項の規定による賦課に当たっては、地積、用水量その他の客観的な指標により、当該事業によって当該土地が受ける利益を勘案しなければならない」と規定しています。

一般的にはこの条文、とくに「勘案」の意味について次のように説明されています。すなわち、各土地が「事業により受ける利益」といわれる内容とその程度は、その土地のいろいろな条件によって差異があるし、事業の内容も変化していく。土地ごとの利益を正確に特定することは困難だと思われます。

この法36条3項の規定が、受ける利益の程度に応じて（比例して）賦課するという考え方を取らず、「勘案」しなければならないと定めているのは、厳格な利益の判断ではなく、類型的、一般的な基準による大まかな判定を求めているのだ、ということになります。

賦課金徴収の時効は5年

「勝手に賦課金を設定し、毎年徴収するのは、憲法における財産権の侵害に当たりませんでしょうか?」ということですが、もちろん本当に「勝手に」（土地改良の規定に定めた手続きに従わず、または逸脱して）賦課金を設定し徴収すれば当然に違法ですが、法の規定に従っていれば、質問者の意思に反して、あるいは同意を得ることなく賦課金の設定、徴収が行なわれていたとしても違法とはいえないと思います。

そこで次のご質問の「仮に支払うとしても、賦課金に時効はないのでしょうか?」について。この賦課金徴収の時効については、国税及び地方税の例によることと規定されています。そこで、土地改良区が賦課金の徴収権を行使することができる日から5年を経過した時は、その期間内に時効の中断または停止事由がない限り、消滅時効が成立すると考えられます。原則、5年以上経過している分については、時効が主張できると考えます。

地目変更で外れることは可能

「例えば地目を変えるなどして、土地改良区から外れる方法」については法第66条に規定があります。「地区内にある土地が、その土地改良区の事業により利益を受けないことが明らかになった場合において、その土地についての組合員の申し出がある時は、その土地改良区は、その土地をその地区から除かなければならない」。

この規定の「利益を受けない」という例として、農地の転用により農地ではなくなった場合が考えられます。

農地の転用手続きを行なった場合には、その組合員に改良区からの除斥請求権を認め、土地改良区に除斥の手続きを取る義務を課したのが、本条の規定だと説明されています。したがって、地目変更することで、土地改良区から外れることは可能だと考えられます。

Q 土地改良区に納めた「地区除外決算金」を取り戻したい

A なにに使われたのか、役員に説明を求めたい

約50年前、父が田んぼの一角に作業小屋を建てました。面積約300㎡で、当時の土地区画整理事業で「換地処分」を受け、宅地とされた土地です。

ところが10年前、土地改良区の事務局長から「この土地は農地転用の手続きが必要」だといわれ、その費用（地区除外決算金）として約40万円を納めました。

しかし最近、友人から指摘され、やっぱりおかしいと思いました。換地処分を受けて宅地となった以上、その土地はすでに農地ではないはずです。その証拠に、父の代から「宅地」として税金を払っています。

法務局に確認してみると、「課税地目」は宅地となっていて、「登記地目」は畑となっていました。

現況は宅地として認められ、それに応じた税金を払い続けてきたのに、土地改良区が改めて農地転用の決算金を請求してきたのは、おかしいのではないでしょうか。また、そもそも建物を建てて40年もたって転用手続きが必要というのも納得がいきません。土地改良区に払った決算金は返してもらえないのでしょうか。

土地は農地のままだったのか

質問者が当惑していらっしゃるお気持ちはよくわかります。どうしてこんな結果になっているのかという疑問に対しては、土地改良区の役員はきちんと説明しなければならないと思います。

まず、事実関係について、「父が土地区画整理事業で『換地処分』を受け宅地とされた土地に作業小屋を建てた」ということですが、「『換地処分』を受け宅地とされた」ということの具体的な事実を、きちんと確認するこ

とが必要だと思います。

「換地処分」の具体的な内容はなんだったのでしょうか。換地処分で土地の地目を「宅地」にするということはできないと考えるので、そのまま農地として換地したか、あるいは同時に「地区除外」の手続きをとったか、いずれかが考えられます。

10年前、「この土地は農地転用の手続きが必要」といわれ、その費用（地区除外決算金）40万円を納めたということです。そうするとやはり、換地処分の際に宅地として地区除外することにはなっていたが、実行されないまま、地目は農地のまま換地を行なったのではないかと考えられます。

なお、仮に地目が農地のまま換地処分が行なわれたとしても、農作業用の小屋を建てることは可能です。

土地改良区としては、登記上の地目が農地とされているのを「地区除外」して、宅地として改めて登記するために、必要な費用40万円を納めてほしいということになったのではないか、ということが考えられます。

以上のことは私が「こう考えられます」と推定している内容です。ちゃんと土地改良区の役員に、「換地処分」の時にどのような手続きが行なわれたか確認することが必要です。

なぜ今も農地のままなのか

とくに、質問者がなぜ決算金を支払わなければならなかったのか、その根拠と、実際に支払った40万円はなにに使用されたのか。役員はきちんと土地改良区が保管している書類を示して説明すべきです。その説明ができないのであれば、この40万円は土地改良区の役員が不法に取得したということになりかねない事実です。

なお、現在登記されている土地の地目が「畑」であるにもかかわらず、「宅地」として税金を支払っているという点については、じつは一般的にあり得ることなのです。課税地目が「宅地」とされているのは、「現状は宅地として認められている」ということではなく、都市などでは課税のやり方として、農地であっても「宅地なみの課税をする」という課税上の制度になっているのです。

したがって現状は登記上の地目が「畑」、すなわち農地ということなので、当然、登記地目を「宅地」に変更する手続きが新たに必要だということになります。

そこで疑問なのが、10年前に農地転用の手続き費用として納めたという40万円です。これは一体なんだったのか。ぜひ、土地改良区の役員にきちんと説明を求めてください。

Q 土地改良区の賦課金滞納、理事に責任はないのか

私が所属する土地改良区が合併することになり、先日の会議で、相手側の財産目録が提示されました。そこには未収金という項目があり、聞けば、10年にわたって約50万円もの賦課金滞納があるとのこと。

そんな土地改良区と合併すれば損をみます。相手の理事に問いただすと、「督促状も催告書も出しているため、われわれは責務を果たしている」とのこと。賦課金を滞納するのには事情があると思うのですが、それは個人情報を理由に教えてもらえませんでした。

とうてい納得がいきませんでしたが、合併そのものは賛成多数で議決してしまいました。

そこで2点質問です。まず、土地改良区が合併しても、滞納者に賦課金を請求し、支払ってもらうことが可能なのでしょうか。また、もしも回収できない場合、相手側の理事等にその責任を問うことは可能でしょうか。ぜひ、教えてください。

A 回収できない場合は、理事の責任を問える

合併後も債権を引き継ぎ、滞納金を請求できる

土地改良区が合併した場合も、当然、合併前に存在していた債権（プラスの財産）と債務（マイナスの財産）は、そのまま合併後の新しい土地改良区に引き継がれることになります。合併によって債権債務が消滅する、ということはありません。合併後も滞納者に賦課金を請求し、支払ってもらうことは可能です。

しかし、一般論としてですが、これまで支払ってもらうことができなかった理由はいったいなんだったのか、という問題は当然に残っています。合併したからといって、これまで支払ってもらうことが困難だった事情が、ただちに解決されるとは考えにくいと思います。

したがって、支払ってもらえない理由とその解決方法

を、合併後の新しい役員の皆さんがよく検討されることが必要なのだと思います。

理事に責任を問える場合

その検討を進めるなかで、回収がどうしても困難だという結論になった場合、その原因によっては、合併の相手方の理事等にその責任があることもあり得ると思います。

例えば、賦課金の滞納が始まった時点で適切な手を打っていたかどうか。滞納し始めた頃に、速やかに徴収手続きをとっていれば回収可能だったのに、その手続きを長期間怠っていて、時間が経過している間に滞納者の資産状況が悪化してしまい、回収ができない状況になってしまった、という場合などです。

つまり、回収可能な滞納金であったのに、相手方の理事の業務遂行に過失があったために回収できなくなってしまったという事情があれば、その責任を問うことが可能ではないかと思います。

まずは、具体的な事情と事実経過の確認が必要だと思います。

Q 土地改良区を解散して、新たに管理組合を立ち上げるには

私は現在、土地改良区の役員をしています。

二十数年かかった農地造成事業が6年前に完了し、以降、土地改良区で補完工事や維持管理を行なっています。その運営費は毎年の賦課金だけでは足りず、基金（原資は地区内の土地を農免農道用地として売却した代金）を取り崩して充てております。今後、経費削減の面から改良区を解散して、新たに管理組合等を作り移管してはどうかという話が出ています。

その場合、（1）解散手続き等はどの程度煩雑なものでしょうか。また、（2）現改良区の保有資産（基金及び土砂緩止林等）は、管理組合にそのまま移せるのでしょうか。もしくは町に収容されるのでしょうか。（3）もし移せた場合、基金の一部を組合員に戻すことは可能でしょうか。

A 解散には清算手続きが必要

総会の議決、知事の認可

土地改良法は、土地改良区を解散することを認めています（法67条）。その法の規定に従って解散することは可能です。

この場合、解散手続きとして、土地改良区がその目的遂行のために行なう活動を終止して、土地改良区の財産関係（所有する不動産、現金、債権など積極財産と負担すべき債務などの消極財産）を整理したうえで、残った財産の帰属を決めるなどの清算手続きを行ない、それが完了した時点で土地改良区としては消滅することになります。

したがって、解散を決定した時点で活動のすべてが終了するわけではなく、財産関係の整理（清算手続き）がなされる必要があるのです。

解散するためには、まず総会の議決を行ないます（法67条1項1号）。この議決は特別決議（総組合員の3分の2以上が出席し、その議決権の3分の2以上の賛成）が必要です（法33条3号）。

総会で承認されれば資産を管理組合に移せる

解散の特別決議が行なわれた場合は、さらに知事の認可を受ける必要があります（法67条の2）。これは、土地改良区が公益性を有しているため、知事に解散を認めるか否かの判断を行なわせる必要があると説明されています。

さらに手続きとして、土地改良区が解散を議決した時は、原則として従来の土地改良区の理事が清算人となり、清算手続きを行なうこととなります（法68条1項）。

清算の具体的内容としては、1現務の終了、2債権の取立て及び債務の弁済、3残余財産の引渡しです（法68条の2）。そのため、清算人は「遅延なく、土地改良区の財産の現況を調査し、貸借対照表及び財産目録を作り、財産処分の方法を定め、これを総会に提出し、または提供し、または提供し、その承認を求め」なければなりません（法69条）。

したがって、債務の支払いなどの整理が終了した後に、さらに残された保有財産があればそれを管理組合に移すということが、財産の処分方法として総会で承認されれば、それは原則として可能だということになると思います。

同様に基金の一部を組合員に戻すことも可能だと思います。

以上の解散及び清算の手続きは裁判所の監督に属し、裁判所はいつでもその監督に必要な検査をすることができます（法70条の2）。

以上が大きな流れですが、かなり煩雑な手続きが必要です。また、知事や裁判所の関与も必要とされていますし、なによりもみんなの公益のために必要な手続きですから、可能であれば弁護士その他の専門家によく相談して、その助言を得るとともに、県の担当者とも相談しながら手続きを進めることが必要だと考えます。

Q ため池の水利組合を土地改良区に合併させたい

A 合併はため池利用の権利関係を確認してから

集落に、かつて重要な水源だったため池があります。50〜60年前、渇水対策としてため池の堤防をかさ上げしたそうです。この時ため池に水没する農地を買い取ったのが、任意の水利組合の、当時の組合長でした。

6年前に、周辺の集落を合わせて2000ha級の土地改良区ができました。ところがこの時ため池の周りの2haほどの田んぼの持ち主は、ため池の水で十分ということで、新しい土地改良区には入りませんでした。ため池の軽微な工事代や維持管理に必要な経費、固定資産税は元組合長が負担していたようです。しかし、ため池の土地の名義人である元組合長が1年数カ月前に他界。

ため池の水門は老朽化しており、開閉が困難な状態になっていますが、小さな組合では修理する費用が集まりません。また用水の草刈りなど、管理維持も利用者の負担になっています。

私は今はため池の利用者ではありませんが、かつての利用組合の時から役員をしている一人です。ため池も新しい土地改良区に入るよう、ため池利用者を説得しました。

ところが、元組合長の名義を当然相続すべき50代の息子は、勤めの繁忙を理由に相続手続きを引き延ばしています。ため池の土地の相続が済まない限り土地改良区に吸収合併できないようです。

そこで、息子に代わって代理か委任で相続手続きはできないものでしょうか。土地は3筆ほどあり、登記料その他必要経費は組合員で負担してもいいと考えていますが、どのくらい掛かるものでしょうか。

元組合長の名義はため池のどの部分か？

事実関係が十分に理解できないのですが、この問題を解決するために考え方の整理をしてみたいと思います。

最初の事実確認ですが、ため池の土地は、その底地全部（すなわち、底地全部が3筆の土地）が元組合長個人の所有名義なのでしょうか。それともかさ上げする前の底地部分は集落所有名義で、かさ上げした増加部分（これが3筆の土地）が元組合長所有名義なのでしょうか。そのいずれかによって、解決のために必要な手続きが異なってくると思います。

いずれにしても、ため池に元組合長の個人所有土地があることは間違いないわけですが、ため池利用者と元組合長との権利関係はなんなのか（普通は「水利権」など水を使用する権利が設定されていると考えられます）、ため池を利用する権利についての明確な取り決めがあったのかどうかが問題になります。当然水利組合としての定款があると思うので、そこでどう定められているのか、ということにもなります。

相続手続き自体は代理人でもすぐにできる

この水利組合と土地改良区との吸収合併に際しては、この元組合長所有名義の土地を土地改良区がどう受け継ぐのか、従来あったため池利用の権利関係はどうなるのかという点について、そのために必要となる法的手続きを確認したうえで、元組合長の相続人にその手続きをするよう合意してもらうために、十分な協議が必要だと考えられます。

その際注意が必要なのは、元組合長のすべての相続人との協議が求められる、ということです。元組合長の相続人は「当然相続すべき50代の息子」一人なのでしょうか。元組合長の妻や、他にも子どもはいないのでしょうか。もしいるのであれば、この方たちも相続人なのです。相続人が数人いれば、その全員との協議が必要になります。もちろんこの「50代の息子」の方が相続人全員を代表して協議するということでもよいわけです。

ご質問では「相続手続き」を問題にしていますが、具体的には元組合長の所有権名義を相続人名義に移転登記する登記手続きを質問しているのだと思います。しかしこの問題の解決というのは、相続による所有権移転登記が行なわれればそれですむ、ということではないと思います。

その条件の協議において、当然登記料その他の費用負担も問題になるでしょう。その額については一般論としての算定はできませんので、ぜひ地元の司法書士に尋ねてみてください。教えてもらえると思います。

相続人との間で合意が成立すれば、相続手続き自体は、代理人でもすぐにできることです。

Q 圃場整備事業で役員による不正が行なわれている

A すぐに弁護士に相談し、不正を正すべき

私が住む地区で圃場整備の事業が始まりました。ところが、この圃場事業で不正が行なわれています。

地区の組合長と副組合長はまず、この事業が始まると同時に誰も買わないような崖上の土地を買いました。そして事業が進んで換地の原案を作成する際、自分たちの土地を一等地に、一等地に土地を持っていた人たちを崖上の土地に割り当てました。条件が悪く安い土地を買っておいて、自分たちに都合のいいように、換地しているのです。

こんなことは許されないと思い、役員会で組合長他に訴えましたが、聞き入れてくれません。この事業によって土地条件が不利になってしまう人が私も含めて5名います。私たちが反対しても事業は進んでしまうのでしょうか。

90%以上の合意が必要な自治体も

これまでも強調してきましたが、土地改良事業は、事業に参加する組合員一人一人が、本当に納得して賛成したうえで、よりよい農業のために行なわれるものです。そのため土地改良区の役員には、一人一人にきちんと事業内容を説明し、合意を形成できるように努力を尽くすべき義務があります。

そこで法規上は事業区域の地権者の3分の2以上の同意が要求されているのですが、自治体によっては、それではまだ不十分として90%以上の賛成を得ることが必須の要件だとしているところもあります。

しかしそれはあくまで「たてまえ」であって、現実には形式的に同意の印を押させたりしています。はなはだしい場合には死者の印が押してあったり、多数が同一の筆跡であったり、という事例もあります。組合員が具体

的な事業内容を知らされず、突然、仮換地指定を受けて驚くという事例も決して珍しくありません。

不正な点はすぐ争う必要がある

本件では、組合長のやり方がおかしいと役員会で訴えても聞き入れてくれない、ということです。

圃場整備事業のやり方を定めている法律は土地改良法です。この法律では、事業の進行に伴って定められている必要な手続きがあり、遵守することが求められています。役員による手続きの遂行が誤っていると考えた地権者は、その定められている一連の手続きに対し、それぞれの手続きごとに法的に争う手続きが順次定められています。

そして大事なことは、それぞれの手続きごとに、その時点で争わなければ、手続きは正当なものとしてどんどん進行してしまうという点です。

そこで、不利益な取り扱いを受けているという5名の方が一緒になって、進行している圃場整備事業の手続きについて県の担当者に尋ね、正しいやり方かどうかをきちんと説明してもらうことが必要だと思います。

そして、疑問点を法的に争う（不服申し立てをする）には、どのような手続きがあるのか、県の担当者によく質問することだと考えます。できるだけ早めに対応するほうがよいと思います。

すぐに弁護士に相談してみては

あまりにも当然のことですが、ご質問のようなことが許されてはいけません。

可能であれば、現時点でも弁護士に相談されてみるのがいいのではないでしょうか。県庁所在地に県の弁護士会がありますし、会内には法律相談センターがあります。土地改良事業について詳しい弁護士を紹介してもらうよう、ぜひ相談してみたらいかがでしょうか。弁護士によく説明して、解決方法について相談されることが必要だと思います。どれぐらいの費用が必要なのかも、相談されればよいと思います。

Q 出荷組合に全量出荷を強制させせられた

A 根拠なき全量出荷義務は認められない

トマトを栽培しています。今まで地域の出荷組合を通して市場に出荷していましたが、強制的に退会させられてしまいました。とても困っています。

去年、若手農家でグループを作って、直売やネット販売に挑戦し始めたところ、出荷組合の幹部に「全量出荷しないのなら罰金を払え」といわれました。私たちはきちんと組合費を納め、生産量の大半は組合に出荷してきました。突然のことに、どうしても納得がいかずに抗議したところ、ほぼ強制的に、退会処分となってしまいました。

さらに退会後、私たちのグループのトマトを扱わないよう、組合幹部が市場に働きかけていると、関係者から聞きました。出荷組合が生産者の出荷先を制限することは、独禁法に引っかからないのでしょうか。また、販売の邪魔をすることは、違法に当たらないのでしょうか。どうか、教えてください。

組合加入時に規約の説明はあったか

せっかく出荷組合に加入したのに、大変残念なことだと思います。基本的な問題点の考え方を整理してみます。

まず第一点として、出荷組合には当然、加入者が組合の一員として活動していくために、みんなが守るべき約束事が規約や規則などとして定められていると思います。その約束事（規約など）を十分理解したうえで、組合に加入するのが前提なのだと考えます。

そこで、質問者が組合に加入する際に、規約などの説明がなされなかったとすれば、そのこと自体が組合活動にとって、重大な問題だと思います。また、そもそも規約などが作られておらず、一部の幹部の合意だけで組合運営がなされているというような場合は、組合員が守るべき基準をまったく欠いていることになってしまいます。

質問者は組合加入に際して、そのような規約などを示されたり、説明を受けたりしていないとのことです。したがって、トマト全量を組合に出荷する義務を負うことになるとは、まったく認識していなかったということになります。

全量出荷義務の規約はあったか

そこで第二の問題点として、そもそも規約などによって、組合員は全量出荷するよう定められているのかどうか、ということです。もし全量出荷が義務付けられているのであれば、組合幹部はその規約を示し、従うよう質問者に求めることになると思います。質問者は規約などに違反したという認識を欠いていたわけですが、その場合、組合幹部はあらためて質問者に対し、全量出荷の義務を伝えたうえで、組合員として活動を続けるか、退会するのか、意思を確認する必要があると思います。

もし、全量出荷を義務付ける規約などは初めからなかったという場合、組合加入後に新たな義務を一方的に課すことは、原則できないと考えます。

組合員にそのような義務を新たに課すには、具体的な必要性と合理性を持った根拠が必要だと思います。組合幹部は十分に説明し、組合員の納得と合意を得なければならないと考えます。

第三の問題点として、質問者が自分たちで出荷した行為について罰金を科すことができるのか、ということです。

すでに説明した通り、そもそも全量出荷を定めた規約がなければ、罰金を科すことなどできません。また規約があった場合も、組合が一方的に罰金額を決めることは許されないと考えます。あくまで、全量出荷が守られなかったために生じる被害を前提に、定められるものだと思います。

市場責任者にも合理的説明を求めたい

最後に、組合幹部が質問者のグループのトマトを扱わないよう市場に働きかけている問題です。市場は、質問者のトマトを実際に取り扱ってくれないのでしょうか。もし現状、取り扱っているのであれば、とりあえずその限りでは問題ないと思われます。もし現実に取り扱ってもらえないのであれば、まず市場責任者にその根拠と、合理的理由の説明を求めるべきだと思います。取り扱わないからには、その根拠となる市場運営のための規約などが必要ですし、その措置の必要性の合理的理由がなければならないと考えます。

いずれにしても組合幹部に対しては、全量出荷義務を課す根拠となる規約などがあるのかどうか、その義務を課す必要性、合理性はなんなのか、ぜひ説明を求めて、話し合いの努力をしてみてください。もし根拠もなく、組合幹部の勝手な措置に過ぎないのであれば、身近な弁護士にご相談いただいて、組合員としての地位を保全する法的手続きなどを検討してもよいかと考えます。

第8章

相続・贈与に関するQ&A

Q 田舎の家と畑を手放したい

A 農協や自治体に協力を仰ぎたい

実家の両親が亡くなって数年がたち、残された田舎の家と畑が悩みのタネとなっています。手入れが行き届かず、近所の方から苦情があるのです。確かに、自宅周辺や畑には雑草が生い茂り、家もだいぶ傷んでいます。イノシシやハクビシンの棲み家となっているようですし、物騒だと心配されています。

かといって、遠く離れた場所に住む自分が、定期的に通って手入れするわけにもいきません。そこで、家と畑を買ってくれる、借りてくれる方を探してもみましたが、不便な地域にあるためか、引き取り手は見つかりません。

思いきって、家がある自治体に寄付を申し出たところ、それも断られてしまいました。それどころか、空き家のまま放置した場合、自治体から取り壊し等の命令をされることもあるそうです。思い出の詰まった家ですが、とても困っています。どうしたらいいでしょうか。

小さな農業こそ大事なのに……

ご質問と同様の相談を受けることが多くなっています。誤った農業政策の下で、農村がますます悲しい困った状況になっているのだと、改めて痛感します。企業による大規模営農を優遇し、身近な小規模営農を切り捨てていこうとする国の誤った農業政策の歪みが、多くの農家・農村に痛みをもたらしているのだと、私には思えます。

ご質問では、地元自治体に寄付を申し出たところ、それも断られてしまったということです。確かに原則として、自治体はこのような個人財産の寄付は認めないと思います。

私は、このような農地を含む不動産の利用や処分をめぐる問題については、本来的には、地元の関係自治体や農業協同組合（農協）などが、地域住民の各種団体や個人と協力し合って解決する取り組みや、そのための制度を確保する組織作りを行なう必要があるのではないかと考えています。

個人の財産である不動産は、その所有者の責任で管理したり処分したりすることが、法律上当然のこととされています。そして不動産の所有権を、所有者が一方的に勝手に放棄することも認められてはいません。あくまで所有者が、買い手や借り手を見つけ出し、個人の責任において解決することが当然の前提となっているのです。

農協に仲立ちを願えないか

現状を前提に個人的に解決しようとするならば、例えば、実家が所属していた農協に相談して、農地を委託し、耕作者を探してもらうということが考えられます。同じように土地改良区にも相談し、耕作者を探してもらうこともできればよいのではないでしょうか。

もちろん自治体にも協力してもらいます。自治体としても、住居と宅地を購入し、そこに居住して生活していく新しい住民を増やしていく取り組みは、人口減少を阻止する過疎対策としても必要なことだと思います。

私は、このような地域と農村の営農をどうやって守るかという日本の今後に関わる重大な問題を、個人的な一人一人の所有者の努力に委ねてしまってよいのか、と改めて考えてしまいます。

各地の農業団体や農業関係者はもちろんのこと、商店街や商工会など、町興しや地域振興を願って活動されている多くの方々の努力の成果を、日本中で学ぶことができ、生かされていくような、制度的な取り組みが求められているように思えます。

Q 両親が残した畑が負の遺産になってしまった

A 「農地だけ相続放棄」はできない

両親が亡くなり、田舎の畑が残されました。私は東京暮らしなので管理できず、両親と付き合いのあった農家の方に耕作してもらっています。しかしその農家も高齢で、あと何年耕作してもらえるかわかりません。近くにいい引き受け手もいそうにありません。

畑はすべてタダで貸しているため、毎年の固定資産税はマイナスとなります。まさに「負の遺産」状態です。

田舎に戻る予定もないので売ってしまいたいのですが、買い手が見つからず。市役所にも相談してみましたが、対応できないとのこと。農地は農家以外には売れないそうなので、本当に困っています。

このままでは、自分の子どもにも「負の遺産」を残すことになってしまいます。どんなに安くてもかまいません。例えば国に寄付するなどして、畑を手放す方法はないものでしょうか。

全部相続するか全部相続しないか

この頃、ご質問と同様の相談が増えています。農地を相続したけれども実際に耕作することは不可能。そこで耕作してくれる農家を探したいのだが、その具体的方法が見つからない。それなら売却したいと考えても、買い手も見つからない。これでは本当に困ってしまいます。


じつはこの質問者の困った当惑したお気持ちは、私たち回答者にとってもまったく同じことなのです。一体どうお答えするのが適切な回答になるのだろうかと頭を抱えています。

まず法律の制度として、農地の相続に限定して、その相続を拒否することはできません。つまり他の遺産はほしいが農地だけはいらない、という相続はできないわけです。相続をすべて放棄するか、全部を相続するかの二者択一しかありません。

また、相続を放棄するためには相続開始時点から一定期間の制限があり、その期間を経過すれば、もう放棄することはできません。

そして、相続してしまえば農地の所有権を放棄することはできませんし、国や自治体に寄付したいと考えても、その農地を利用する公共事業計画などがない限り、寄付を受け入れてもらえることはないでしょう。

インターネットの力も借りる

そこで回答としては、次の二つしか方法はないということにならざるを得ません。

一つ目は、無料でもいいから誰かに引き取ってもらうことができないか。二つ目は、耕作をしてくれる誰かを見つけることができないか。

ご質問では、市役所に相談してみたが対応できないと断られたということです。そこで、自分で耕作してくれる人を探す方法を考えてみるしかありません。例えば、市民の方で家庭菜園を始めたい人をインターネットなどで募集してみるなど。もし希望者がいるようでしたら、今、耕作をお願いしている農家の方に相談して、作物を育てるために必要な作業の手ほどきをしていただくことなども喜ばれるのではないかと考えます。

同じ問題を抱えて困っている皆さんにもぜひ呼びかけて、必要な知恵を出し合い、交流することなども必要だと思います。

Q 亡くなった叔父の預金が下ろせない

A 自分の取り分だけは下ろせるはず

先月、叔父が90歳で亡くなりました。実家の農家は私の父とその兄の二人で継いだため、叔父は勤めに出ていました。結婚はせず、子どももいなかったため、最後は一人きりでした。

死後、遺品のなかから銀行の通帳が見つかり、500万円ほどの遺産があることがわかりました。父もその兄もすでに亡くなっているため、相続権はその子どもたちにあります（私と従兄弟たちの計4人）。

ところが、そのお金を下ろせません。わけあって、従兄弟のうち一人は連絡先がわからないのですが、銀行は、相続人全員の印鑑証明が揃わないと、下ろせないというのです。事情を説明しても、対応してもらえません。

こうした場合は、どうしたらいいのでしょうか。また、無事に下ろせた場合、その分与はどうなるのでしょうか。

分割協議をしなくても預金は分けられる

大変ご心配のことだと思います。相続人の一人と連絡がとれないということで、遺産について分割協議ができないことになってしまい、預金が引き出せない、ということです。

じつは法律的には、遺産のなかでも「預金債権」（銀行に預金されているお金のことです）は、不動産などとは違って考えられています。すなわち、「預金は可分債権なので、相続開始と同時に法定相続分に応じて当然に分割されて、相続人が4人であれば各4分の1ずつ各人に帰属する」と考えられているのです。

つまり、不動産などは分割の仕方がいろいろ考えられますから、相続人全員による遺産分割協議を行なわないと分けようがありませんが、預金は人数に応じて割り算すれば、それで一人ずつの取得額が確定できるわけです（これが、可分債権という意味なのです）。

被相続人である叔父さんが亡くなられて相続が開始した時点で、当然に（分割協議がなくとも）、各相続人が4分の1ずつ自分の預金として取得したことになっている、と考えられているのです。

行方不明者の分以外は引き出し請求できる

そこで、行方のわからない1名を除いた3人が、銀行に対しそれぞれ自分の4分の1だけを下ろすという請求をすれば、銀行は法律的には応じなければならない、ということになると思います。

銀行があくまで、4人全員分が揃わないと引き出しを認めない、といって抵抗した場合には、各人がそれぞれ（3人一緒にでも、あるいは自分ひとりでも）銀行に対し、4分の1の金額ずつの支払いを請求する裁判を起こせば、銀行はその請求に応じざるを得ません。

もちろんその場合でも、連絡先が不明の方の分は、所在が判明するまで、当分そのまま預金しておかなければならないことになります。

Q 息子が行方不明で妻の遺産が引き出せない

A 民法が定めた救済制度がある

今年1月、妻が亡くなりました。妻の銀行口座には、私たち夫婦のため、そして子どもたちのために、彼女が汗と涙で貯めたお金があります。

死後、妻の口座は凍結されて、遺産相続人全員の印鑑がないと下ろせなくなりました。ところが、遺産相続人である息子の一人は5年前に突然家出してしまい、以来、人を介して探したものの今も見つかりません。息子の分を残して下ろせないものかと相談してみましたがダメでした。

そこで娘が行政書士に相談して、息子の住所を特定してもらい、事情を書いた手紙を送りました。しかし何度送っても返事がなく、本当にその場所に住んでいるのかどうかもわかりません。老いた私にはあまりに遠い場所で、確認しに行くこともできません。行政書士の先生からは、もうお手上げだといわれました。

このまま息子と連絡がとれなかった場合、妻の預金はどうなるのでしょうか。永遠に下ろせず、銀行に没収されてしまうのでしょうか。葬儀などに必要なお金すら、どうすることもできません。時間だけが過ぎていきます。どうか助けてください。

遺言書があれば問題は起きない

大変困った状態ですが、最近同じような話が増えています。とくに若い人がふらりと外国旅行へ行ったまま連絡が取れない、というケースは珍しくありません。

民法は遺産分割協議を行なうためには、相続人全員が同席して顔を合わせ、遺産をどう分割するのがよいのか協議して決定しなければならない、と定めています。

遺産はもちろん亡くなられた方の個人資産ですから、どう相続させるのか、という考えも死亡者本人の気持ちに従うことが優先されます。その本人の気持ちをあらかじめ正しく表明しておくための文書が遺言書なのです。

今回も本人の遺言書が作成してあれば、問題が生じることなく、その内容通り実行できたのです。

とくに遺言執行者を指定しておけば（質問者がふさわしいのでしょう）、執行者が行方不明の相続人の分をとりあえず預かっておいて、行方を捜して渡す努力をすることになります。銀行や第三者の機関は、遺言書の内容通りに実行しなければなりません。しかし、その遺言書が作成されていなかった本件のような場合は、法の規定通り、相続人全員が出席して遺産分割協議をしなければならないことになります。

不在者の財産の管理人を選任できる

所在が判明しない相続人がいる場合の救済方法として、民法は不在者の財産の管理人選任という制度を定めています（法第25条ないし第29条）。そこで質問者は、裁判所に行方不明の息子さんのために、その分の財産を管理する管理人を選んで決めてもらうよう申し立てることができます。

裁判所は申し立てがあれば、本当に所在不明なのか、申し立て人に証拠の提出などを求めて確認したうえで、不在者の財産を管理する人を選任します。

こうした手続きは、必要な準備が面倒なので、申し立ての手続きに慣れた弁護士に依頼したほうがスムーズにできると思います。財産管理人の候補者（弁護士が考えられます）まであらかじめ相談してから裁判所に推薦し、裁判所が問題ない、と判断すればその人を選任してもらえると思います。

財産管理人が裁判所から選任されれば、その管理人出席の下で相続人全員による遺産分割協議が可能になります。もちろんこの財産管理人は自分の勝手な判断によって行動するのではなく、基本は他の相続人の総意を確認しながら、最終的な決定は裁判所の意見を聞いて行なうことになります。

弁護士費用は遺産から払える

なお、申し立てを弁護士に頼む費用がないといった心配はせずに、ぜひ相談してください。最終的には遺産から支払うことが可能ですから、申し立て費用の解決方法もきちんと考えてやってもらえると思います。

また、民法が改正されて、葬儀費用など早急に預貯金を引き出す必要がある時のために、仮払いの制度もできました。そのような制度を活用するかも含めて、ぜひ弁護士会の無料法律相談などを利用して、信頼できる弁護士に解決を依頼してください。

Q 夫に先立たれた嫁の遺産相続について

A 民法が改正され「特例の寄与料」が請求できる

うちの主人は婿養子となり、私の両親と同居していま す。固定資産は私の父親の名義ですが、もし、私が今死んでも、父の長男となっている夫には相続権があります。自分の実家と私の実家と、両方の相続権があるわけです。

でも、私には、夫の実家の相続権はありません。まあ、私は夫の両親の面倒を見てないからまだいいでしょう。問題は近所にたくさんいる嫁さんたちです。養子縁組して嫁ぐ女性はあまりいません。夫の両親と同居して、いくら面倒を見たり介護したりしたとしても、夫に先立たれてしまえばその家の相続権はありませんよね。義両親の心次第では、遺産を夫の兄弟姉妹にすべてとられてしまうと思います。

近所の嫁さんに、うちは婿取りだというと「板挟みになって大変ですねぇ」なんていわれたりしますが、内心「大変なのはあんただよ」と思っています。

そんな嫁さんたちのための相談です。養子縁組しなくても、同居する義理の両親の遺産を相続する方法はないものでしょうか。私は当然のこととして、同居しない夫の兄弟姉妹より、遺産を多く相続すべきだと思いますよ。

養子になるかどうかなんて用紙一枚のこと。たったそれだけで遺産が入ったり入らなかったり、そんなのおかしいと思いませんか?

民法が改正された

ご質問の通り、夫の両親と同居している妻（養子縁組をしていない）は、その義理の両親の財産相続に際して、非常につらい、不合理不条理の思いをすることがありま す。同じ子ども同士の相続人の間においてさえも、昔のシェイクスピアのリア王の物語のように、同居している子どもと、すでに独立している子どもとの間に不平等な事例が起こっています。

そこで、このような相続する権利を持たない人（今回の場合は義理の娘）を保護するために、2018年、相続法の一部が改正されました。

「特例の寄与料」が請求できる

今回の質問に関係する改正された主要な点は、自筆で作成する遺言証書の方式をより簡単にしたこと（民法第968条第2項）。そして、相続権を持たない人が療養看護などを行なった場合に、相続人に対し「特例の寄与料」の支払いを請求できることが認められました。新設された民法第1050条第1項では、次の通り規定されています。

「被相続人に対して無償で療養介護その他の労務の提供をしたことにより被相続人の財産の維持または増加について特別の寄与をした被相続人の親族（相続人、相続の放棄をした者及び第891条の規定に該当しまたは廃除によってその相続権を失った者を除く。以下この条において「特別寄与者」という）は、相続の開始後、相続人に対し、特別寄与者の寄与に応じた額の金銭（以下この条において「特別寄与料」という）の支払を請求することができる」

したがって、ご相談のケースの場合、夫が両親よりも先に死亡しても、その妻が義父や義母の療養看護を無償で行なった場合、相続財産のなかから「特別寄与料」という一定の金額を支払ってもらうことができます。

その金額は、相続人との間で協議が成立しない場合は、家庭裁判所に申し立てて決定してもらうことができます（前同条2項）。「家庭裁判所は、寄与の時期、方法及び程度、相続財産の額その他一切の事情を考慮して、特別寄与料の額を定める（同条3項）」とあります。

感謝の気持ちを遺言証書で

一方で、この改正は、ご質問にある「養子になるかどうか用紙一枚のことで遺産が入ったり入らなかったり、そんなのおかしいと思いませんか」という問いには本質的に答えたことにはなりません。そこで、解決法の一つとしては、やはり療養看護などを受ける立場の義父母が、看護者（義理の娘など）の苦労に対して一定の感謝の気持ちを示し、相続財産の一定額を遺贈する「遺言証書」を作成しておくことだと考えられます。

ただし、ご家族の方もなかなか話題にしにくい問題だと思います。とくに妻本人や夫がそんな話を切り出すのは極めて難しいと思います。ぜひ、他の家族の方が、みんなの幸せのために、遺言証書の作成を話し合うよう口火を切ることも必要だと感じています。

Q 妹が認知症の母に書かせた遺言を無効にしたい

A 遺言書の無効化は難しいが、遺留分は請求できる

母が亡くなり、その遺言をめぐって妹と絶縁状態になっています。

実家は兼業農家で、妹が婿をとって両親と同居。私は同じ町内の農家に嫁ぎましたが、両親を手伝うため、実家には頻繁に顔を出していました。

母は足腰が丈夫でしたが、10年近く前に父が亡くなると急に物忘れがひどくなりました。育苗ハウスの換気窓を閉め忘れたり、かん水を止め忘れたりで、料理等も任せられなくなりました。

母を一人で留守番させるのも不安になってきて、妹と相談し、致し方なく数年前から施設へ預けていました。

その母が生前、私の知らないうちに遺言を残していたのです。妹が銀行に頼んで、私に内緒で作成していたようです。家も農地も預金も、ほぼすべてを妹に残すという遺言でしたが、その内容もさることながら、私に内緒で母が書いていたこともショックでした。

しかし、遺言状が書かれた時期は、医師の診断こそ受ける前でしたが、すでに認知症といえる状態だったと思います。そんな母に書かせた遺言も、有効と認められるのでしょうか？　遺言を無効にして、母の預金は折半するよう望んでいます。よろしくお願いします。

相続遺産の計算方法

遺言による相続は、その存在を知らされていなかった相続人にとっては、なにか裏切られたような精神的打撃を受けることがあります。そのため私は、遺言書を書く場合は、できる限りその内容も含めて、せめて遺言書を作成していることくらいは、すべての相続人に話をされるように勧めています。

まず相続の際に、原則的にはどのように考えるのか整理してみます。当然すべての遺産が相続の内容になるの

で、不動産や株式、貸金などの債権、現金などに加えて負債があれば、それも遺産に含めて考えます。さらに「遺留分」という制度があり、計算方法が定められています（民法第1043条）。

その規定に基づき、まずすべての相続財産を、不動産なども金額で評価して遺産の総額を算出します。当然、負債はマイナスされることになります。そしてその総額を、民法に規定される法定相続人に分割することになります。

本件では相続人は質問者と妹さんの2人ですが、妹さんのお婿さんも亡母と養子縁組をしていれば相続人となります。そこで養子縁組の有無によって、質問者の相続分は遺産の2分の1か3分の1のいずれかということになります。

そこで例えば、遺産が1200万円だったと仮定すると、質問者の受け取る遺産は600万円分か400万円分ということになります。しかし、遺言書によって、質問者の取り分はないということになってしまいます。

遺留分の侵害額の請求

その不合理を修正するため、民法は遺留分の侵害額の請求という制度を設けています（民法第9章遺留分）。

遺留分とは、簡単にいえば、本来もらえるはずの法定相続分を相続できなくなっても、その2分の1、つまり質問者であれば法定相続分の4分の1あるいは6分の1の額を受け取る権利があるということです（民法第1042条）。

質問者がこの遺留分を侵害されている場合には、その侵害額に相当する金銭の支払いを受遺者（妹さん）に請求できます（民法第1046条）。

認知症の証明は困難

改めて質問に対する回答を検討してみます。まず、遺言書自体を無効にできるかどうか。そのためには、この遺言書を作成した時点ですでにものごとを正しく判断する能力を失っていた、ということを証明する必要があります。

その証明は原則として、専門の医師の判断によらざるを得ない、ということになると思います。その時点で専門医の診断を受けていれば可能だと思いますが、そうでない場合は、周りの人々の証言や、亡き母の行為のエピソードなどで判断能力の有無を証明するのは、極めて困難だと考えます。

そこで次に、質問者が希望する預金額の折半については、金額が大きくなると考えられる不動産などを妹さんが取得することを考えると、遺留分侵害額の算定をきちんとやることによって十分に可能ではないかと考えられます。

とくに質問者は両親の農業を手伝うため、頻繁に顔を出していたとのこと。その貢献も算定において一定の評価をしてもらえるのではないかと思います。

遺留分侵害額の算定は、かなり難しい計算が必要となることが考えられるので、ぜひ信頼できる弁護士に相談してみてください。

第9章

契約事や金銭に関するQ&A

Q アパートの住人が家賃を滞納したまま死亡してしまった

A 家賃は請求できないが、荷物を売却できる

私は農業のかたわら、アパートを経営しています。先日、アパートの住人が亡くなったのですが、家賃を滞納したままでした。彼に両親はなく、兄がいます。しかし、その兄は相続を拒否したそうで、故人の家財や荷物の引き取りも断られました。

家賃の支払いもなく、家財の処分も請け負うとなれば、大きな赤字です。どうにかならないでしょうか。

また、こうしたトラブルを目の当たりにしてか、最近、息子夫婦が私のアパート経営を相続したくないといいだしました。確かにアパートは老朽化し、家賃の滞納も時々あります。田畑は相続し、アパートのみ相続しない、そういうことが可能なのでしょうか?

とはいえ、家主として、住人たちへの責任もあります。住人たちに迷惑がかからないようにするため、生前にできることを教えてください。よろしくお願いいたします。

荷物は売却できる

ご相談のような事例が最近増えたように思えます。適切な解決方法はなかなか難しく、考え込んでしまいます。

まず、亡くなった賃借人の荷物に財産的価値がまったくない(いわゆるゴミ)と考えられる場合には、家主が

自由に処分してかまいません。一方、一定の財産的価値がある場合には、所有者の同意なしに家主が勝手に処分することは違法行為に当たり、許されません。しかし、相続人である賃借人の兄が相続を拒否したため、荷物の相続人が不在の状況となってしまった、ということになります。

本来であれば、家主は相続人に対して滞納家賃の支払い請求と、荷物の処分を請求することができたのですが、相続人が不在では請求できません。

そこで、置いてある荷物が一定の価格で売却可能であれば、その代金を滞納家賃として優先的に受領することができます。民法第312条に規定する「不動産賃貸の先取特権」です。

法律的には、民法第951条、952条によって相続財産の清算人の選任を家庭裁判所に請求することができ、家庭裁判所によって選任された相続財産の管理人が、荷物の処分、及び滞納賃料の支払いの手続きを進めることになります。

家主がこのような手続きを請求することは、大変な負担です。こうした状況にならないためには、最初の賃貸借契約の時に「賃借人が退去時に残した荷物については所有権を放棄し、一切の処分権限を家主に委ねる」という旨を約束した覚書を取り交わしておくことが必要だと思います。

アパートの所有権を遺贈する

次に、田畑は相続しアパートは相続しないということが可能か、という問題です。原則としてそれはできないと思います。不動産の所有権を放棄することはできないとされているからです。

そこで解決法の一つとして、アパートの所有権を引き受けてくれる人を見つけて、その人に相続してもらう（アパートの所有権を遺贈する）という遺言書を作成しておくことが考えられます。例えばアパートの賃借人のなかで、自分が所有権を引き受けるという方がいれば、これも一つの解決法ではないかと思います。

Q 仏壇を残して借家人が行方不明になった

A まずは連帯保証人に

農業のかたわら、副業で貸家を建てて貸しています。昨年、借家人が死亡され、その息子にそのまま部屋を貸すことになりました。

ところが、半年たっても家賃の支払いがなく、督促しても一部しかもらえませんでした。その後も何度か督促するものの、その息子はいつも不在で、とうとう部屋に家財道具を残したまま行方不明になってしまいました。部屋には、仏壇に位牌や遺影もそのまま置いてあります。

息子を探すこともできず、これでは荷物を片付けられません。今さら住宅費も撤去料も期待できませんが、荷物だけは撤去したいです。なんとかなりませんでしょうか。教えてください。

家財の引き取り撤去も請求できる

借家人が迷惑を掛けたままいなくなってしまうとは、困ってしまいます。

解決にはいろいろな方法が考えられますが、自分で勝手に処分するのではなく、法的手続きをきちんととって、後から賃借人や相続人に苦情をいわれないようにしたいとお考えなのだと思います。

まず、賃貸借契約の際に連帯保証人はいますか。もしいるのであれば、連帯保証人にこの家財道具を引き取り撤去するよう請求することができます。もし拒否されれば、毎月分の家賃をその連帯保証人に請求することになります。

息子以外の相続人はいないか

次に、死亡した借家人の息子以外の相続人を探すことが必要になります。

相続人を探すに当たって、後述の手続きを含めて弁護士に相談されるのがよいと思いますが、費用がより少ないようにとお考えであれば、司法書士に相談されることも考えてください。

もし行方不明になった息子以外に相続人がいるのであれば、その相続人に対し連帯保証人にするのと同じ請求をします。

行方不明者にも裁判を提訴できる

連帯保証人や他の相続人が撤去に応じず、家賃支払いにも応じない場合、または、そもそも連帯保証人や他の相続人がいないという場合、手間は掛かるものの問題が生じない確実な法的手続きとして、例えば行方不明の息子を含めた全相続人と連帯保証人に対し、債務不履行を理由として明け渡しと不払い賃料の支払いを求める裁判を提訴することが考えられます。

もちろん息子は行方不明ですが、行方不明者に対しても裁判を起こすことはできます。この手続きも弁護士か司法書士に依頼するのがよいと思います。

裁判は1回、家財は競売に

息子は出廷できないわけですし、他の人も争わないと思うので、裁判は1回で終了し判決ということになると思います。判決が下されると不払い賃料の請求が認められているので、支払いを求めて置いてある家財道具を競売に掛ける、動産の強制執行の手続きをします。

もちろん、この競売手続きで不払い賃料全部を回収することは無理だとは思いますが、家財道具を法的に問題ない形で処分するためには、競売手続きがよいと考えます。

仏壇や位牌は保管せざるを得ない

ただし、仏壇・位牌・遺影は競売できないと考えられるので、やはりなんらかの費用がかからない適切な方法(例えば質問者の物置など)で保管せざるを得ないことになります。

Q 駐車場の借り主から「当て逃げ」被害防止対策の申し入れがあったが

A 貸し主の義務は全うしており、事故の責任を負う必要はない

小さな駐車場を経営しております。この土地は元々田んぼだったのですが、周りの開発が進み、耕作に適さないようになったので駐車場に転用しました。この駐車場で最近「当て逃げ」があり、借り主さんの車が被害を受けました。被害に遭った借り主さんがいうには、外部の者がUターンなどのために進入し、借り主さんの車にぶつけたのではないかということです。

修理費は、当該借り主さんが負担することになったのですが、借り主さんから「原因は貸し主である私の管理不足であり、今後同じようなことが起こらないように対策をとってほしい」と申し入れがありました。その内容は、（1）守衛を置く（2）門扉を設置する（3）防犯カメラを設置する（4）各区画をフェンスなどで囲う、というようなものでした。「賃料を支払っているので当然の請求である」ともいわれています。

私からは「契約者以外の進入禁止」または「Uターン禁止」といった看板を設置すると伝えたのですが、それでは直接的な効果はなく、上記のいずれかもしくは同等の効果が期待できる措置を取ってほしいといわれています。こちらとしては駐車スペースを提供するということで義務をまっとうしており、また現状に見合った代金しかいただいていないので、門扉や防犯カメラなどの設置についてまで義務を負うものではないと考えているのですが、いかがでしょうか。

また、駐車場の「管理」とは、どの程度まで求められるのでしょうか。

貸し主の責任範囲はスペースの提供

駐車場の借り主から要求されている被害防止対策の申し入れ内容についてのご質問ですが、私も質問者のお考えの通りだと思います。

駐車場の貸し主の管理の責任の範囲は、まさに質問者がおっしゃる通り、「駐車スペースを提供すること」であり、「通常の用に供する状態で提供すれば義務は全うされている」のだと、私も考えます。

もちろん、この借り主が受けた車の損傷が、駐車場の構造や、駐車の状態そのものを原因として生じた場合、例えば駐車場内が狭く、隣の車の駐車時や乗り降り時にどうしても接触してしまう場合などでは、貸し主にも一定の責任があると判断されて、その原因を解消する義務があるということも起こり得るのだと思います。

しかし、本件のように、駐車場の構造そのものなどが事故の原因ではなく、関係ない第三者が外部から侵入して、その結果「当て逃げ」を発生させたということですから、貸し主としてはそのような外部の第三者の行為を防止することについてまで責任を負うことはないと思います。

もちろん、借り主が主張しているとおりの対策をとれば、外部からの侵入は防ぐことが可能かもしれませんし、その結果事故を防げる可能性も増えるでしょう。しかし、その実行のためにはそれなりの多額の費用を要することは自明で、それに見合うだけの高額の駐車料金を支払ってもらうことが必要となります。

まさに質問者がおっしゃる通り、駐車代金は「現状に見合った代金しかいただいていない」ということだと思いますし、借り主も「現状」を前提として、借り主が主張するような対策はとられていないことを承知のうえで、本件駐車場を賃借する契約を行なったのだと考えます。

事故の責任を負うことはない

したがって、貸し主としては、本件事故の責任を負うことはないと考えますし、借り主が要求するような対策を取る義務もないと考えます。借り主がどうしても事故が生じない駐車場を、と希望するのであれば質問者の駐車場ではなく、そのような対策をとっている駐車場を探して賃借していただくことになるのだと思います。

金銭

Q 離婚した夫からの養育費、再婚後も受け取れるか

夫と別れて2年、実家に戻って農業を手伝いながら、就学前の息子2人を育てています。農家なので食べるのに困ることはありませんが、親からもらう給与は少なく、今後の教育費などを考えると胸が苦しくなります。

別れた夫とは養育費についてちゃんと話し合い、当初は毎月、決まった額が振り込まれていました。しかし最近は、催促しないと入金されないことも増えています。今、養育費の不払いが問題になっているそうですが、私も心配な状況です。政府は養育費の強制徴収制度の検討をしているようですが、現状、もしも支払いが滞った場合はどうしたらいいのでしょうか。

また、今年に入ってから、いつかは再婚をと考え始めました。もしも再婚した場合、別れた夫には養育義務がなくなるのでしょうか。ぜひ教えてください。

A もちろんもらえる。元夫の銀行口座を押さえたい

夫の収入を差し押さえる

夫婦がいろいろな事情によって離婚に至るのは、当然あり得ることです。しかし親の立場としては、その結果が子どもたちの今後の生活に及ぼす悪影響を十分考慮して、解決のためにできる限りの方法を実行すべきです。

なかでも養育費の支払いは、親としても最低限尽くすべき義務の一つだと思います。当然、自らすすんで支払うべきですが、支払えない事情が生じることもあり、いくら催促しても支払いが滞ることもあり得ます。その場合の法的措置について考えてみます。

基本的には、元夫の収入を差し押さえて取り立てるこ

とになります。その場合、養育費の支払いが裁判所での話し合い（家庭裁判所の調停や審判、または離婚訴訟の裁判など）で決められている時、あるいは公正証書で決められている時、裁判所に差し押さえの申し立ての手続きを取ることによって、直接取り立てることが可能です。

もしそうではなく、支払いがお互いの約束に基づくことだった場合は、夫の資産を仮に差し押さえておく申し立てをすることになります。この場合は差し押さえた額をそのまま取り立てることはできませんが、夫も差し押さえられたままの状態では困りますから、支払うよう求める話し合いが強力に行なえると考えます。

ただし、実際に問題となるのは、夫の収入資産がどこにあるのか（具体的にどこのなにを差し押さえられるのか）、きちんと確認できるかどうかなのです。

サラリーマンの場合であれば、毎月給与が支払われているはずですから、勤務先さえ特定できれば、とりあえずその給与債権を差し押さえることになります。

問題は自営業の場合です。収入が特定の銀行口座に振り込まれていることがわかっている場合や、これまでの収入が特定の銀行口座に預金されていることがわかっていれば、その銀行口座を差し押さえることになります。

しかしそれが不明で、夫の資産がどの銀行にあるのかまったくわからないということであれば、その資産を探すことが真っ先に必要になると思います。

もし夫の資産がどうなっているのかよくわからないということであれば、近くの弁護士会や自治体が行なっている法律相談でよく尋ねてみてください。

新しい夫に養育義務はない

再婚を考えていらっしゃる場合も、元夫の養育費の支払い義務がなくなるわけではありません。

いろいろな状況によって変わってきますが、例えば子どもが一定の年齢に達し、学校の寮に入寮して独立した生活をしていて、再婚した夫とは面会を含め、まったく関係を持とうとはしなかった場合。そして子ども自体が、養育費も再婚した夫から支払ってもらう気持ちはないという場合。このような場合には、別れた夫の養育費の支払い義務は存続すると考えてよいのではないでしょうか。そもそも原則として、新しい夫には前の夫の子に対する養育義務はありません。

しかし一般論としては、再婚した夫が子どもの養育費について支払うだけの能力と意思があって、現実に支払われるような場合は、前の夫に対する養育費の請求は、必要がないという結論になるのではないかと考えます。

Q 車の事故、同乗者にも修理代を請求できるか

19歳の次男が軽自動車を買って、4日後の夜、同級生MとN2人とドライブに行こうとしてMの家に寄った時、カエルをMが捕まえました。そして3人車に乗り込み、方向転換のためバックしていた時に後部座席のMが「カエルを車のなかに入れた」といったために、慌てた運転席の次男と助手席のNが車の外に飛び降りてしまい、車はMを載せたまま後部から3m下の田んぼに回転しながら落ちました。事故処理は息子の操作ミスとして届けました。

車の引き上げに3万1500円、修理代が66万円かかり、車両保険を掛けていなかったので全額私が払いました。事故後すぐに3人を呼んで、かかったお金は次男が50%、Mが33・5%、Nが16・5%支払うことで話をつけ、その時はMもNも納得してくれました。

しかしその後、MもNも支払う様子はありません。Mには今まで3回会って話をしましたが、別の支払いがあるといって払ってくれません。Nは電話をしてもぜんぜん出ない状態です。正直私も困ってMの勤め先の書店に行ったら、店長が話を聞いてくれて、「息子さんたちが起こした事故だから親が出るのはおかしい、乗っていた3人で話して解決すべきだ」といわれました。

私から見て息子は話をまとめるのが得意ではないのですが、解決方法としてはどんな方法がよいでしょうか。

また、事故からもうすぐ1年になります。MやNが払わないといってきた時にどう対処すればよいか、Mだけでも払ってもらうようにできないか、Mに対して私が交渉できるものでしょうか。

A 同乗者に修理代を請求できるのは息子だけ

次男への貸金なら次男にする

まずこの事故を起こした車ですが、質問者の次男が新車を買ったということなので、次男が所有者だと思います。そうすると、車が田に転落したために生じた車の引き上げ代と修理代は、いずれも車の所有者である次男が

受けた損害だということになります。

そこでその損害金額を次男に代わって質問者が支払ってあげたという行為が、法律的にはどういう意味を持つのか、がまず問題になります。普通の場合は、親が子どものために代わって支払ってあげたお金は贈与（返還を請求しないお金）ではないでしょうか。もし返してもらう必要がある（すなわち貸金である）お金であれば、当然、いつ、どのようにして返すのか、という返済方法を、次男と具体的に話し合い、返す約束を成立させておくことが必要です。

そこで贈与であれば、そのお金を返すように請求できませんし、次男に対する貸金だという場合も、質問者は次男に対して請求できても、同乗者であるMとNに対し、そのお金を返すよう請求することはできません。

同乗者への損害賠償も質問者に請求権はない

次にこの車の損害が生じた原因が同乗者にもあるので、その責任割合に応じた損害賠償の支払いをしてもらいたい、その責任割合が次男50％、Mが33・5％、Nが16・5％であると考えた場合でも、やはりその請求は、あくまで車の所有者である次男がMとNに対し行なうのであって、質問者が請求する権利を持っているわけではありません。

しかし事故後すぐに、MとNは質問者に対し、質問者提案の支払いを一度は納得し、支払うことを約束したという事実があるので、その約束に基づいて質問者はMとNに支払いを請求できるのではないかという疑問が当然生じます。

この約束が、具体的な金額や支払い方法まで合意したうえで行なわれたのであれば、当然その約束は守られるべきですし、支払いを請求できる、ということになります。しかし質問者とMとN間のやりとりにおいて、明確な金額支払いの合意の成立とまではいえない状況で、質問者の提案にMとNがあえて強い反対の意思を示さなかった（黙って聞いていた状況）ということであれば、約束に基づいた請求というのも難しいことになります。

実際には、Mの勤め先の店長の意見である「息子さんたちが起こした事故だから同乗者3人で解決すべき」ということがよいのではないかと私も思います。

どうしても返金してもらいたいのであれば、まず質問者が次男とよく話し合って、次男が負担して返すべき金額と、MとNに請求する金額とを相談したうえで、次男がM、Nに対し負担してもらう金額について話し合いを求め、解決に努力するべきではないかと考えます。

Q 息子が嫁と別居　マンションのローンが心配

東京に出た息子が結婚1年余りで別居状態になりました。二人でローンを返しているマンションは息子名義なのですが、本人はそこを出てアパート暮らしをしています。嫁は自分でローンを払っていくといっていますが、その場合、名義変更はしたほうがいいのでしょうか。それとも名義は息子のままで、嫁にローンを払い続けてもらえばいいのでしょうか。息子は離婚も考えていますが、こちらから強く迫れば慰謝料の問題が発生するのでそうもできないといいます。ローンの問題も含めて、これから進んでいくべき道筋を教えてくだされば助かります。

A 嫁の名義でローンを組みなおせばいい

所有者とローン返済者とは別

まず、ローンの返済の問題と離婚の問題との関連について整理します。ローンの返済は、当然のことですが借りた人（ローン契約で返済をする約束をした人）が返済する義務を負っています。もちろん連帯保証人がいると思いますが、この連帯保証人も当然ローンの支払いの義務を負います。したがってこの返済の義務を負っている人が結婚していようが離婚しようが、そのこと自体は返済義務にはなんの影響も及ぼさないのです。あくまでもローン契約によって返済の義務が決まっているのです。

同じことですが、通常はマンションの所有名義者（すなわち息子さん）がローンの契約の返済義務者として契約していると思いますが、仮に所有名義を妻に変えたとしても（例えば離婚の慰謝料として名義を妻に変えることは可能です）、それによって息子さんのローン返済義務がなくなる（新しい所有名義人の妻が息子さんに代わって返済義務を負うことになる）のではありません。息子さんは従来通りの返済義務を負ったままです。

ローン残額を借りかえる手もある

そこで、次の点について息子さんと妻との間で話し合いが必要だと思います。まず、今後マンションは誰が利用していくのか、おそらく妻だと思いますが、その場合、所有名義も妻に変えるのか、ということです。

次に、そうする場合、これまで支払ったローンの返済分のうち、息子さんが支払った分（2分の1と思われますが）についてどうするのか（妻が一定の金額を息子さんに支払うかどうか）、さらに今後の返済は事実上、妻が一人でするのかどうか（おそらく妻名義になればそうするのが合理的だと考えられます）、ということについて合意が必要になります。

しかし、すでに説明した通り、仮に今後の返済は妻が一人でするということが二人の間で合意できたとしても、それはあくまでも二人の間だけの約束であって、息子さんはローン会社に対しては支払い義務を負ったままですから、その解決が必要です。

その方法として、例えば、現在のローン残額を一度に返済してしまえる金額を、新しく借りかえることが可能かということになります。すなわち、妻（ないしは妻の両親など）の名義で、このマンションを担保として新しくローン契約をすることが可能であれば、その融資金で従来のローンを返済し、新たに契約した妻名義のローンは妻が返済していくことで、息子さんは今後のローン支払いの義務はなくなるのです。

いずれにしても、息子さんの従来の返済義務者のまま、マンションの所有名義を妻に変えると、もし妻が返済をしなかった場合に息子さんが返済をしなければならない、ということなのです。

慰謝料には直接関係しない

離婚に際しては、双方が納得して合意できる条件をよく話し合うことが必要です。「離婚を強く迫れば慰謝料の問題が生じる」と心配していらっしゃいますが、慰謝料が必要かどうかは、離婚に至った事情について責任を負うと客観的に判断されるかどうかによって決まるのです。どちらが強く望むかということではありません。

もちろん、いずれかが離婚を望まないのであれば、話し合いによる離婚（協議離婚）はできません。その場合は、法律が認めた離婚理由があるか、ということによって裁判で離婚が判断されることになります。離婚は経済的な損得だけで判断できるものではないと思いますし、本人たちでよく相談されることが大切だと考えます。

各地の税理士会で電話相談、無料相談会などを行なっています。

⑤法務局（登記・供託オンライン申請システム　登記ねっと 供託ねっと）

ホームページ：https://touki-kyoutaku-online.moj.go.jp/

⑥最高裁判所

ホームページ：https://www.courts.go.jp/

判例検索、裁判手続きの仕方、裁判についてのQ&Aなどを調べることができます。

⑦簡易裁判所民事手続き案内サービス

電話・FAX：	東京簡易裁判所	03-3581-5289	横浜簡易裁判所	045-662-6971
	大阪簡易裁判所	06-6363-1281	神戸簡易裁判所	078-341-7521
	名古屋簡易裁判所	052-203-8998	広島簡易裁判所	082-502-221
	福岡簡易裁判所	092-781-3141	高松簡易裁判所	087-851-1848
	仙台簡易裁判所	022-745-6083	札幌簡易裁判所	011-350-4300

6　各種法令を見るには

行政ポータルサイト「e-Gov（電子政府の総合窓口）」に、あらゆる法令の全文が載っています。

ホームページ：https://e-gov.go.jp/

損害賠償事件、個別労働事件、不動産関係事件、相続・離婚事件などの他、とくに次のような紛争には、紛争解決センターの利用は適していると考えられます。

●日常生活で身近な少額の事件

●秘密保持が必要な事件（例えば、個人のプライバシーに関係する事件、知的財産権、ノウハウに関する紛争など企業秘密に関係する事件）

●技術的・専門分野に関係する事件（例えば、PL事件や建築紛争）

●訴訟には向かないが、話し合いにより妥当な解決を図りたい事件（例えば、請求権がないか請求権を構成しにくい事件、立証が極めて困難な事件など）

●今は感情的に対立しているが、将来は円満な関係を取り戻したい事件（例えば、家族・親族・近隣間の事件）

5　その他の情報源

①日本弁護士連合会

ホームページ：https://nichibenren.or.jp/

都道府県の各弁護士会の連絡先は、ホームページもしくは電話帳、104（電話番号案内）でお調べください。日本弁護士連合会のホームページでは、弁護士の紹介、費用、法律相談センターについてなどが掲載されています。

②法テラス（日本司法支援センター）

ホームページ：https://www.houterasu.or.jp/

コールセンター：0570-078374

オペレーターが制度や手続きを紹介し、個別法律相談を望む場合は最適な法律相談窓口をご案内します（オペレーターは法律相談や法的判断を行ないません）。

法テラスでは、民事法律扶助制度（弁護士への相談費用の立替え援助）を用いた無料法律相談を行なっています（ただし、一定の資力条件を満たしていなければならない）。詳しくは、ホームページまたは各都道府県にある法テラス地方事務所へお問い合わせください。

③国税庁（タックスアンサー）

ホームページ：https://nta.go.jp/taxes/shiraberu/taxanswer/index2.htm

電話相談センター：最寄りの税務署にお問い合わせください。

④日本税理士会連合会

ホームページ：https://nichizeiren.or.jp

弁護士に依頼する時には、総額でどの程度の費用が必要になるのか、よく確認するようにしてください。

●着手金

着手金は弁護士に事件を依頼した段階で支払うもので、事件の結果に関係なく、つまり不成功に終わっても返還されません。着手金は次に説明する報酬金の内金でもいわゆる手付け金でもありませんので注意してください。

●報酬金

報酬金というのは事件が成功に終わった場合、事件終了の段階で支払うものです。成功というのは一部成功の場合も含まれ、その度合いに応じて支払いますが、まったく不成功（裁判でいえば全面敗訴）の場合は支払う必要はありません。

●実費、日当

実費は文字通り事件処理のため実際に出費されるもので、裁判を起こす場合でいえば、裁判所に納める印紙代と予納郵券（切手）代、記録謄写費用、事件によっては保証金、鑑定料などが掛かります。出張を要する事件については交通費、宿泊費、日当が掛かります。

●手数料

手数料は、当事者間に実質的に争いのないケースでの事務的な手続きを依頼する場合に支払います。手数料を支払う場合としては書類（契約書、遺言など）作成、遺言執行、会社設立、登記、登録などがあります。

●法律相談料

依頼者に対して行なう法律相談の費用です。

●顧問料

企業や個人と顧問契約を締結し、その契約に基づき継続的に行なう一定の法律事務に対して支払われるものです。

4 裁判にしたくない。示談、和解、あっせん、仲裁など

「裁判外紛争処理手続き」を望む時は「紛争解決センター」へ

・ご利用方法、料金などは各センターにより異なります。詳しくは日弁連ホームページから、全国39カ所ある各センターにお問い合わせください。

・裁判外紛争処理手続きに向いている事件として、日弁連では以下のものを挙げています。

法律情報便利帳

1　弁護士に相談したい時は「各県弁護士会」にご相談を

弁護士に相談したい、しかし知り合いに弁護士などいない、費用もいくら掛かるのか心配、などという時は各都道府県の県庁所在地にある、弁護士全員が参加している各県弁護士会にご一報ください。連絡先は電話帳または104、ホームページでお調べください。場所は、たいていは裁判所の構内か、そのすぐ近くにあります。

30分5000円の相談もありますし、また弁護士を紹介する制度もあります。費用も相談する弁護士に尋ねてみるのもいいですし、日本弁護士連合会のホームページ（後掲5の①）で費用の相場などの情報も閲覧することができます。

2　法律相談案内

●自治体

各自治体で行なっている法律相談室や巡回の法律相談や電話相談があります。有料か無料かなども含め、各市区町村にお問い合わせください。

●各都道府県弁護士会が運営する法律相談センター

予約制で行なっています。センターによって相談時間、取り扱う内容、相談料の有無などは異なるので、各都道府県の弁護士会にお問い合わせください（相談料は、30分5000円が相場）。

3　弁護士の費用

平成16年4月から弁護士会の報酬基準が廃止になり、弁護士は自由な料金設定ができるようになりました。報酬の目安については、日本弁護士連合会のホームページに掲載されている、全国の弁護士に行なった報酬についてのアンケート結果をご覧ください。

弁護士費用の種類

(以下、日弁連ホームページから引用)

事件の内容（当事者間の争いの有無や難易度の違い）によって金額が異なります。

●著者紹介●

馬奈木 昭雄（まなぎ あきお）

弁護士。久留米第一法律事務所所属。
1942年3月台湾台東区に生まれる。1969年、弁護士登録。水俣病第一次訴訟に専従するため、1970年より1974年まで水俣市で法律事務所を開設。1975年、久留米市で久留米第一法律事務所を開設。水俣病訴訟弁護団副団長、筑豊じん肺訴訟弁護団団長、よみがえれ有明海訴訟弁護団団長などを務める。2004年4月～2011年3月まで久留米大学法科大学院教授（訴訟実務・環境訴訟）。
1991年より『現代農業』の連載「農家の法律相談」を執筆中。

続　農家の法律相談
—よくあるトラブルQ＆A—

2024年2月15日　第1刷発行

著者　馬奈木 昭雄

発行所　一般社団法人　農山漁村文化協会
〒335-0022　埼玉県戸田市上戸田2丁目2—2
電話　048(233)9351(営業)　048(233)9355(編集)
FAX　048(299)2812　振替 00120-3-144478
URL　https://www.ruralnet.or.jp/

ISBN978-4-540-23190-2　DTP製作／㈱農文協プロダクション
〈検印廃止〉　印刷／㈱光陽メディア

製本／根本製本㈱
Printed in Japan　定価はカバーに表示
乱丁・落丁本はお取り替えいたします。